典型高性能功能材料及其发展

江津河　王林同　主编

科 学 出 版 社

北 京

内 容 简 介

本书从功能材料的结构出发，主要论述了在工程上应用较广和具有重要应用价值的一些功能材料，着重阐明其性能、制备、应用、发展动向等，主要内容包括功能金属材料、功能无机非金属材料、化学功能高分子材料、物理功能高分子材料、纳米材料、新型功能材料等。本书内容新颖，前瞻性强，具有较强的可读性及参考价值。

本书可供从事功能材料研究与应用工作的科技人员与高校师生参考。

图书在版编目（CIP）数据

典型高性能功能材料及其发展/江津河，王林同主编. —北京：科学出版社，2017.11

ISBN 978-7-03-054540-4

Ⅰ. ①典… Ⅱ. ①江… ②王… Ⅲ. ①功能材料–研究 Ⅳ. ①TB34

中国版本图书馆 CIP 数据核字（2017）第 230864 号

责任编辑：刘 畅 / 责任校对：王晓茜
责任印制：吴兆东 / 封面设计：铭轩堂

科学出版社出版
北京东黄城根北街 16 号
邮政编码：100717
http://www.sciencep.com

北京虎彩文化传播有限公司印刷
科学出版社发行 各地新华书店经销
*
2017 年 11 月第 一 版 开本：720 × 1000 1/16
2018 年 5 月第三次印刷 印张：13
字数：254 000

定价：58.00 元

（如有印装质量问题，我社负责调换）

前　言

材料是人类文明进步的标志，人类经历了分别以石器、青铜器、铁器为代表的石器时代、青铜器时代、铁器时代，即将跨入以新型功能材料为代表的网络时代和信息时代。

功能材料是在工业技术和人类历史的发展过程中不断发展起来的。特别是自20世纪80年代以来，电子技术、激光技术、能源技术、信息技术和空间技术等现代高技术的高速发展，强烈刺激着现代材料向功能材料方向发展，新型功能材料异军突起，促进了各种高技术的发展和应用，而功能材料本身也在各种高技术发展的同时得到了快速的发展。从20世纪50年代开始，随着微电子技术的发展和应用，半导体材料迅速发展；60年代出现了激光技术，光学材料面貌为之一新；70年代光电子材料，80年代形状记忆合金等智能材料得到迅速发展。随后，包括原子反应堆材料、太阳能材料、高效电池等能源材料和生物医用材料等迅速崛起，形成了现今较为完善的功能材料体系。

功能材料是材料大家族中非常重要的成员，特别是自20世纪70年代开始，人们更是有意识地开发具有各种特殊功能的功能材料，并将以前对材料“量”的追求，即大量生产高质量结构材料，转变为对材料“质”的追求，即大力发展功能材料。

当前，国际功能材料及其应用技术正面临新的突破，超导材料、微电子材料、光子材料、信息材料、能源转换及储能材料、生态环境材料、生物医用材料及材料的分子设计和原子设计等正处于日新月异的发展之中，发展功能材料技术正在成为一些发达国家强化其经济与军事优势的重要手段。从网络技术的发展到新型生物技术的进步，处处都离不开新材料的发展，特别是新型功能材料的发展和进步。世界各国功能材料的研究极为活跃，充满了机遇和挑战，新技术、新专利层出不穷。功能材料不仅对高新技术的发展起着重要的推动和支撑作用，还对我国相关传统产业的改造和升级、实现跨越式发展起着重要的促进作用。

本书以功能材料为主线，全面系统地介绍了典型的高性能功能材料及其发展。全书共分为7章，主要内容有引言、功能金属材料、功能无机非金属材料、化学功能高分子材料、物理功能高分子材料、纳米材料和新型功能材料。面对繁多的新材料，如何正确地认识、选择或者设计材料是每个工程技术人员应该具有的知识。通过本书的学习，读者如果能够熟练处理功能材料制备和使用过程中遇到的各种问题，开拓思路，提高分析问题和解决问题的能力，是作者最大的安慰，也是本书撰写最重要的出发点。

虽然本书在撰写的过程中参考了大量书籍和文献，但由于作者能力有限，文中难免出现疏漏之处，敬请广大读者批评指正。

编　者

2017 年 4 月

目 录

第1章　引　　言

材料是现代科技和国民经济的物质基础。一个国家生产材料的品种、数量和质量是衡量其科技和经济发展水平的重要标志。因此，材料、信息和能源为现代文明的三大支柱，新材料、信息和生物技术是新技术革命的主要标志。

1.1　功能材料的概念

尽管功能材料具有悠久的历史，但其概念在近几十年才被人们逐渐确认、接受并采用。功能材料的概念是由美国贝尔实验室的 J. A. Morton 博士于 1965 年首先提出的。后来经材料界的大力提倡，逐渐被各国普遍接受。

目前，将功能材料定义为“具有优良的电学、磁学、光学、热学、声学、力学、化学和生物学等功能及其相互转换的功能，被用于非结构目的的高技术材料”。

1.2　功能材料的发展概况

功能材料的发展历史与结构材料一样悠久，但是其产量和产值远远少于结构材料。最早的功能材料主要是为了满足电工行业的需求而发展的材料，如导电材料、磁性材料、电阻材料及触头材料等。近几十年来，随着科学技术的进步及金属、高分子、陶瓷和复合材料的飞速发展，传统的以金属结构材料占主导地位的格局已被打破，新型功能材料的开发受到了高度重视，高性能的新功能材料不断涌现。

20 世纪 50 年代随着微电子技术的发展，半导体电子功能材料得到了飞速发展，推动了光电转换、热电转换、半导体传感器等材料的出现；20 世纪 60 年代出现的激光技术推动了一系列新型光学材料的发展；20 世纪 70 年代的石油危机直接导致了发达国家投入大量的人力和财力开展新能源的研究，推动了太阳能电子材料、储氢材料等的发展和应用；近年来，信息产业的快速发展强有力地推动着信息功能材料如磁记录材料、光记录材料、显示材料等的广泛使用和不断进步；随着现代人类对资源与环境保护的高度重视，智能材料、环境材料等相继出现。在具有新功能的材料随科学技术的发展不断涌现的同时，原有的功能材料也在不断发展。例如，20 世纪 60 年代初，美国科学家首先发现近等物质的量比的 Ni-Ti

合金具有形状记忆效应，其后各国科学家相继开发出多种记忆合金，并使之应用于许多领域；超导材料研究的不断进步使超导温度达到了液氮温区；永磁材料的磁能积在20世纪50年代约为50kJ/m^3，到20世纪80年代，日本科学家发现了具有优异磁性能的Nd-Fe-B合金，到了2000年，制备的Nd-Fe-B合金磁能积高达444kJ/m^3，这对于仪器仪表、电工设备、驱动装置等的小型化和降低能耗都有重要意义。

总体上看，功能材料的发展主要受到以下几方面的推动：①新的科学理论和现象的发现；②新的材料制造技术的出现；③新工程和技术的要求。目前，功能材料的发展速度仍然很快，它不但是材料的一个重要组成部分，而且对人类社会发展和物质生活有着深远、重要的影响。

功能材料与结构材料相比有其自身的特点，主要表现在以下几个方面：①在性能上，功能材料以材料的电、磁、声、光等物理、化学和生物学特性为主；②在用途上，功能材料常被制成元器件，材料与器件一体化；③在对材料的评价上，器件的功能常直接体现出材料的优劣；④在生产制造上，功能材料常常是知识密集、多学科交叉、技术含量高的产品，具有品种多、生产批量小、更新换代快的特点；⑤在微观结构上，功能材料具有超纯、超低缺陷密度、结构高度精细等特点。

为达到功能材料常需的结构高度精细化和成分高度精确的要求，常常需要采用一些先进的材料制备技术来制备功能材料，如真空镀膜技术（包括离子镀、电子束蒸发沉积、离子注入、激光蒸发沉积等）、分子束外延、快速凝固、机械合金化、单晶生长、极限条件下（高温、高压、失重）制备材料等。采用这些先进的材料制备技术，可以获得具有超纯、超低缺陷密度、微观结构高度精细（如超晶格、纳米多层膜、量子点等）、亚稳态结构等微观结构特征的材料。

基于目前材料科学发展的这种趋势，本书运用材料物理、材料学、材料工艺学的知识，论述了一些重要的功能材料之所以具有特殊功能的基本原理，材料制备方法，材料的结构、性能特点和应用。值得指出的是，新的功能材料的发展与材料制备新工艺方法的发展是密切相关的。因此，本书也适当介绍了一些材料制备的新方法。

1.3 功能材料的现状及展望

近年来，功能材料迅速发展，已有几十大类、10万多个品种，且每年都有大量新品种问世。日本的21世纪基础技术开发计划的46个领域中，有13个领域是功能材料。

功能材料的历史和现状与结构材料一样，也有着十分悠久的历史。例如，罗盘的使用在我国至少可追溯到公元2世纪，并在公元13世纪传到欧洲。随着工业革命的兴起，机器制造业、交通、建筑等快速发展，结构材料的发展十分迅速，形成了庞大的生产体系，产量急剧增加。除了电工材料随电力工业的发展而有较大的增长外，功能材料的发展相对较为缓慢。

随着第二次世界大战之后高科技的发展，微电子工业、信息产业、新能源、自动化技术、空间技术、海洋技术、生物和医学工程等高技术产业迅速兴起并飞速发展，在国民经济中占据了日益重要的地位，而功能材料则是支撑这些高技术产业的重要物质基础。因此，功能材料在近几十年来受到日益广泛的重视。功能材料的品种越来越多，功能材料的应用范围越来越广。尽管从产量上看，功能材料仍远远低于结构材料，但从其产生的经济效益和在国民经济中的作用上看，功能材料已大有与结构材料并驾齐驱之势，尤其是在高技术领域，其作用与地位十分显著。

我国也很重视对功能材料的研究，国家自然科学基金、863计划、973计划和国防预研基金都列有许多功能材料的项目，在半导体、介电、压电、铁电、新型铁氧体、光源、信息传输、信息储存和处理、光纤、电色、光色、形状记忆合金、非线性光学晶体、超导、电磁和生物医学等材料的研究和开发方面都取得了很大进展。目前，无机非线性光学晶体、有机高密度光电子信息存储材料、碳纳米管和功能陶瓷等的研发已达到国际先进水平。

展望21世纪，高新技术迅速发展，对功能材料已提出的新设计有化学模式识别设计、分子设计、非平衡态设计、量子化学和统计力学计算法等，这些新设计方法都要采用计算机辅助设计（CAD），这就要求建立数据库和计算机专家系统，已提出的新工艺有激光加工、离子注入、等离子技术、分子束外延、电子和离子束沉积、固相外延、精细刻蚀、生物技术及在特定条件下（如高温、高压、低温、高真空、微重力、强电磁场、强辐射、急冷和超净等）的工艺技术。对上述的新设计和新工艺要进一步发展和实用化，然而更重要的是要探索和研究前人还没有提出的新设计和新工艺。

第2章　功能金属材料

在科学技术发展的漫长过程中，功能金属材料具有优良的电学、磁学、光学、热学、生物医学等功能，主要用来制造各种功能元器件，被广泛应用于各类高新科技领域。本章主要讲述各种功能金属材料的构造及应用，为各个工程领域开拓了新的研究内容，带来了新的生命力和发展前景。

2.1　磁 性 材 料

2.1.1　磁性的基本概念

1. 磁矩

“磁”来源于“电”。由物理学可知，一个环形电流周围的磁场，如一条形磁铁的磁场，其方向符合右手螺旋法则，如图 2-1 所示。磁矩定义为

$$\boldsymbol{M} = I \cdot S \cdot \boldsymbol{n}$$

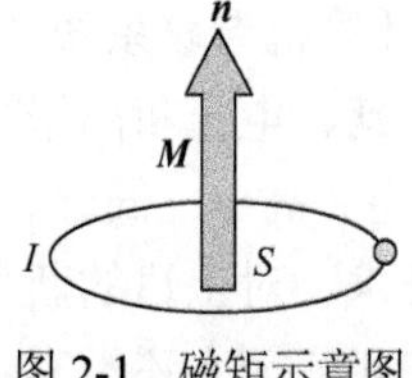

图 2-1　磁矩示意图

式中，$\boldsymbol{M}$ 为载流线圈的磁矩；$\boldsymbol{n}$ 为线圈平面法线方向上的单位矢量；S 为线圈的面积；I 为线圈通过的电流。

在磁性材料中存在磁矩，磁矩可以看作由北极和南极组成的小磁棒，其方向由南指向北。磁矩在磁场中受到磁场对它的力矩作用时，将沿磁场方向取向，以降低系统的静磁能。

2. 磁场强度、磁感应强度、磁化强度及其关系

磁场强度 $\boldsymbol{H}$：如果磁场是由长度为 l、电流为 I 的圆柱状线圈（N 匝）产生的（图 2-2），则磁场强度（单位为 A/m）不考虑介质特性，仅考虑由电流决定的磁场，则

$$\boldsymbol{H} = \frac{NI}{l}$$

磁感应强度 $\boldsymbol{B}$：表示材料在外磁场 $\boldsymbol{H}$ 的作用下在材料内部的磁通量密度，磁感应强度是考虑介质特性，由介质和电流共同决定的磁场。$\boldsymbol{B}$ 的单位为 T。

$\boldsymbol{B}$ 和 $\boldsymbol{H}$ 都是磁场向量，不但有大小，而且有方向。

磁场强度和磁感应强度的关系为

$$\boldsymbol{B}=\mu\boldsymbol{H}$$

式中，μ 为磁导率（单位为 H/m），是材料的特性常数，表示材料在单位磁场强度的外磁场作用下，材料内部的磁通量密度［图 2-2（b）］。

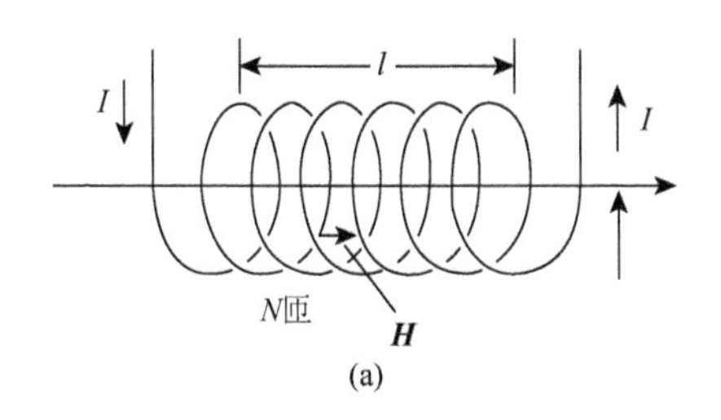

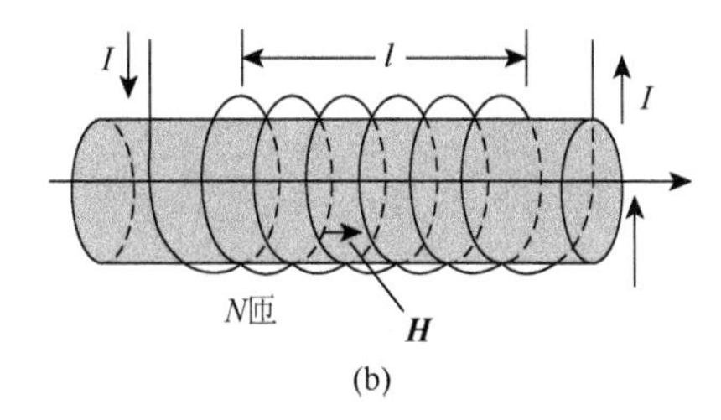

图 2-2　通电线圈产生的磁感应强度

（a）在真空中产生的磁感应强度；（b）在固体介质中产生的磁感应强度

在真空中［图 2-2（a）］，磁感应强度（$\boldsymbol{B}_0$）为

$$\boldsymbol{B}_0=\mu_0\boldsymbol{H}$$

式中，μ_0 为真空磁导率，为普适常数，其值为 $4\pi\times10^{-7}$H/m。

描述固体材料磁性的参数有相对磁导率、磁化强度和磁化率，其定义如下。

1）相对磁导率（μ_r）（无量纲参数）是材料的磁导率（μ）与真空磁导率（μ_0）之比，即

$$\mu_r=\frac{\mu}{\mu_0}$$

2）单位体积的磁矩称为磁化强度，用 $\boldsymbol{M}$ 表示，即磁化强度为在外磁场 $\boldsymbol{H}$ 的作用下，材料中因磁矩沿外场方向排列而使磁场强化的量度。$\boldsymbol{M}$ 的大小与外磁场强度成正比，即

$$\boldsymbol{M}=\chi\boldsymbol{H}$$

式中，χ 为磁化率，为无量纲参数。

3）任何物质在外磁场作用下，都会产生极化，并有

$$\boldsymbol{B}=\mu_0\boldsymbol{H}+\mu_0\boldsymbol{M}$$

磁化率 χ 与相对磁导率之间的关系为

$$\boldsymbol{B}=\mu\boldsymbol{H}=\mu_0\boldsymbol{H}+\mu_0\boldsymbol{M}=\mu_0\boldsymbol{H}+\mu_0\chi\boldsymbol{H}=\mu_0(1+\chi)\boldsymbol{H}$$

$$\mu/\mu_0=\mu_r=1+\chi$$

$$\chi=\mu_r-1$$

上述磁学量的单位，目前经常用国际单位制（SI）和高斯单位制（CGS）

两种，容易引起混淆，为此在表 2-1 中列出了两种单位制中部分磁学量的换算关系。

表 2-1　两种单位制的换算关系

磁学量	国际单位制	高斯单位制	换算关系
磁场强度 ***H***	安/米（A/m）	奥斯特（Oe）	$1A/m = 4\pi\times10^{-3}Oe$
磁化强度 ***M***	安/米（A/m）	高斯（Gs）	$1A/m = 10^{-3}Gs$
磁感应强度 ***B***	特斯拉（T）	高斯（Gs）	$1T = 10^4Gs$
磁化率 χ	无量纲	无量纲	$\chi_{国际} = 4\pi\chi_{高斯}$
磁导率 μ	亨［利］/米（H/m）	无量纲	$\mu_{国际} = 10^7(4\pi)^{-1}\mu_{高斯}$

2.1.2　物质的磁性分类

物质的磁性源自于构成该物质的所有原子磁矩的叠加。由于电子的循轨运动和自旋运动存在于一切物质中，因此严格来说，一切物质都是磁性体（也称为磁质），只是其磁场的磁化方向和强度因物质不同而显示出很大差别而已。所有物质不论处于什么状态都显示或强或弱的磁性。根据物质磁化率的大小，可以把物质的磁性大致分为以下 3 类。

1. 抗磁性

抗磁质的磁化场与外场方向相反，因此具有负的磁化率，一般为-10^{-5}～-10^{-6}。抗磁性的产生是由于在外磁场作用下，原子内的电子轨道绕磁场方向运动，获得附加的角速度和微观环形电流，从而产生与外磁场方向相反的感生磁矩。原子磁矩叠加的结果，是使宏观物质产生与外场方向相反的磁矩。图 2-3 为抗磁性材料在无磁场和有磁场条件下磁矩的变化情况。

2. 顺磁性

顺磁性是指磁质被磁化后，磁化场方向与外场方向相同。顺磁性的起因是电子的轨道运动或自旋产生原子磁矩或分子磁矩，在外加磁场作用下，沿外场方向平行排列，使磁质沿外场方向产生一定强度的附加磁场。顺磁性物质主要包括 Mo、Al、Pt、Sn 等。顺磁体的磁化率 χ 为正值，为 10^{-6}～10^{-3}，在磁场中受微弱吸力。图 2-4 为顺磁性材料在无磁场和有磁场条件下磁矩变化示意图。

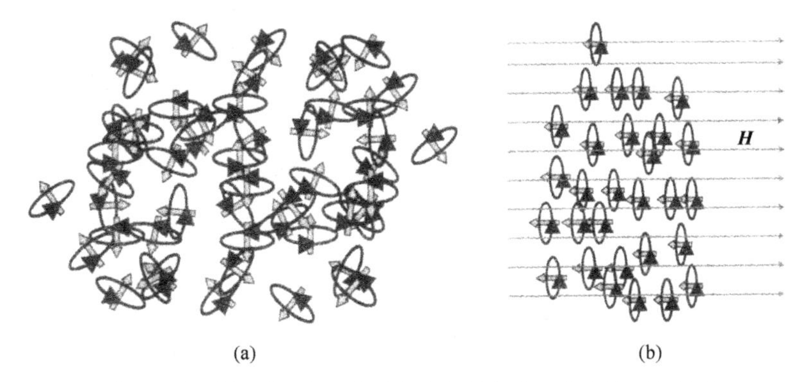

图 2-3　抗磁性材料在无磁场和有磁场条件下磁矩的变化情况

（a）无磁场；（b）有磁场

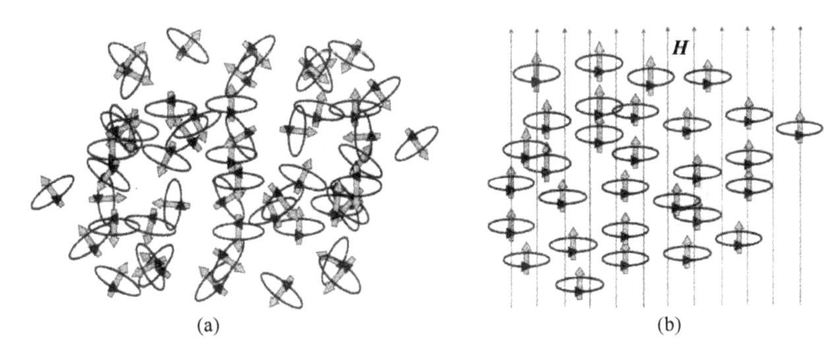

图 2-4　顺磁性材料在无磁场和有磁场条件下磁矩变化示意图

（a）无磁场；（b）有磁场

3. 铁磁性

铁磁性物质主要为 Fe、Ni、Co 和一些稀土元素在足够低的温度下甚至在没有外场时，由于原子间的交换作用，原子磁矩发生有序的排列，即产生所谓的自发磁化，这种自发磁化的特性称为铁磁性。铁磁质的磁化率为 $1\sim10^4$。3d 金属元素如 Fe、Ni、Co 的自发磁化源于 3d 电子之间的交换作用。4f 稀土元素的自发磁化则源于 4f 电子的间接交换作用，即通过 4f 电子与 6s 电子的交换作用使 6s 电子极化，而极化 6s 电子的自旋将 4f 电子的自旋与相邻原子的 4f 电子自旋间接地耦合起来，从而产生自发磁化。在热力学温度 0K 时，铁磁质中原子磁矩都平行排列。

2.1.3　磁记录材料进展

1. 高磁记录密度磁膜材料

磁记录技术的发展要求有高磁记录密度的材料，近来报道了 CoCrPtTa 和 CoCrTa

磁膜材料，其磁记录密度分别为 0.8Gb/cm^2 和 0.128Gb/cm^2。此外，利用有高矫顽力的铁氧体或稀土合金膜和有高饱和磁化强度的磁性金属膜组成双层膜，也可以得到兼有高矫顽力和高饱和磁化强度的高磁记录密度磁膜材料，如钴铁氧体/铁的饱和磁化强度达 1000kA/m，SmCo/Cr 的矫顽力达 155kA/m。

2. 高频和自旋阀磁头材料

高频和自旋阀磁头材料是磁记录技术发展急需的材料。一般的磁头材料，在高频下性能要变坏。近年来出现了两种高频磁头材料：一种是用电镀法制成的 NiFe（80/20）磁头，其写入气息宽度和窄磁极厚度分别为 0.25mm 和 3mm；另一种是用测射法制成的多层 FeN 膜磁头，FeN 膜厚 29.7nm，膜间用 2.5nm 的 A1203 膜隔开，共有 102 层，其写入气息宽度和窄磁极厚度分别为 0.3mm 和 3nm。自旋阀巨磁电阻磁头比一般各向异性磁电阻磁头的磁电阻输出高，响应线性好，不需附加横偏压层。例如，NiFe/CoFe 双层膜作软磁自由层，用测射法在玻璃基片上淀积的 Ta/NiFe/CoFe/Cu/CoFe/FeMn/Ta 多层膜，其磁电阻率为 7%。

3. 低磁场庞磁电阻材料

由于庞磁电阻材料有极高的磁电阻率，因此在磁头、磁传感器和磁存储器中有可能得到重要的应用。一般情况下，庞磁电阻都在很高的磁场（1T）中才产生，要在实际应用时，必须研制能在低磁场（如小于 0.1T）下产生庞磁电阻的材料。

4. 巨霍尔效应磁性材料

巨霍尔（Hall）效应磁性材料的霍尔效应比一般磁性材料高几倍到几十倍甚至更高，它能显著提高霍尔效应器件的灵敏度。近年来，有报道$(NiFe)_x(SiO_2)_{1-x}$（x 为 0.53～0.61）颗粒型薄膜材料在 0.4T 磁场中，异常霍尔电阻率达 200μΩ·cm；$Fe_x(SiO_2)_{1-x}$ 颗粒型薄膜（膜厚约为 0.5μm）在其 x 小于金属-绝缘体相变成分 x_c 时，室温下的正常霍尔系数和饱和异常霍尔电阻率分别为 10/T 和 250μΩ·cm。

5. 巨磁阻抗材料

继发现巨磁电阻效应后，1994 年又报道了巨磁阻抗效应（giant magneto-impedance effect，GMI）：在一非晶态高磁导率软磁细线的两端施加高频电流（50～100MHz），由于趋肤效应，感生的两端阻抗（或电压）随频率变化而有大的变化，其灵敏度高达 0.125%～1%。巨磁阻抗效应在磁信息技术中有很多潜在用途。有文献表明，直径 44cm 的欧姆合金（Ni-Fe）丝在 16kA/m 的直流磁场作用下，在 0.1～10^4MHz 的频率时，有巨磁阻抗效应；在 0.1～50MHz 频率时，磁阻抗率随频率升高而下降到负值；在 50～10^3MHz 时，磁阻抗率随频率升高而升高；在频率为 4×10^3MHz 时，达到最大值 190%；频率大于 4×10^3MHz 后，磁阻抗率又急剧下降。

2.2　超导材料

超导材料的发展经历了一个从简单到复杂，即由一元系到二元系、三元系以至多元系的过程，如图 2-5 所示。

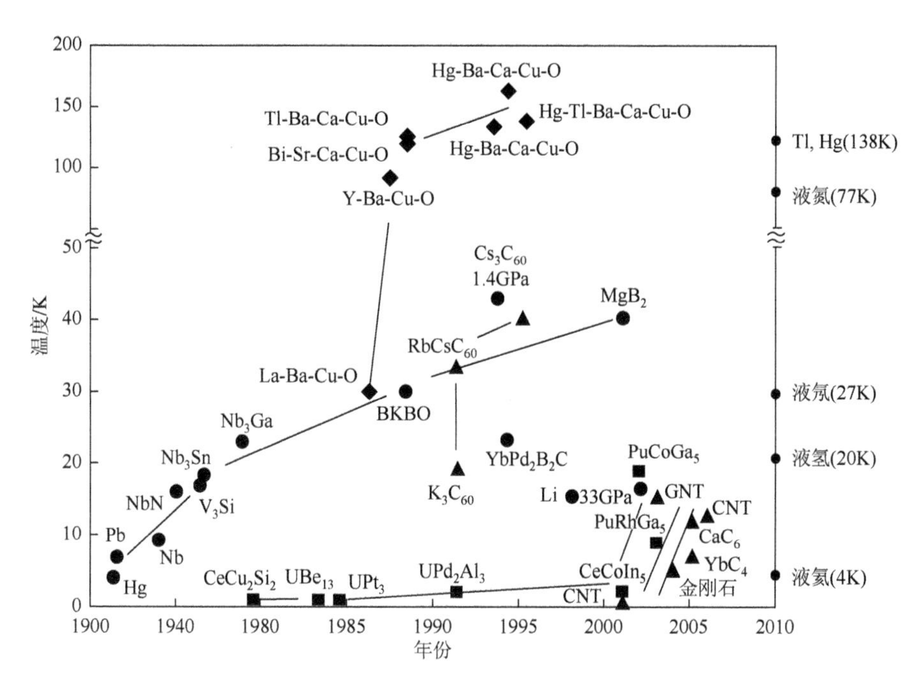

图 2-5　超导体临界温度随年份的变化

2.2.1　超导材料的基本物理性质

如果把超导金属制成一个闭合环，且通过电磁感应在环中激起电流，那么，这个电流将在环中维持数年之久。物质在超低温条件下失去电阻的性质称为超导电性；相应的具有这种性质的物质称为超导体。超导体在电阻消失前的状态称为常导状态；电阻消失后的状态称为超导状态。

1. 零电阻现象

在理想的金属晶体中，电子的运动是畅通无阻的。因此，理想晶体是没有电阻的，这就是常导体的零电阻。实际上，金属晶格原子的运动会产生一定的电阻，即使温度降为零时，其电阻率 ρ_0 也不为零。超导体具有零电阻现象与常导体零电阻在实质上截然不同。当温度 T 降至某一数值居里温度(T_c)或以下时，超导体的电阻突然变为零（电阻率约为 $10^{-4}\Omega\cdot cm$），这就是超导体的零电阻现象。电阻率 ρ 与温度 T 的关系见图 2-6。

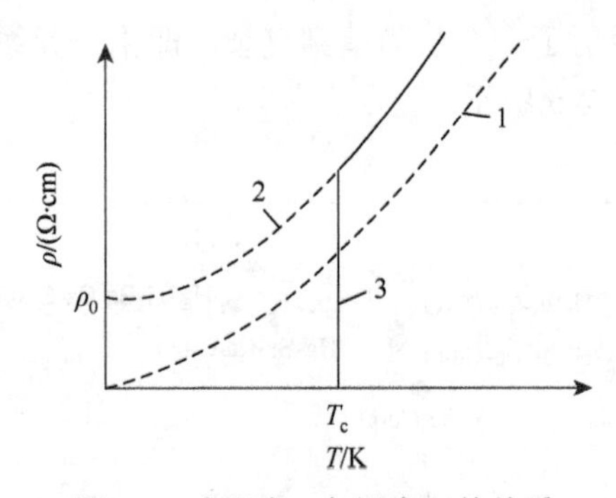

图 2-6 电阻率 ρ 与温度 T 的关系

1. 纯金属晶体；2. 含杂质和缺陷的金属晶体；3. 超导体

2. 三个临界参数的关系

要使超导体处于超导状态，必须将它置于三个临界值 T_c、H_c 和 I_c 之下。其中，T_c、H_c 只与材料的电子结构有关，是材料的本征参数。而 I_c 和 H_c 不是相互独立的，它们彼此有关并依赖于温度。三者关系可用图 2-7 所示曲面来表示。

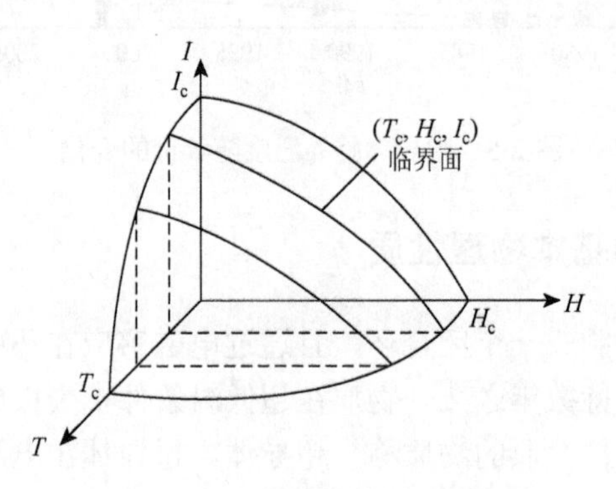

图 2-7 三个临界参数之间的关系

3. 超导机理

（1）唯象理论

1）二流体模型超导体由常导体转变为超导体时，超导材料在相变时发生一定的有序化，熵值减小，比热容发生突变。在超导态转变时，电子比热容发生了 ΔC 的变化，开始形成额外的电子有序。

2）伦敦方程。为了解释超导电流与电磁场的关系，伦敦兄弟（F. London，H. London）于 1935 年在二流体模型的基础上，提出了超导电流与电磁场关系的方程，与著名的麦克斯韦方程一起，构成了超导体的电动力学基础。

第一方程：

$$\frac{\partial J_{\mathrm{s}}}{\partial T}=\frac{n_{\mathrm{s}}\mathrm{e}^2}{m_{\mathrm{e}}}E$$

式中，m_{e} 为电子质量；J_{s} 为超导电流密度；n_{s} 为超导电子密度；E 为电场强度。

从方程式可以看出：在稳态下，因为超导体中电流为常值，故 $\frac{\partial J_{\mathrm{s}}}{\partial T}=0$，所以 $E=0$，即超导体内电场强度等于零，说明了超导体的零电阻性质。

第二方程：

$$\nabla\times J_{\mathrm{s}}=-\frac{n_{\mathrm{s}}\mathrm{e}^2}{m_{\mathrm{e}}}B$$

结合麦克斯韦方程可以说明，超导体表面的磁感应强度 B 以指数形式迅速衰减为零。两个方程同时包括了零电阻和迈斯纳效应，并预言了表面磁场穿透深度 λ_{L}。就一维而言，磁场在超导体中的磁感应强度分布情况与穿透深度见图 2-8。

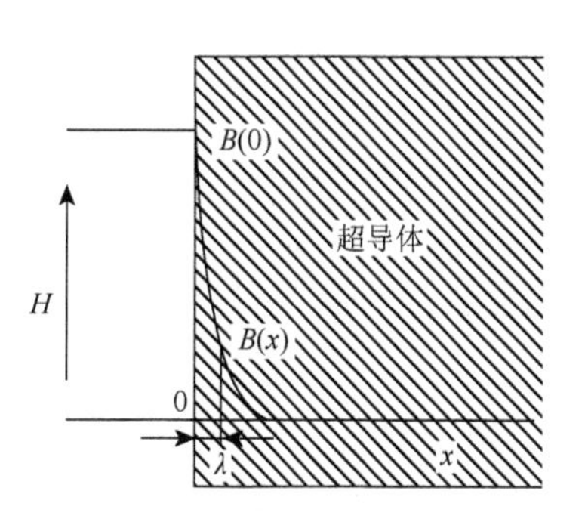

图 2-8　磁感应强度分布与穿透深度

（2）超导的微观机制

1）超导能隙：当金属处于超导态时，超导态的电子能谱与正常金属不同，它的显著特点就是在费米能级 E_{F} 附近有一个半宽度为 Δ 的能量间隔，在这个间隔内不能有电子存在。这个 Δ 或 2Δ 叫作超导能隙参数。图 2-9 为在绝对零度时的电子能谱示意图。能隙为 10^{-4}～10^{-3}eV 数量级。在绝对零度时，能量处于能隙下边缘以下的状态全部占满，而能隙上边缘以上的状态全部空着，这种状态就是超导基态。当 $T=0\mathrm{K}$ 时，能量 E 在费米能级附近 $|\Delta E|<h\omega_{\mathrm{D}}$（$\omega_{\mathrm{D}}$ 为德拜频率）的电子全部配成库珀对，超导态处于能量最低的状态（基态），基态相应的系统能量小于系统处于正常态 $T=0\mathrm{K}$ 时的能量。

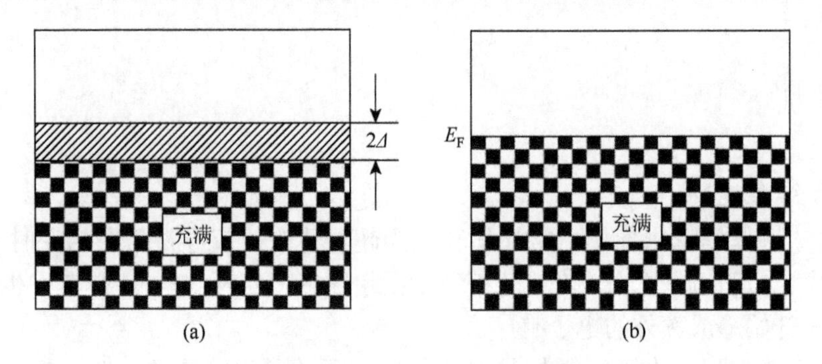

图 2-9　绝对零度时的电子能谱

（a）$T = 0$K 时金属超导态能级；（b）正常金属基态能级

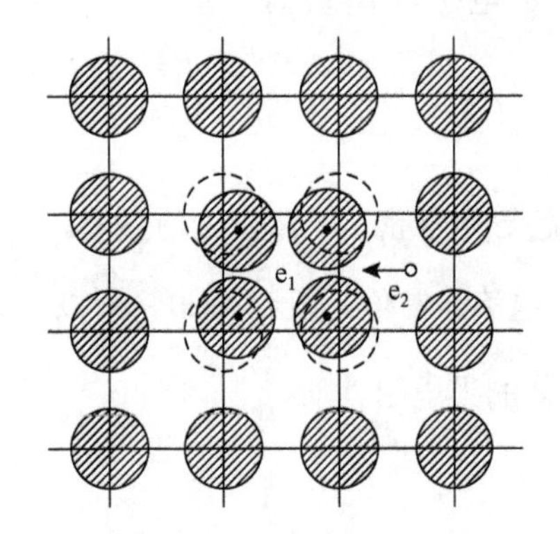

图 2-10　电子使正离子位移，从而吸引其他电子

2）电子-声子相互作用：利用电子-声子相互作用可以解释两个电子通过晶格点阵发生的间接吸引作用，为下面讨论库珀电子对打下基础。电子在晶格点阵中运动，先吸引周围正离子，造成局部正离子相对集中，这就使它可以吸引另外的电子，如图 2-10 所示。

（3）*超导隧道效应*　　在经典力学中，若两个区域被一个势垒隔开，只有粒子具有足够穿过势垒的能量，才能从一个区域到达另一个区域。但在量子力学中，一个能量不大的粒子，也有可能会以一定的概率穿过势垒，这就是隧道效应。正常金属 N 和一个超导体 S，中间为绝缘体 I，则形成了 S-I-N 结。如果 I 层足够薄，为几十至几百纳米，电子就有相当大的概率穿越 I 层。S-I-N 隧道效应电子能带示意图见图 2-11。当没有外加电压的情况下，I 层两边均没有与可接收电子的

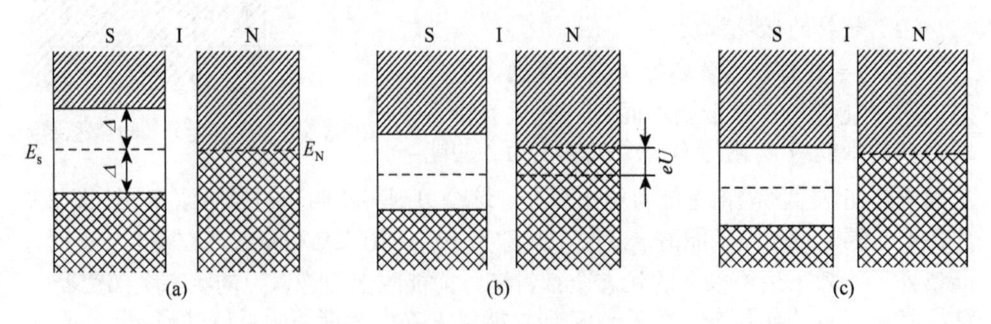

图 2-11　S-I-N 隧道效应电子能带示意图

（a）$U = 0$；（b）$U < \frac{\Delta}{e}$；（c）$U = \frac{\Delta}{e}$

能量相同的空量子态，不产生隧道电流；当 S 端加一个正电压 U 时，在 $U<\frac{\Delta}{e}$ 时，N 端和 S 端没有隧道电流；在 $U=\frac{\Delta}{e}$ 时，S 端出现与 N 端中被电子占据、能量相同的空量子态，N 端的电子通过隧道进入，S 端的激发态内相同能级的空量子态中出现隧道电流；在 $U>\frac{\Delta}{e}$ 时，隧道电流随 U 的特性而增加。

2.2.2　低温超导材料

低温超导材料的种类达数千种，有元素超导材料、化合物超导材料、合金超导材料及有机超导材料等。表 2-2 是一些典型的低温超导材料的晶体结构及超导电性特征。其中已经实用化和正在开发的材料有 Pb、Nb、V_3Ga、Nb_3、NbN 及 $PbMo_6S_8$ 等。

表 2-2　典型的低温超导材料的晶体结构及超导电性特征

材料		结构	T_c/K	H_c (4.2K)/T	能隙 $\Delta(0)$/meV	相干长度 $\xi(0)$/meV	磁场穿透深度 $\lambda(0)$/mm	发现年份
元素	Pb	A_1（fcc）	7.20	0.08	1.34	约 100	40.0	1913
	Nb	A_2（bcc）	9.25	0.40	1.50	39	31.5	1930
	V	B_2（bcc）	5.40	0.80	0.72	44	37.5	1930
合金	Pb-Bi	六方	8.80	约 3.00	1.70	约 20	202.0	1932
	Pb-In	A_1（fcc）	6.80	0.40	1.20	约 30	150.0	1932
	Nb-Zr	A_2（bcc）	11.50	11.00	—	—	—	1953
	Nb-Ti		9.80	12.50	1.50	约 4	300.0	1961

1. 低温超导薄膜

低温超导薄膜主要用于超导电子器件的开发，它的制备方法主要有溅射法、化学气相沉积法及电子束蒸发法等。溅射法的原理是：在氩气气氛中，将靶材置于−2000～−200V 的电位，通过电子的撞击将氩原子电离，带正电荷的氩离子被电场加速撞向负电位靶材，并将靶中的元素打击沉积在基片上，生长超导薄膜。为了提高沉积速率，往往在靶材表面施加一磁场，称为磁控溅射。图 2-12 为磁控溅射装置示意图。用磁控溅射法几乎可以制备所有的超导薄膜，尤其是高熔点材料的薄膜及非平衡态薄膜，且表面平整、均匀。但是制备高质量的超导薄膜的条件较为苛刻。一般来讲，其真空度为 10^{-7}～10^{-5}Pa，溅射气压为 0.1～100Pa，溅射气体的纯度在 97.999%以上，极其微量的杂质元素如 B、Si、Ge、C、N 等对薄膜性能有很大影响。

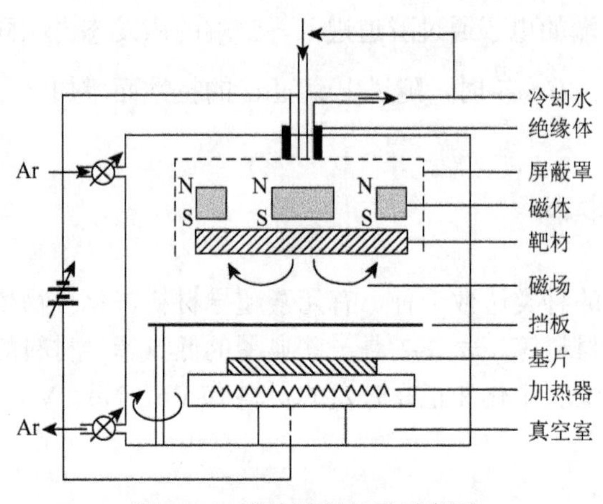

图 2-12　磁控溅射装置示意图

图 2-13 为化学气相沉积（CVD）法制备 Nb_3Ge 超导薄膜的工艺流程示意图。图 2-14 为电子束蒸发制备 Nb_3Ge 超导薄膜的装置示意图。CVD 法是利用薄膜组元的氯化物在基片表面和氢气反应从而形成超导薄膜的一种工艺方法，它的沉积速率可以达到磁控溅射的 100 倍，因此在制备超导带材方面有着很大的优越性。

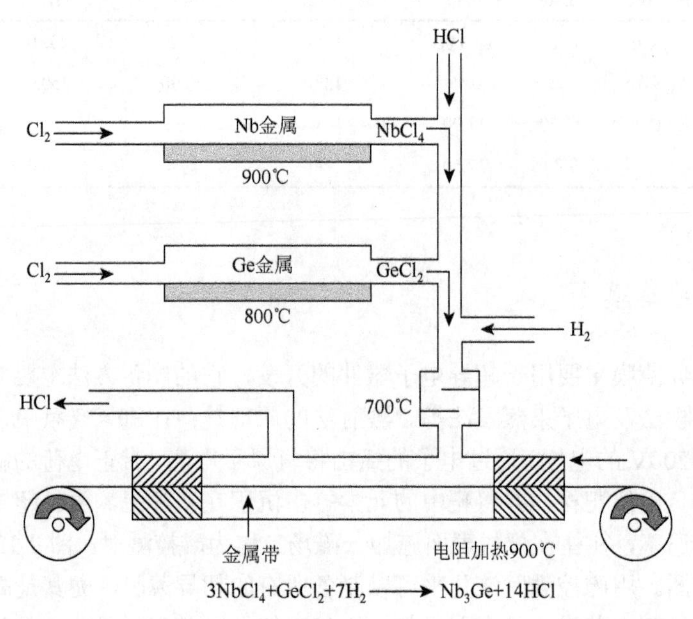

图 2-13　化学气相沉积法制备 Nb_3Ge 超导薄膜的工艺流程示意图

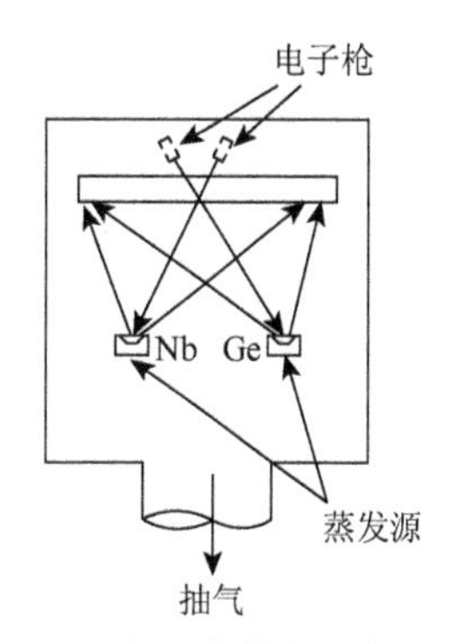

图 2-14　电子束蒸发制备 Nb_3Ge 超导薄膜的装置示意图

2. 低温超导线材

20 世纪 50 年代，一些强磁场超导材料如 V_3Ga、Nb-Zr、Nb-Ti 等的相继问世及其线材的研制成功，终于实现了超导电性的强电应用。低温超导线材分为合金线材和化合物线材两种，其中 Nb-Ti 合金线材在超导市场上占据着主导地位。

合金线材最早开发的是 Nb-Zr 合金，现在以 Nb-Ti 合金为主。为了消除磁通跳跃，提高导线的截流稳定性，20 世纪 60 年代发展了多芯化合与良导体（Cu、Al）的复合化工艺。化合物线材有多种，V_3Ga、Nb_3Al、$PbMo_6S_8$ 及 Nb_3Sn 等是其中具有代表性的材料。由于线材化难度大，在 20 世纪 60 年代后期工艺上才有突破，如图 2-15 所示，当时采用表面扩散法成功地制备出了高性能的 Nb_3Sn、V_3Ga 带材。1970 年，发明了复合加工法（青铜法），实现了具有稳定化功能的极细多芯化合物线材的批量制备。图 2-16 是 NbTi 极细多芯线材的制造工艺。图 2-17 是 Nb_3Sn 及 V_3Ga 多芯线材的复合加工法工艺流程。

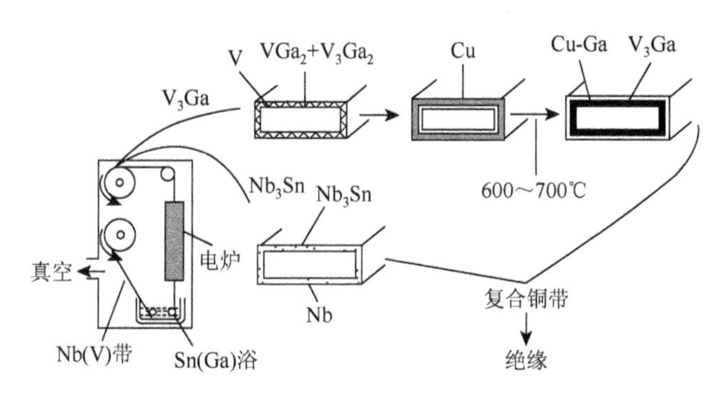

图 2-15　Nb_3Sn 及 V_3Ga 带材的表面扩散法制备工艺流程

2.2.3　高临界温度超导体材料

在超导性发现后不久，出现了两个障碍：一是温度障碍，即低的 T_c 值；二是磁场和电流障碍，即相当小的临界磁场 H_c 和小的临界电流 I_c。现在回顾一下 1973 年以来为克服温度障碍所做的努力和简要情况。

1974 年以来，对金属氧化陶瓷 $BaPb_{1-x}Bi_xO_3$ 的人工合成与研究，在 $x = 0.5$ 的陶瓷中，获得了 $T_c = 13K$ 的最大值，Nb_3Ge 的 $T_c = 24K$ 一直保持到 1986 年。1986 年，

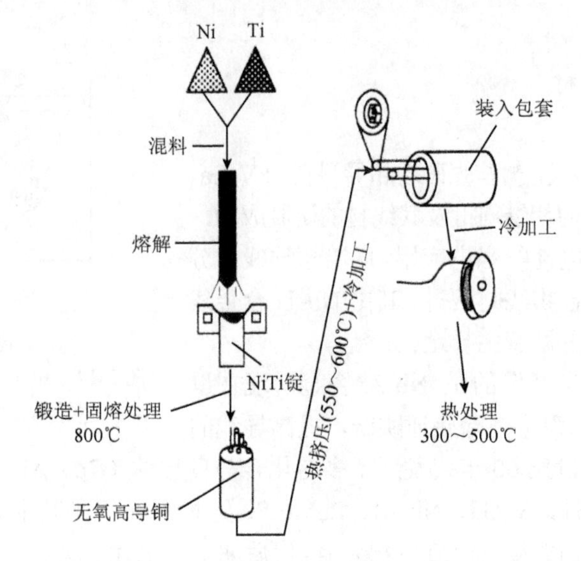

图 2-16　NbTi 极细多芯线材的制造工艺

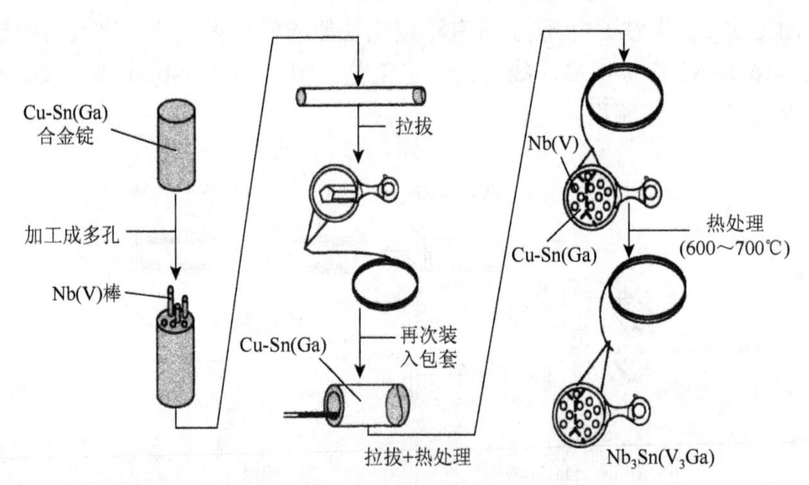

图 2-17　Nb_3Sn 及 V_3Ga 多芯线材的复合加工法工艺流程

Bednors 和 Muller 在 T_c = 30～400K 的陶瓷 La-Ba-Cu-O 中发现超导现象。1986 年末，被称为“氖”超导的高温超导体的存在，在瑞士、日本和美国从 La-Ba-Cu-O 及 La-Sr-Cu-O 系统中得到证明，人们观察到合金 $La_{1.8}Sr_{0.2}CuO_4$ 相当明显的超导态转变处于 T_c = 36.2K。1987 年初，用 ^{39}Y 代替 ^{57}La，促进了具有 T_c = 80～100K 液氮超导体的出现。例如，从合金$(Y_{0.6}Ba_{0.4})_2CuO_{4-y}$观察到了具有 T_c = 93K 的超导性（在一个大气压下）和 T_c = 80K，3 月初列别捷夫物理所观察了一种 T_c = 102K 的钇超导体。1989 年元月，日本的 Maeda 宣布把铋钙锶铜氧系统做成了 T_c 达 110K 的超导体，但有一长尾巴拖到 80K，不久发现铊的氧化物可以在更高的温度变为超导，而其尾巴在 100K 以上，IBM 公司使 T_c 达到 125K，朱经武及我国皆做到 T_c 为 123K 的结果，在我国及一些国家还有更多的报道。

从 1986 年至今，经过多年努力，有 4 类铜氧化物的高温超导材料已从物理性的基础研究进入材料工程的工艺研究和应用开发阶段，它们是：①Y-Ba-Cu-O 系，以 Y1232 相为主，T_c 为 95K；②Bi-Sr-Ca-Cu-O 系，以 Bi2223 相和 Bi2212 相为代表，T_c 分别为 110K 和 80K；③Ti-Ba-Ca-Cu-O 系，以 Ti2220 相为代表，T_c 已达 128K；④Hg-Ba-Ca-Cu-O 系，其中 Hg1223 相的 T_c 达到 135K，在加压状态下可达到 164K。其中 Y 系和 Bi 系材料的实用化进展更大一些，而 Ti 系和 Hg 系虽具有较高的 T_c，但由于含有有毒元素，已不再是实用化开发的重点。

其中，$YBa_2Cu_3O_{7-\delta}$（简称 YBCO）超导材料便是人类发现的第一个具有液氮温区超导转变温度的材料，由于其具有很好的高温载流性能，因而最有应用前景。它具有层状钙钛矿结构，其氧含量通常随制备条件而改变。当 $b = 0$ 时，为正交结构，如图 2-18 所示。在这一结构中，Y^{3+} 与邻近的 8 个氧离子形成配位六面体，其排列方式接近密堆积。当 $\delta = 0\sim1$ 时，YBCO 变成四方结构，不再具有超导电性能。

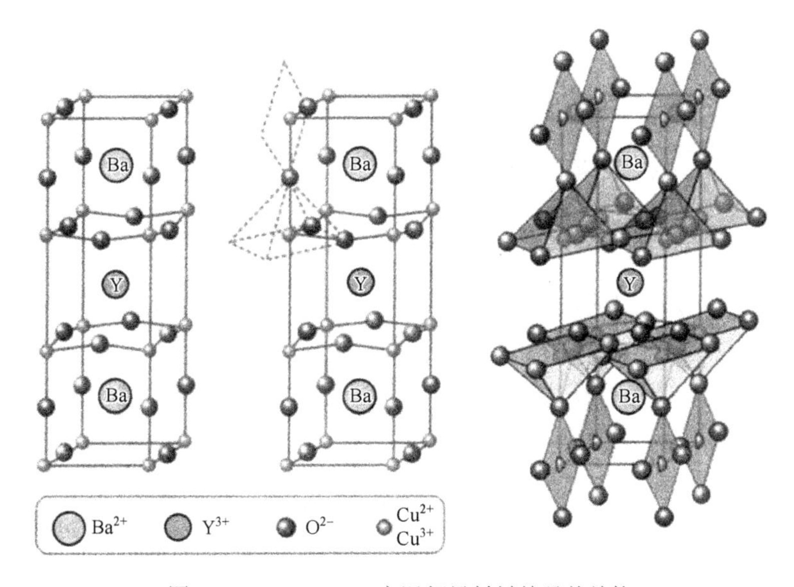

图 2-18　$YBa_2Cu_3O_7$ 高温超导材料的晶体结构

Michel 等首先发现在 Bi-Sr-Cu-O 材料系中存在 $T_c = 20K$ 的超导相。后来的工作证实，其化学式为 $Bi_2Sr_2CuO_6$，简写为 Bi2201，在这一体系中掺入 Ca 后，会出现两个高 T_c 的超导相 $Bi_2Sr_2CaCu_2O_6$（Bi2212）和 $Bi_2Sr_2Ca_2Cu_3O_{10}$（Bi2223），其 T_c 分别为 85K 和 110K。它们具有其他高温氧化物超导材料所共有的结构特征，即 Cu-O 层。这些 Cu-O 层被碱土金属离子 Sr^{2+}、Ca^{2+}和 Bi_2O_2 层分开，形成钙钛矿结构的一种变体。

图 2-19 是 Bi2201、Bi2212、Bi2223 相的结构示意图，它们拥有共同的超导电层（Cu-O 层）和载流子层（Bi_2O_2 层），不同的是 Cu-O 层的数目：Bi2201 相为 1；Bi2212 相为 2；Bi2223 相为 3。Bi 系超导材料的化学式可以写成：$Bi_2Sr_2Ca_{m-1}Cu_mO_{2m+4}$，$m=1,2,3$，分别对应于 Bi2201、Bi2212、Bi2223 相。其层状结构也可以总结为

$$\|BiO/SrO/Cu(1)O_2/Ca(1)\cdots/Ca(m-1)/Cu(m)O_2/SrO/BiO\|$$

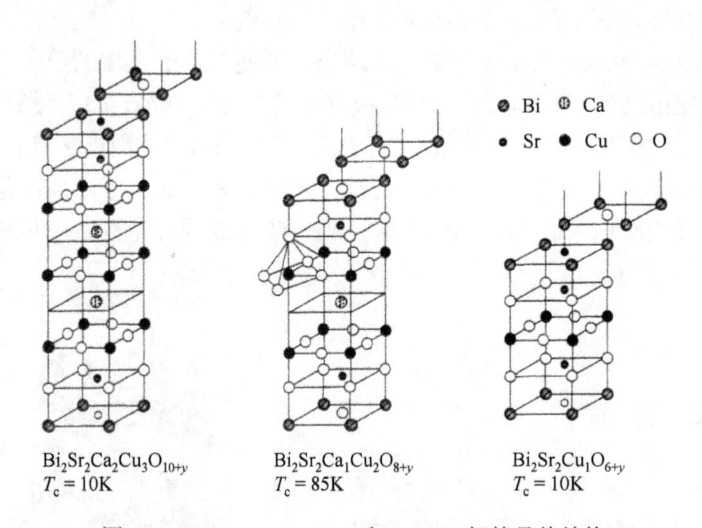

图 2-19　Bi2223、Bi2212 和 Bi2201 相的晶体结构

随着 Cu-O 层数目的增加，T_c 大幅度提高。人们试图合成含更多 Cu-O 层的 Bi 系超导材料。其中，Bi2223 带材（线材）的制备方法以粉末装管法（PIT 法）为主。图 2-20 是氧化物粉末装管法制备 Bi2223 带材的工艺流程图。银包套的选

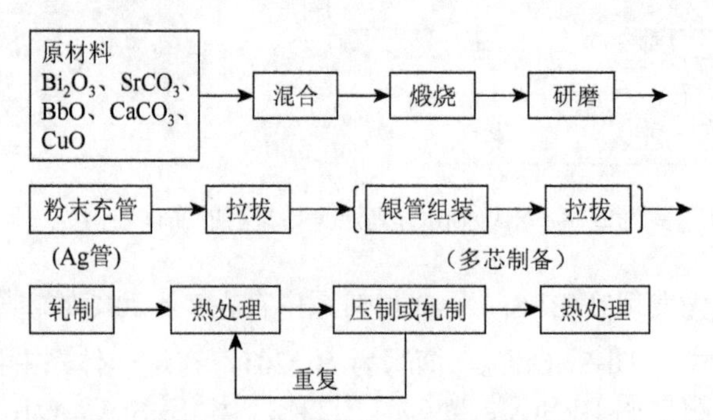

图 2-20　氧化物粉末装管法制备 Bi2223 带材的工艺流程

择是从机械强度、热稳定性及热处理时氧的透过性等角度考虑的；轧制或者压制是为了形成织构和增加氧化物致密度，有时为了改善晶体取向，热处理和轧制要重复多次。

Bi2212 带材制备主要有两种工艺：①PIT 法，类似 Bi2223 带材；②表面涂层法，其工艺流程如图 2-21 所示。Bi2212 带材在低温、高场下载流性能优于 Bi2223 带材，因此其主要用于高场磁体。例如，日本金属材料研究所研制的 1GHz（23.5T）的 NMR 系统，在 21.1T 的低温超导背景场中插入 Bi2212 饼状线圈产生一个 2.4T 的叠加场。

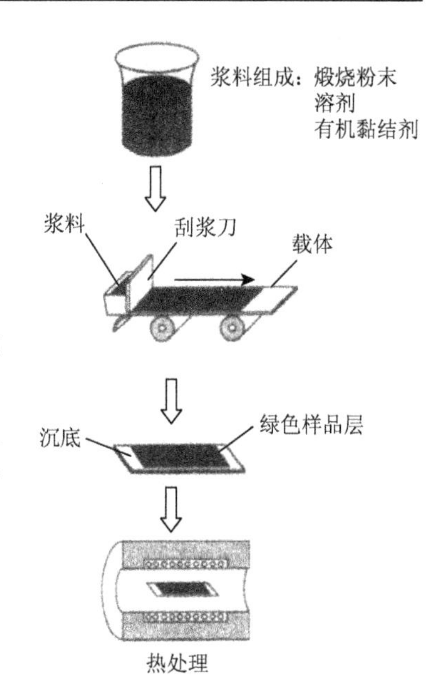

图 2-21　涂层法制备 Bi2212 带材示意图

Bi 系超导材料由于组元多、成相过程复杂、成相温区窄，因此获得单相较为困难，尤其是 Bi2223。其主要的制备工艺参数有氧化物粉末的成分、带材的厚度、热处理条件、轧制精度、残余碳含量及第二相含量等，严格控制好这些参数，是制备出高质量带材的前提。

高温超导材料的应用可分为四大类：①大型应用——做成线材或块状材料，供电力产生、输送及储存；供磁浮列车用；供超导加速器用；用于磁约束核聚变装置；用于磁流体发电；超导推进器用；用于医疗的磁共振断层摄像装置；用于制作半导体的结晶高产装置，半导体图像转复装置等技术；用于从污水中提取微量元素的磁分离器、磁轴承、搅拦装置等。②小型应用——做成薄膜，用作超灵敏探测器、微电子元件之类。③应用此类材料，但不用其超导性，如做成触媒、检测器、化学电池等。④利用高温超导的一些新效应和功能，寻找新的应用。

能够成为高温超导的物质可能很多，其应用也很广泛，但是高温超导还只是在实验室进行，要达到室温和把高温超导物质变为有用超导材料在短期内是不可能实现的。

2.2.4　非晶态超导体材料

非晶态相对于晶态情况而言，其超导转变温度多数有所提高，并且其值相差不是很大，而在晶态时，其超导转变温度相差很大；非晶态超导电声子相互作用增强；反映超导电性的能隙参数增加。人们认为，短程有序的非晶态结构是非晶态简单金属及合金具特殊超导电性的原因。这些结论是通过对非晶态金属及合金如 Bi、Ga、Be、$Be_{0.7}Al_{0.3}$、$Mg_{0.7}Zn_{0.3}$、$Sn_{0.9}Cu_{0.1}$、$Pb_{0.9}Cu_{0.1}$、$Pb_{0.75}Cu_{0.25}$、$In_{0.8}Sb_{0.2}$、

$Tl_{0.9}Te_{0.1}$、$Au_{0.84}Si_{0.16}$等做出来的。

原子排列长程序的破坏使非晶态和晶态金属的电子结构有差别：电子不再经受布拉格反射；电子平均自由程变短，晶态有布里渊区，而非晶态却没有；非晶态中没有长程的周期点阵，声子这个名称本身成了问题，人们仍然使用“声子”这个词，但应是“声波”，它表示传播着的和局域的原子振动；由于非晶态的哈密顿量波平移不变，电声子相互作用可以在更大的相空间发生而增加了电声子相互作用，导致无序金属的有效声子谱低频端的上升，但这并不一定都能导致超导T_c上升。例如，对于弱耦合超导体T_c上升，在强耦合时就不是这样，非晶态过渡族金属及合金性质比简单金属更为复杂，因为除了较自由的 s、p 电子之外，还有 d 电子。比较非晶态和晶态过渡金属的T_c可知，当晶态变成非晶态之后，其临界温度T_c有的升高，有的降低。例如，Mo、W、Re 的T_c有较大上升，而 Nb、Ta、V 的T_c下降较大。过渡金属非晶态合金大多数属于弱耦合超导体，人们利用的液相超高速淬火金属玻璃材料超导性的临界温度T_c的情况是：$La_{76}Au_{24}$(3.3K)、$La_{80}Ga_{20}$(3.8K)、$Zr_{75}Rh_{25}$(4.55K)、$ZY_{70}Be_{30}$(2.8K)、$Nb_{58}Rh_{42}$(4.7K)、$Mo_{80}P_{10}B_{10}$(9.0K)、$(Mo_{0.6}Ru_{0.4})_{80}P_{20}$(6.18K)、$(Mo_{0.8}Ru_{0.2})_{80}P_{10}B_{10}$(8.71K)、$(W_{0.6}Ru_{0.4})_{80}P_{20}$(4.25K)、$(Mo_{0.6}Ru_{0.4})_{80}B_{20}$(5.78K)。用溅射和蒸发法制备的非晶态过渡金属合金的T_c如 Nb_3Si（3.9K）、Nb_3Ge（3.6K）、$Mo_{80}N_{20}$（8.3K）、$Mo_{68}Si_{32}$（6.7K）等。有关稀土元素合金的非晶态超导体如$La_{0.76}Au_{0.24}$（3.30K）、$La_{0.76}Au_{0.24}$（3.3K）、$La_{0.78}Au_{0.22}$（3.954K）、$La_{0.75}Au_{0.15}Cu_{0.10}$（3.954K）等。

任何一种金属或合金，其特征原子排列不是处于热力学平衡态时，此时的状态称为亚稳态。非晶态本身是一种亚稳相，经过退火、高压、激光辐照或其他物理手段处理之后，非晶态可以变成新的相，这些新相有可能是亚稳的结晶相。高临界温度超导电性总是与点阵不稳定性联系的，在某些情况下，这种非晶态的亚稳定有助于超导，在某些情况下是非晶态经过物理手段处理而变成新的亚稳相之后有助于超导。对于非过渡族金属及合金，由于晶化温度很低更容易产生一些亚稳相或称中间相，同一材料在不同相中的T_c是不同的，如表 2-3 所示。

表 2-3　同一材料在不同相中的 T_c 值　（单位：K）

材料	非晶相 T_c	中间相		稳定相 T_c
		T_c	相变温度 T_P	
Ga	8.40	6.20	15.00	1.08
Bi	6.10	5.20	15.00	—
$Pb_{0.55}Bi_{0.45}$	7.00	7.70	85.00	8.40
$Pb_{0.38}Bi_{0.62}$	6.90	7.85	155.00	8.50
		7.30	240.00	
$Pb_{0.18}Bi_{0.82}$	6.70	6.50	90.00	7.20
		4.90	195.00	

2.3　储 氢 合 金

随着能源问题的不断升级和矿物能源资源的不断减少，发展可再生能源是当务之急。氢能由于其环保性和可再生性，一直被人们关注着。氢能也是绿色能源消费的基石，被誉为 21 世纪的能源。但是，作为一种新的能源至今还没有商业化，其关键是能否经济地生产、高密度安全制取和储运，因此性能优越、安全性高的储氢材料的开发应用一直是研究的重点。

2.3.1　储氢材料的定义

顾名思义，“储氢材料”是一种能够储存氢的材料。储氢材料的重要功能是担负氢能的储存、转换和输送功能，也可以简单地理解为“载能体”或“载氢体”。有了这个载能体，就可以与氢合作，组成种种不同的载能体系。

从太阳能、风能、地热、潮汐等获取的能源（有时也称一次能源）主要是热和电的形式，为使这些一次能源获得有效的利用，还需将它们储存或输送，因此应有最佳的二次能源形式。氢由于其优异的特性受到高度重视，首先，氢由储量丰富的水作原料，资源不受限制；其次，氢燃烧的生成物是水，环境污染极少，不破坏自然循环；再次，氢具有很高的能量密度，其燃烧值为 141 700kJ/kg。此外，氢可以储存、输送，用途十分广泛，图 2-22 为不同储氢方式的对比情况。

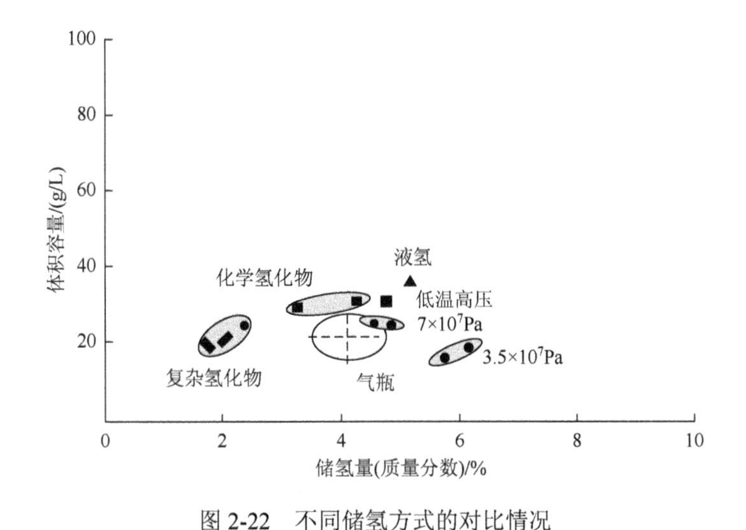

图 2-22　不同储氢方式的对比情况

金属钯（Pd）是最早发现的能可逆地吸收和释放氢气的材料，能够较好地储氢，但钯很贵，缺少实用价值。储氢材料范围扩展到了过渡金属的合金。例如，镧镍金属间化合物就具有可逆吸收和释放氢气的性质。

金属氢化物的储氢密度与液体氢相同或更高，安全可靠，是一种较好的储氢方式。金属氢化物储氢材料通常称为储氢合金。值得注意的是，一些新的储氢材料的性能正引起广泛的注意，如 C_{60} 纳米管等碳材料。

目前所用的储氢材料主要有合金、碳材料、多孔材料及有机液体等。

2.3.2 储氢合金的基本理论

1. 氢在合金中的位置

金属的晶体结构一般为面心立方（fcc）、体心立方（bcc）和密排六方（hcp）。在这三类晶体结构中，八面体和四面体的位置是氢能稳定存在的位置。在 fcc 和 hcp 结构中具有一个八面体位置和两个四面体位置；在 bcc 结构中分别为 3 个八面体位置和 6 个四面体位置，见图 2-23。

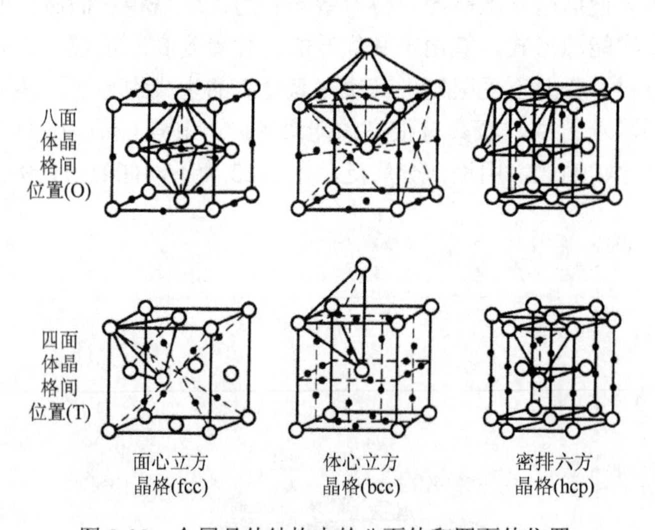

图 2-23　金属晶体结构中的八面体和四面体位置

图 2-24 为氢在 $LaNi_5$ 中的位置，氢在 $Z=0$ 和 $Z=1/2$ 平面各可进入三个，形成的氢化物为 $LaNi_5H_6$，并使晶格膨胀约 23%，导致晶格变形，形成裂纹和晶体粉化。

2. 氢合金和金属氢化物的晶体结构和性质

表 2-4 列出了 AB_5、AB_2、AB、A_2B 类几种主要储氢合金的晶体结构和基本性质。

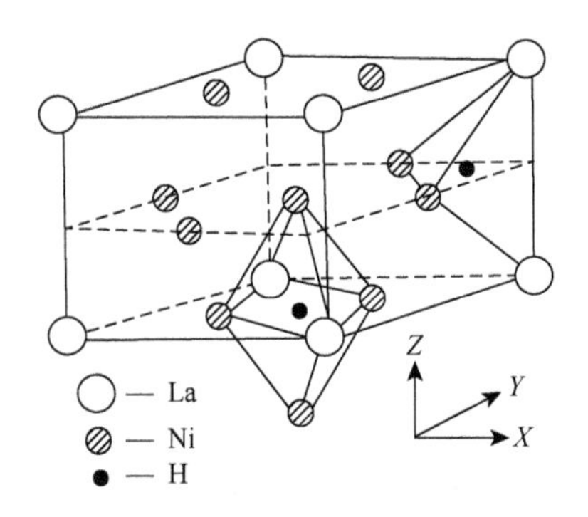

图 2-24　$LaNi_5$ 中氢原子的位置

表 2-4　主要储氢合金及其氢化物的晶体结构和基本性质

类型	合金	合金晶体结构	氢化物	氢化物晶体结构	吸氢量(质量分数)/%	放氢压/(℃，MPa)	生成焓/(kJ/mol H_2)
AB_5	$LaNi_5$	$CaCu_5$	$LaNi_5H_{6.0}$	六方	1.4	0.4, 50	−30.1
	$LaNi_{4.6}Al_{0.4}$	$CaCu_5$	$LaNi_{4.6}Al_{0.4}H_{5.5}$	—	1.3	0.2, 80	−38.1
	$MmNi_5$	$CaCu_5$	$MmNi_5H_{6.3}$	六方	1.4	3.4, 50	−26.4
	$MmNi_{4.5}Mn_{0.5}$	$CaCu_5$	$MmNi_{4.5}Mn_{0.5}H_{6.5}$	六方	1.5	0.4, 50	−17.6
	$MmNi_{4.5}Al_{0.5}$	$CaCu_5$	$MmNi_{4.5}Al_{0.5}H_{4.9}$	六方	1.2	0.5, 50	−29.7
	$CaNi_5$	$CaCu_5$	$CaNi_5H_{4.0}$	②	1.2	0.04, 30	−33.5
AB_2	$Ti_{1.2}Mn_{1.8}$	C14	$Ti_{1.2}Mn_{1.8}H_{2.47}$	C14	1.8	0.7, 20	−28.5
	$TiCr_{1.8}$	①	$TiCr_{1.8}H_{3.6}$	—	2.4	0.25, −78	—
	$ZrMn_2$	C14	$ZrMn_2H_{3.46}$	C14	1.7	0.1, 210	−38.9
	ZrV_2	C15	$ZrV_2H_{4.8}$	C15	2.0	10^{-9}, 50	−200.8
AB	TiFe	CsCl	$TiFeH_{1.95}$	立方	1.8	1.0, 50	−23.0
		CsAl	$TiFe_{0.8}Mn_{0.2}H_{1.95}$	—	1.9	0.9, 80	−31.8
A_2B	Mg_2Ni	Mg_2Ni	$Mg_2NiH_{4.0}$	③	3.6	0.1, 253	−64.4

注：①低温型 C15，高温型 C14

②$CaNi_5H_x$，γ 相，斜方结构（$x≈5$）

③相转变点在 235℃以上时为立方 CaF_2 型，在 235℃以下时为畸变立方结构

（1）AB_5 型吸氢合金　具有 $CaCu_5$ 型结构，吸氢量大约为 $n_H / n_M = 1$。在室温下每个金属分子能与 6 个氢原子结合，$LaNi_5$ 为六方结构，底边点阵常数 $a = 0.5017$nm，高 $c = 0.3977$nm，体积 $V = 0.086\ 80$nm^3。$LaNi_5H_6$ 的底边点阵常数 $a = 0.5388$nm，高 $c = 0.4250$nm，体积 $V = 0.106\ 83$nm^3，吸氢后体积膨胀 24%。

（2）AB_2 型吸氢合金（钛、锆系拉夫斯合金）　A 元素（钛、锆）与 B 元素的原子直径比为 1.255。在拉夫斯相中有三种结构：C14（$MgZn_2$，六方结构）、

C15（$MgCu_2$，立方结构）和 C36（$MgNi_2$，六方结构），C14 和 C15 的结构如图 2-25 所示。

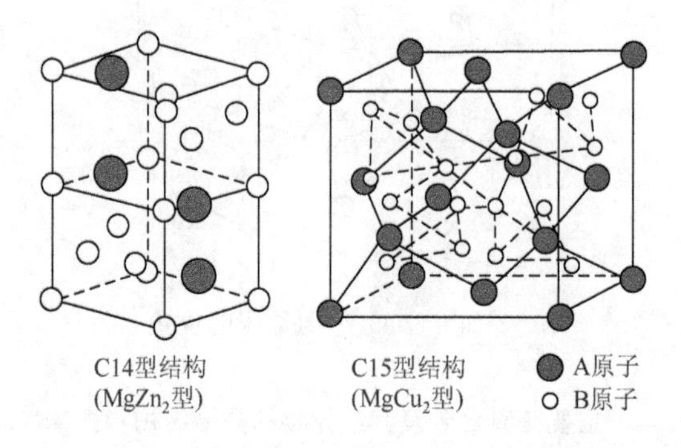

图 2-25　AB_2 型吸氢合金 C14 和 C15 的结构

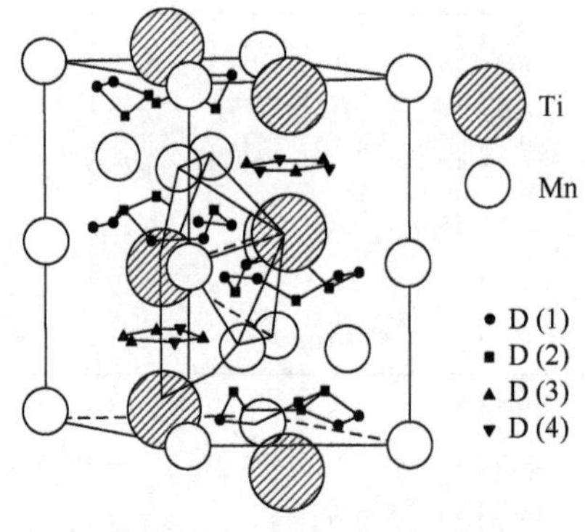

图 2-26　$Ti_{1.2}Mn_{1.8}D_3$ 的晶体结构

拉夫斯合金的组成范围宽，容许 AB_2 的组成波动。$TiMn_2$ 不吸氢，减少和增加锰量则吸氢，如 $Ti_{1.2}Mn_{1.8}D_3$（图 2-26）和 $TiMn_{1.5}$。$TiMn_{1.47}H_{2.5}$ 从合金到氢化物，晶格膨胀 23%。

（3）AB 型合金（钛系合金）　FeTi 是立方 CsCl 结构，氢化物有 4 个相：α 相是固溶体的 CsCl 结构，β_1 和 β_2 是晶格常数略不同的斜方一氢化物，γ 是单斜的二氢化物。

（4）A_2B 型合金（镁系合金）　Mg_2Ni 是六方结构，形成的 Mg_2NiH_4 有高温 CaF_2 型、低温时畸变的体心，单斜和畸变立方三种相。

2.3.3　典型的储氢材料

1. 稀土系储氢合金

$LaNi_5$ 是稀土系储氢合金的典型代表。它具有 $CaCu_5$ 型的六方结构，其点阵常数 $a = 0.5017nm$，$c = 0.3987nm$。图 2-27 为 $LaNi_5$ 晶体结构图。形成氢化物后仍保持六方晶体结构，但晶格体积膨胀约 23.5%。$LaNi_5$ 具有优良的储氢性能，块状 $LaNi_5$ 合金在室温下与一定压力的氢气反应即形成相应的氢化物。其化学反应式为

$$LaNi_5 + 3H_2 \rightleftharpoons LaNi_5H_6$$

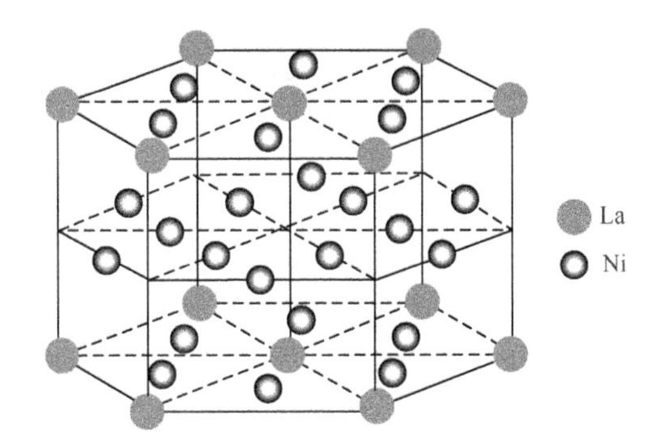

图 2-27　$LaNi_5$ 晶体结构图

其储氢量约为 1.4%，适合于室温下应用。$LaNi_5$ 系的 *P-C-T* 等温线表明：$LaNi_5$ 平衡压力适中而平坦，滞后小，容易活化，具有动力学特性和抗杂质气中毒性。在室温 25℃时平台压力适中，吸氢放氢滞后很小，但随着温度的升高，滞后变大。下面介绍三种稀土系列的多元合金。

（1）$LaNi_5$ 三元系　　目前已研究的 $LaNi_5$ 三元系列储氢合金主要有两类：$LaNi_{5-x}M_x$（M = Al、Mn、Cr、Co、Cu、Ag、Pd、Pt）和 $R_{0.2}La_{0.8}Ni_5$（R = Zr、Gd、Nd、Th 等）。对于 $LaNi_{5-x}M_x$ 系，除了 Pd 和 Pt 外，用 Ni 置换其他元素，可使其金属氢化物稳定性提高，氢化反应标准焓变减小，平台压力降低，因为被置换的所有其他元素均使其氢化物稳定性降低。

（2）$MmNi_5$ 系　　由于 $LaNi_5$ 的成本高，给工业应用带来困难，国外很多学者用富铈[w(Ce)≫40%]混合稀土 Mm 代替 La，研制了廉价的 $MmNi_5$ 储氢合金。$MmNi_5$ 可在室温、6.07MPa 条件下进行氢化反应生成 $MmNi_5H_6$，分解压力为 1.31MPa，吸氢平衡压约为 3.04MPa，但活性条件苛刻，难以实际应用。为此，在 $MmNi_5$ 的基础上又开发了许多多元合金。例如，$MmNi_{5-x}B_y$（B = Cu、Fe、Mn、Ga、In、Sn、Cr、Co、Pt、Pd、Ag、Zr 等）系列，其中 Mn、Al 对合金中 Ni 的部分取代，可使平衡压力大幅度降低，且与其取代量成正比。因此，可通过控制合金中 Mn 或 Al 的取代量来获得合适的平台压力，而且 Mn、Al 的引入可有效改善 $MmNi_5$ 的活化特性。

在 $MmNi_{5-x}B_y$ 系列储氢合金中，$MmNi_{4.15}Mn_{0.85}$ 储氢量大，释氢压力适当，常用于氢的储存和净化；$MmNi_{4.15}Mn_{0.85}$ 具有较平坦的平台和较小的滞后，可作热泵、空调用储氢材料，$MmNi_{5-x}Co_x$ 可通过改变 x 值（x = 0.1～4.9）连续改变合金的吸、释氢特性，具有良好的储氢能力。

（3）$MlNi_5$ 系　　$MmNi_5$ 虽然成本比 $LaNi_5$ 低廉，但平台压力高，滞后压差大，活化条件苛刻，因此人们研制了富镧［其中 w(La) + w(Nd)≥70%］混合稀土（Ml）储氢合金 $MlNi_5$，不但保持了 $LaNi_5$ 的许多优良特性，而且在储氢量和动力

学特性方面优于 $LaNi_5$，而且 MI 的价格为纯镧的 1/5，从而更具有实用价值。

2. 钛系储氢合金

（1）钛铁系　钛和铁可以形成 TiFe 和 $TiFe_2$ 两种稳定的金属间化合物。图 2-28 是钛铁系晶型结构示意图。TiFe 是钛铁系储氢合金的典型代表，具有 CsCl 晶型结构，具有优良的储氢特性，其价格低于其他储氢材料，所以具有很大的实用价值。

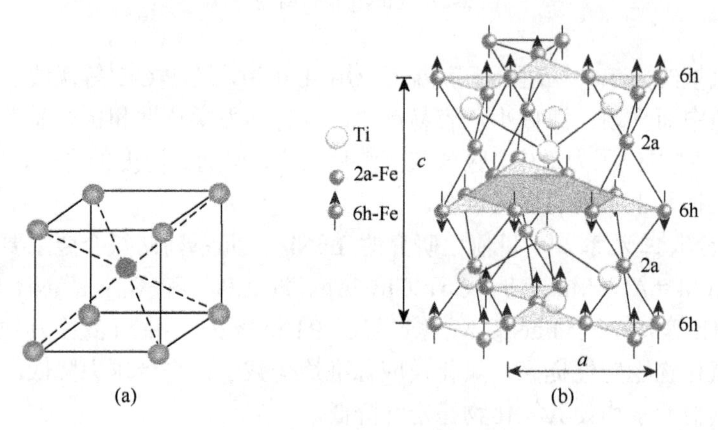

图 2-28　钛铁系晶型结构示意图

（a）TiFe 晶型；（b）$TiFe_2$ 晶型

（2）钛锰系　在钛锰系二元合金中，以 $TiMn_{0.5}$ 的储氢性能最佳。该合金可在室温下活化，与氢反应生成 $TiMn_{1.5}H_{2.47}$ 氢化物，储氢量达 1.86%，$\Delta H = -2.85$kJ/mol。

2.3.4 储氢合金的应用

1. 在电池方面的应用

（1）在小型民用电池上的应用　Ni-MH（镍-金属氢化物）电池于 1990 年首先在日本商业化。这种电池的能量密度为 Ni-Cd 电池的 1.5 倍，不污染环境，充放电速度快，记忆效应少，可与 Ni-Cd 电池互换等。

此外，还有不少电池厂家生产的不同型号的 Ni-MH 电池，其性能规格大多相近，主要用于通信仪器、激光唱片机、收音机、摄录机、液晶电视机、个人计算机、电动玩具、仪器仪表等诸多方面，可以说小型 Ni-MH 电池的应用已深入各个领域，前途广阔。因此，用于 Ni-MH 电池的储氢材料在这一领域也将很有应用前途。

（2）储氢合金在电动车用电池中的应用　我国的电池行业第十个“五年计划”中把氢镍动力电池作为发展重点之一，鼓励发展 Ni-MH 动力电池和提高其性能的研究开发、产业化生产。电动车用 Ni-MH 电池的特点是：①能量密度高；②功率密度高；③循环寿命长；④可大电流充放电；⑤无毒害；⑥免维护。

Ni-MH 电池作为城市环保型汽车的应用很有前途，但是目前价格较贵，势必影响其推广。混合型电动车既可以降低价格，又有利于环保、节能，是近期内的发展方向，但它不能做到完全零排放。因此，今后应开发高容量、高功率、低成本、长寿命的 Ni-MH 电池，以满足汽车发展的需要。

（3）储氢合金在氢化物电极上的应用　20 世纪 70 年代初发现，$LaNi_5$ 和 TiNi 等储氢合金具有阴极储氢能力，而且对氢的阴极氧化也有催化作用。但由于材料本身性能方面的原因，储氢合金没有作为电池负极的新材料而走向实用化。

以氢化物电极为负极，$Ni(OH)_2$ 电极为正极，KOH 水溶液为电解质组成的 Ni-MH 电池见图 2-29。

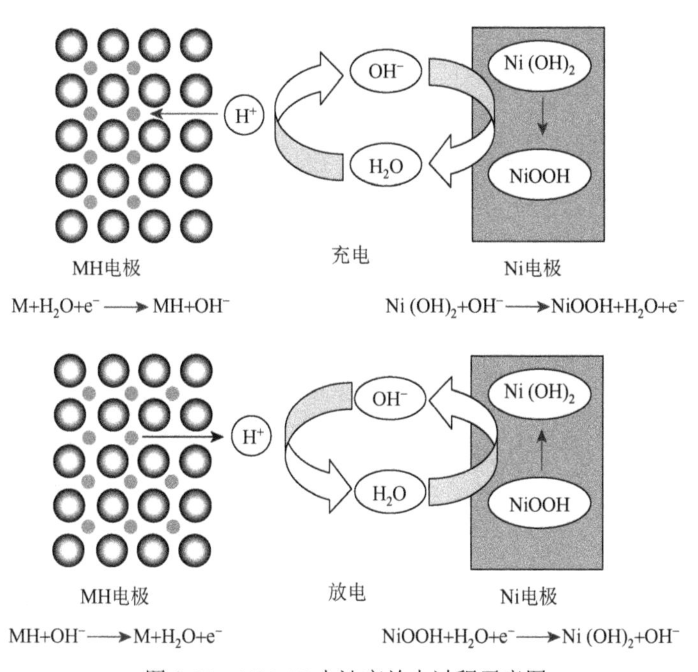

图 2-29　Ni-MH 电池充放电过程示意图

与 Ni-Cd 电池相比，$Ni-MH_x$ 电池具有如下优点：①比能量为 Ni-Cd 电池的 1.5～2 倍；②不存在重金属 Cd 对人体的危害；③良好的耐过充、放电性能；④无记忆效应；⑤主要特性与 Ni-Cd 电池相近，可以互换使用。

2. 储氢合金在分离、回收氢方面的应用

工业生产中，有大量含氢的废气排到空气中造成资源浪费，如能对其加以分离、回收、利用，则可节约巨大的能源。例如，用一种 $LaNi_5$ 与不吸氢的金属粉末及黏结材料混合压制烧结成的多晶颗粒作为吸氢材料。另外，可用金属氢化物分离氢和氦，用 $MlNi_5 + MlNi_{4.5}M_{0.5}$ 二级分离床含 He、H_2 的混合气体，氢气回收率可达 99%，可有效分离 H_2 和 He。

2.4　形状记忆合金

形状记忆合金（shape memory alloy，SMA）是具有形状记忆效应的合金。某些具有热弹性马氏体相变的合金材料，处于马氏体状态时，进行一定限度的变形或变形诱发马氏体后，在随后的加热过程中，当超过马氏体相消失的温度时，变形材料就能恢复到变形前的形状和体积，这种现象称为“形状记忆效应”（shape memory effect，SME）。

2.4.1　马氏体相变及热弹性马氏体

1. 马氏体相变特性

马氏体相变是结构改变型相变，即材料经相变时由一种晶体结构改变为另一种晶体结构，是无扩散的切变型相变，属于一级相变。材料的形状记忆效应是从马氏体相变发现的，因此材料的形状记忆效应与马氏体相变有关。形状记忆合金中马氏体相变的驱动力很小，不足以破坏马氏体与基体的共格界面，也就是说，相变产生的形变没有超过弹性极限。图 2-30 为马氏体相变引起的表面浮凸。

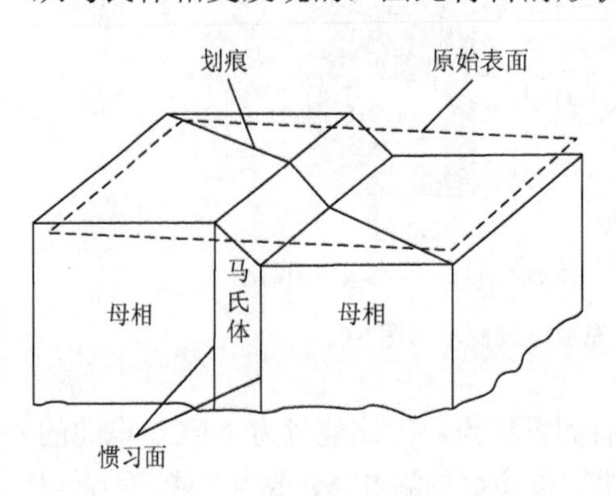

图 2-30　马氏体相变引起的表面浮凸

马氏体相变有以下特性。

1）马氏体相变是无扩散型相变，相变结构变化由所有原子协作运动完成。

2）马氏体相晶格结构与基体相（母相）不同，但两者化学成分相同。

3）马氏体相变的结晶学特点：①马

氏体相变所产生的晶格结构与母相有一定的位向关系，称为马氏体相变位向关系。例如，$w(C) = 0.9\%$ 的钢，位向关系为 $(111)_\gamma // (101)_M, [10\bar{1}]_\gamma // [11\bar{1}]_M$，式中 γ、M 分别表示具有面心立方的高温奥氏体相和具有体心立方晶格的马氏体相。这种关系称为 Kurdjumov-Saches 关系。在 $w(Ni) = 30\%$ 的 Fe-Ni 合金中，这种位向关系为 $(111)_\gamma // (011)_M, [11\bar{2}]_\gamma // [01\bar{1}]_M$，称为西山关系。一般来说，马氏体相变时，母相与马氏体之间的最密面相互之间及最密方向相互之间具有平行的倾向。②马氏体相变产生的晶体一般是沿母相的特定晶面成长为板条状或片状马氏体。这个特定的晶面称为马氏体的惯习面，用原来母相的面指数表示。大多数情况下，马氏体晶体是按结晶学上等效的 24 种形态在一个母相中生成。从同一母相中生成的这些不同形态的马氏体晶体称为变体。

4）马氏体相变时晶格的变化。马氏体相变造成剪切变形，为使应变减小到最低的程度，马氏体内晶格产生滑移［图 2-31（c）］或孪晶变形［图 2-31（d）］，形成了马氏体的亚结构，在金相显微镜下可区分为两种形貌，分别称为片状马氏体（由成迭的精细孪晶组成）和板条马氏体（通常不含孪晶，板条内具有很高的位错密度）。

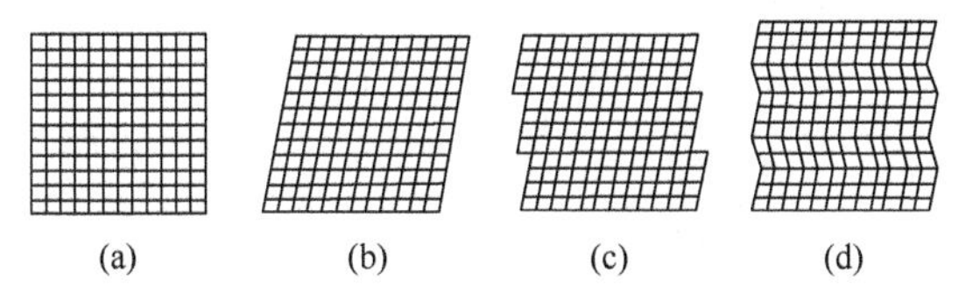

图 2-31　马氏体相变时晶格的变化

（a）母相；（b）相变；（c）缓和应变而产生滑移；（d）孪晶变形

5）热滞后。图 2-32 是 $w(Ni) = 20\%$ 的 Fe-Ni 合金的热膨胀-温度曲线，合金从高温冷却，在 T_{M_s} 点（200℃）开始膨胀，这是 γ（面心立方）→α（体心立方）相变的结果，相变大致持续到约 100℃的 T_{M_f} 点（马氏体相变终止温度），一般将这个温度范围称为马氏体相变温度区间。加热时的相变，则发生与冷却时方向相反的马氏体相变。这种逆相变的起始温度称为 T_{A_s} 点，终止温度为 T_{A_f} 点。从图 2-32 可以看到 T_{A_s} 与 T_{A_f} 存在较大的温度差，说明在马氏体相变时会发生热滞后。热滞后的大小因母相与马氏体相晶体结构的相互关系而异。

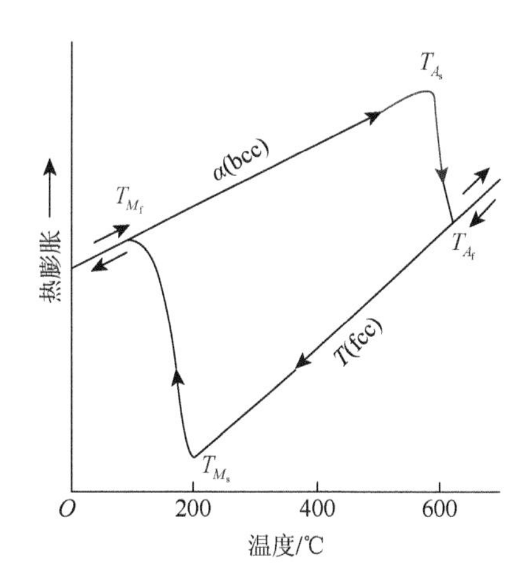

图 2-32　$w(Ni) = 20\%$ 的 Fe-Ni 合金的热膨胀-温度曲线（$T_{M_s} \sim T_{M_f}$ 的伸长率与相变程度成正比）

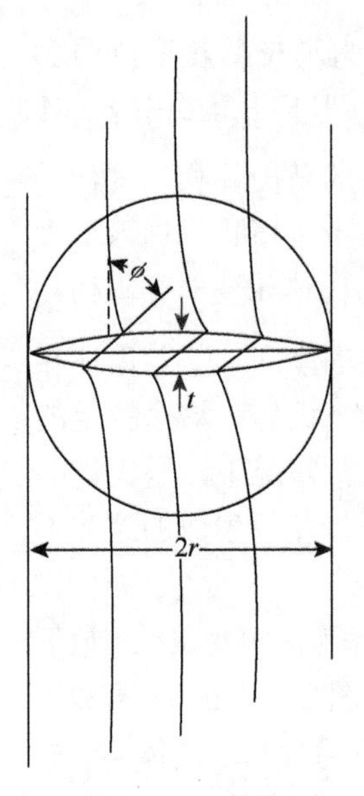

图 2-33 一个透镜状马氏体周围的应变

2. 热弹性马氏体

从上述马氏体相变特征中可以看到，不同合金马氏体相变的驱动力和热滞后的大小有明显的不同。如图 2-33 所示，设想它由一个半径和透镜片半径 r 相同的奥氏体球体围绕着。形状变化由几条基准线表明，在围绕马氏体片的球体区域内，奥氏体中产生了较大的应变。这一区域中单位体积的应变能（E_s）可近似地写成

$$E_s = G_\tau \phi t^2 / 2r^2$$

式中，G_τ 为奥氏体的切变弹性模量；t 为透镜马氏体片的厚度；ϕ 为图 2-33 中定义的切变角。

为了降低应变能，在已经形成的变体周围会形成新的变体，新变体的应变方向与已形成的应变场相互撤销或部分抵消，称为热弹性马氏体的自协作形成。卸去应力后，变形保持下来，对再取向的马氏体加热，马氏体逆转变回母相，如前所示，逆转变只能沿这一变体由母相中形成的取向进行，因此，逆转变完成后，母相晶体学上完全恢复原来的形状，形状也自然随之恢复。图 2-34 为热弹性马氏体相变过程。

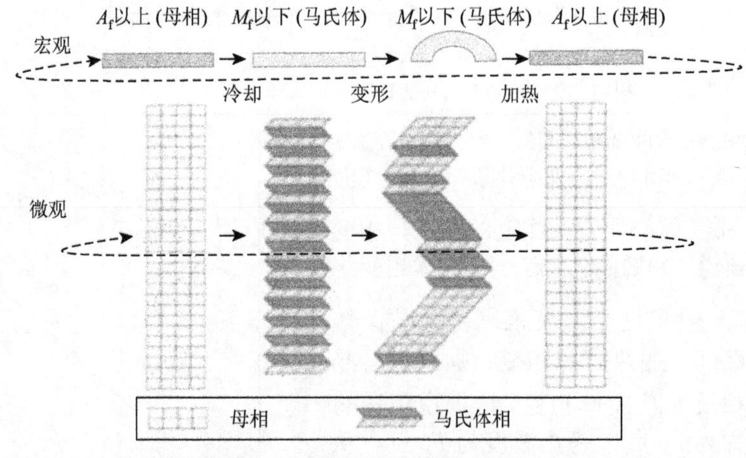

图 2-34 热弹性马氏体相变过程

2.4.2 形状记忆效应与相变伪弹性

形状记忆合金处在高于 A_f 点、低于 M_d 点母相（P）稳定温度区内，在外力作

用下呈现出超乎寻常非线性的弹性应变，是普通金属材料弹性应变的几十倍以至上百倍，称为伪弹性或超弹性。这是由于合金在母相（P）状态下施加外力时，应力诱发了马氏体相变，当应力继续增加时，马氏体相变也继续进行，卸除外应力时，随即发生逆相变，应变完全消失，回到母相状态，这种现象称为超弹性记忆效应（PME）。而 SME 则是在马氏体形变后发生。可以看出，PME 和 SME 本质是相同的，不同的是 PME 是合金在母相形变时出现。图 2-35 为形状记忆合金在不同温度下的 σ-ε 曲线特征。当试验温度 $T_{\mathrm{d}} > T_{M_{\mathrm{d}}}$（即 SME 形成最高温度）时，$\sigma$-$\varepsilon$ 曲线特征与普通合金一样，如图 2-35（a）所示；当 $T_{A_{\mathrm{f}}} < T_{\mathrm{d}} < T_{M_{\mathrm{d}}}$ 时，合金的 σ-ε 曲线出现超弹性行为，如图 2-35（b）所示；当 $T_{\mathrm{d}} < T_{M_{\mathrm{f}}}$ 时，合金的 σ-ε 曲线呈现 SME 的特征；只有当 $T_{\mathrm{d}} > T_{M_{\mathrm{f}}}$、$T_{M_{\mathrm{s}}}$，$T_{\mathrm{d}} < T_{A_{\mathrm{f}}}$、$T_{M_{\mathrm{d}}}$ 时，才同时出现部分 SME 和 PME 现象。图 2-36 为形状记忆效应与相变伪弹性的条件。将 $T_{M_{\mathrm{s}}}$ 点作为起点引到右上方的直线，表示应力诱发马氏体相变所需的临界应力 σ_{M}。直线斜率 $\mathrm{d}\sigma/\mathrm{d}T$（$\sigma$ 为临界应力；T 为温度）由热学中的 Clausius-Clapeyron 公式决定，$\mathrm{d}\sigma/\mathrm{d}T = -(\Delta H/T\Delta\varepsilon)$，即斜率由相变热 ΔH、温度 T 和相变应变 $\Delta\varepsilon$ 来决定。σ_{SL} 为低变形临界应力，σ_{SH} 为高变形临界应力。由图 2-36 可以看出，当合金的变形应力从 σ_{SL} 提高到 σ_{SH} 后，呈现的超弹性（PE）区域明显扩大。目前，伴随着母相-马氏体之间的应力诱发相变能产生超弹性的合金有 Cu-Zn、Cu-Zn-X、Ti-Ti、Au-Cd、ag-Cd 等。而伴随着马氏体-马氏体之间的应力诱发相变能产生 2 段或 2 段超弹性的合金有 Cu-Zn、Au-Gd 等。

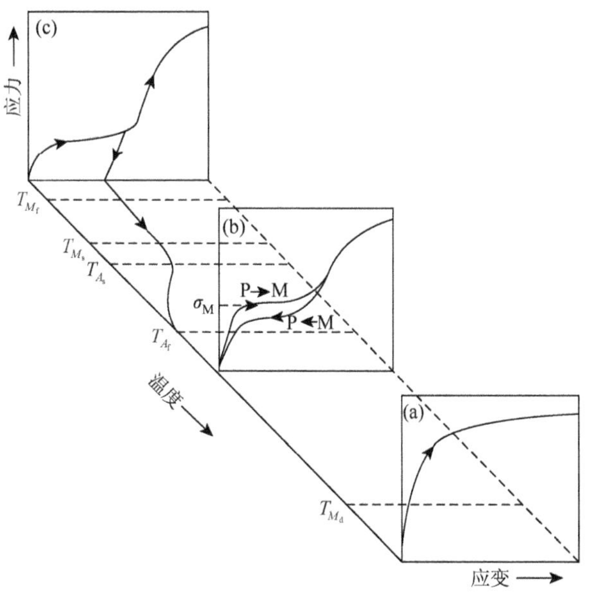

图 2-35　形状记忆合金在不同温度下的 σ-ε 曲线特征

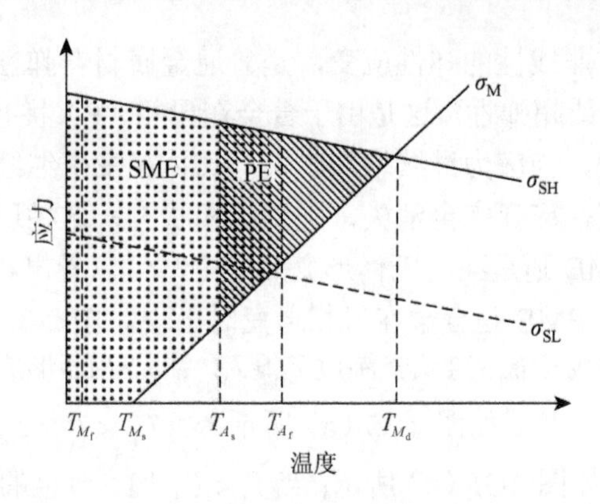

图 2-36　形状记忆效应与相变伪弹性的条件

2.4.3　形状记忆合金的晶体结构

1. 母相的晶体结构

形状记忆合金母相的晶体结构一般为具有较高对称性的立方点阵，并且大都是有序的。例如，Ag-Cd、Au-Cd、Cu-Zn、Ni-Al、Ni-Ti 和 Cu-Zn-X（X = Si、Sn、Al）等合金母相是 B_2 结构，如图 2-37 所示；而 Cu-Al-Ni、Cu-Sn、Cu-Zn（Ga 或 Al）等合金母相是 DO_3 结构，如图 2-38 所示。

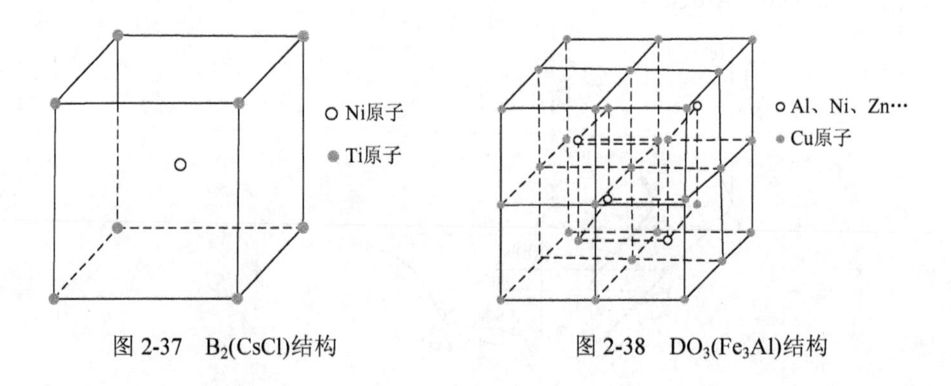

图 2-37　B_2(CsCl)结构　　图 2-38　DO_3(Fe_3Al)结构

2. 马氏体的晶体结构

马氏体的晶体结构比母相复杂一些，而且对称性低，大多为长周期堆垛，同一母相可以有几种马氏体结构。各种长周期堆垛的马氏体基面都是母相的一个{110}面畸变而成。对母相 B_2、DO_3 等结构，如考虑到原子种类不同，那么从不同母相的{110}得出的马氏体堆垛面各不相同。图 2-39 和图 2-40 分别表明了由 DO_3

和 B_2 母相得出的马氏体堆垛面，图中的各小方块是基面上一个单元面积，分别有 A、B、C 几种。用它们堆垛可以得到马氏体的结构单元。按不同堆垛序可堆成不同马氏体结构。例如，3R、6R、18R、2H 等马氏体就是用这几种单元面按以下顺序堆垛的：3R，ABCABC…；6R，AB′CA′BC′…；9R，ABCBCACAB…；18R，AB′CB′CA′CA′BA′BC′BC′AC′AB′…；2H，ABABAB…。堆垛基面是马氏体的{100}。

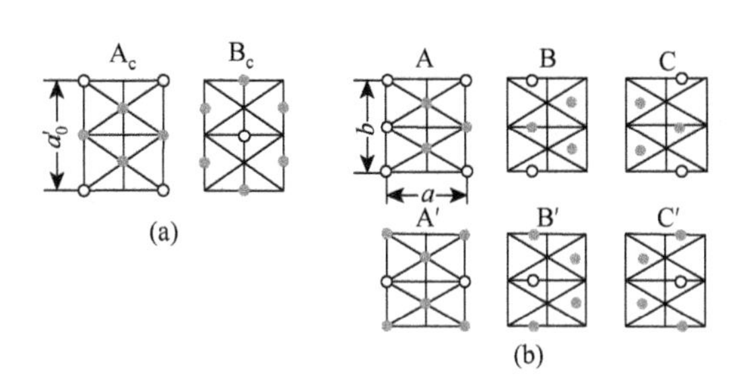

图 2-39　DO_3 母相转变 18R、6R 和 2H 马氏体的堆垛结构单元

（a）$DO_3(01\bar{1})$：A_c、B_c；（b）马氏体（001）18R、6R 和 2H 中 A、B、C 和 A′、B′、C′

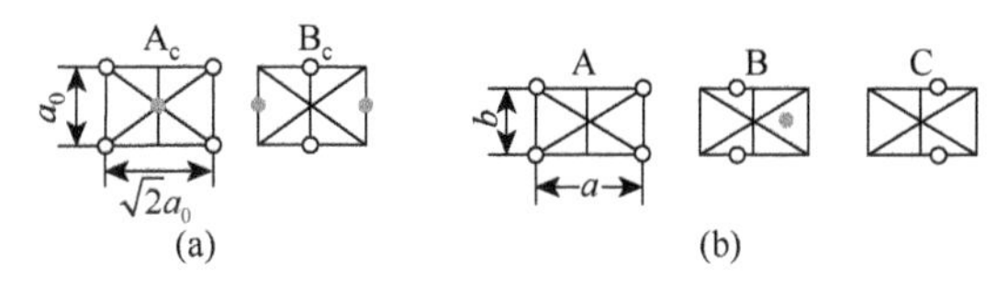

图 2-40　B_2 母相转变为 9R、3R 和 2H 马氏体的堆垛结构单元

（a）$B_2(0\bar{1}1)$：A_c、B_c；（b）马氏体（001）9R、3R 和 2H 中 A、B、C

马氏体和母相间位向关系为 3R、6R、9R、18R 和 2H 等，马氏体的{100}面平行于母相的{011}密排面，通常用$\{110\}_p$来描述相变时的晶体学特征。

如考虑内部亚结构，则马氏体结构显得更为复杂，9R、18R 马氏体的亚结构为层错，3R、2H 马氏体的亚结构为孪晶。3R 中的孪晶面与 9R、18R 中的层错面相同，是上述堆垛基面。但 2H 马氏体中的孪晶面并不是堆垛基面，而是出自母相的另一{110}面。9R 和 18R 在晶体学上是相同的，但 9R 马氏体是从 B_2 母相转变而来，18R 则来自 DO_3。

2.4.4　形状记忆合金的成分、相变特征和性能

1. 形状记忆合金的成分、结构和相变特征

在本章概述中提及的目前已发现具有形状记忆效应的合金有几十种。随着合

金成分的不同和变化，其马氏体相变点有很大的变化，而相变温度滞后大小也略有差异。表 2-5 列出了一些主要形状记忆合金的成分、结构和相变特征。从表 2-5 中可见，这些合金可分为两类：一类以过渡族金属为基，研究的最广泛的是 Ni-Ti 合金；另一类是贵金属 β 相合金，典型代表则是 Au-CA 合金。就实用化而言，最引人注目的是 Ni-Ti 基合金和 Cu-Zn-Al 合金，此外还有 Cu-Al-Ni 合金和 Mn-Cu 合金等。下面将着重介绍 Ni-Ti 基合金和 Cu-Zn-Al 合金。

表 2-5　一些主要形状记忆合金的成分、结构和相变特征

合金	成分	T_{M_s} /K	相变温度滞后/K	晶体结构变化	是否有序	体积变化/%
AgCd	x(Cd)44%～49%	83～223	约 15	$B_2 \to 2H$	有序	–0.16
AuCd	x(Cd)46.5%～50%	243～373	约 15	$B_2 \to M_2H$	有序	–0.41
CuAlNi	w(Al)14%～14.5% w(Ni)3%～4.5%	133～373 —	约 35	$DO_3 \to M_{18}R$ —	有序	–0.30 —
CuAuZn	x(Au)23%～28% x(Zn)45%～47%	83～233 —	约 6 —	Heusler $\to M_{18}R$ —	有序	–0.25 —
CuSn	x(Sn)15%	153～243	—	$DO_3 \to$ 2H 和 18R	有序	—
CuZn	x(Zn)35.5%～41.5%	93～263	约 10	$B_2 \to$ 9R 和 M_9R	有序	–0.5
CuZnX（X＝Si、Sn、Al、Ga）	x(X)n%（X 质量分数约为百分之几）	93～373	约 10	$B_2 \to$ 9R 和 M_9R	有序	—
InTi	x(Ti)18%～23%	333～373	约 4	FCC → FCT	无序	–0.2
NiTi	x(Ti)49%～51%	223～373	约 30	$B_2 \to B_{19}$	有序	–0.24
NiTiCu	x(Ni)20% x(Cu)30%	353	约 5	$B_2 \to B_{19}$	有序	—
NiTiFe	x(Ni)47% x(Fe)3%	183	约 18	$B_2 \to B_{19}$	有序	
NiAl	x(Al)36%～38%	93～373	约 10	$B_2 \to M_3R$	有序	–0.42
FePd	x(Pd) 约 30%	约 173		FCC → FCT → BCT	无序	—
MnCu	x(Cu)5%～35%	23～453	约 25	FCC → FCT	无序	—
FeNiTiCo	w(Ni)33%、w(Ti)4%、w(Co)10%	约 133	约 20	FCC → BCT	部分有序	+0.4～2.0

2. 状态图和相变温度

（1）NiTi 系状态图和 T_{M_s} 点与成分的关系　图 2-41 为 NiTi 系部分状态图。

该合金有 $NiTi_2$、NiTi 和 Ni_3Ti 三种金属间化合物。在具有形状记忆效应的 NiTi 合金成分范围内，从高温到低温，相继发生包晶反应 $L+\beta \longrightarrow NiTi_2$，在 625℃发生 $\beta + Ni_3Ti \longrightarrow Ni_{58}Ti_{42}$ 的包析反应。β(NiTi) 相区的浓度范围随温度的降低急剧变窄，到约 400℃几乎为零。

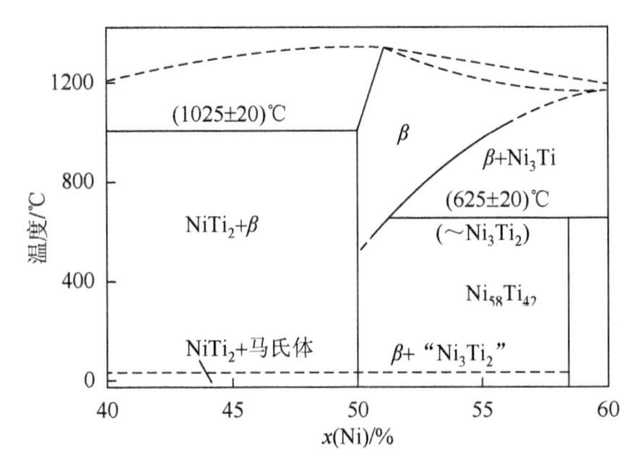

图 2-41　NiTi 系部分状态图

NiTi 合金 T_{M_s} 点与成分的关系见图 2-42。图 2-42 不同曲线是不同作者的实验结果，可见基本一致。对等原子比或近原子比的形状记忆合金的 T_{M_s} 点都低于 100℃，

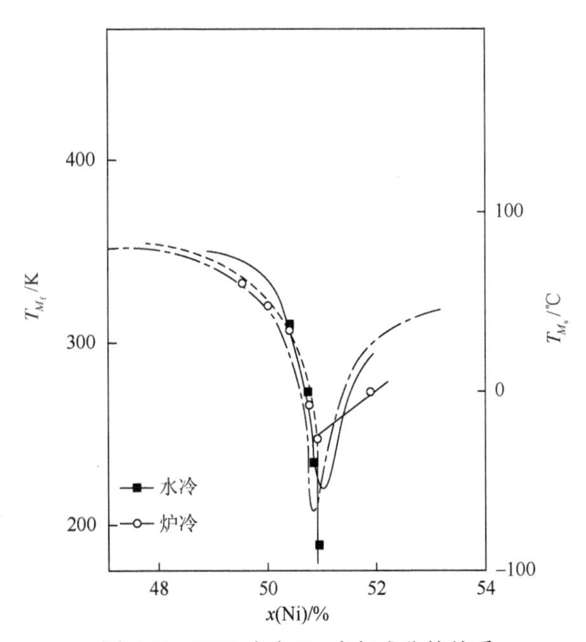

图 2-42　NiTi 合金 T_{M_s} 点与成分的关系

通过调整 Ni 与 Ti 的相对比例可以使 M_s 变化一些。用一些合金元素替代 NiTi 合金中的 Ni 可显著改变马氏体的 T_{M_s} 点或改变热滞后。

（2）*Cu 基形状记忆合金成分和 T_{M_s} 点与成分的关系*　图 2-43 为 Cu 基三元形状记忆合金的成分范围图。根据图 2-43 可确定 Cu-Zn-(Al、Sn、Si)和 Cu-Al-(Ni、Mn、Fe)各三元合金的具体组成。三元系 Cu-Zn-Al 合金 T_{M_s} 点与成分的关系见图 2-44。

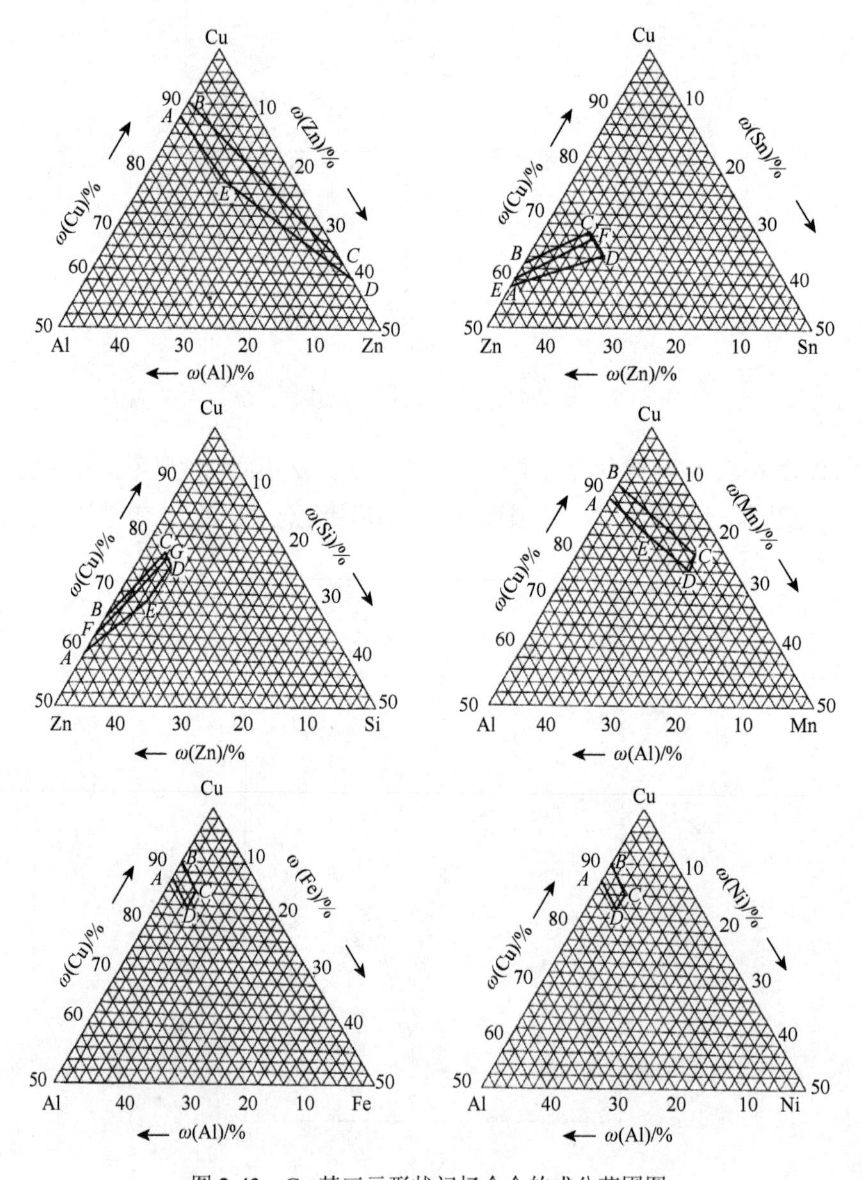

图 2-43　Cu 基三元形状记忆合金的成分范围图

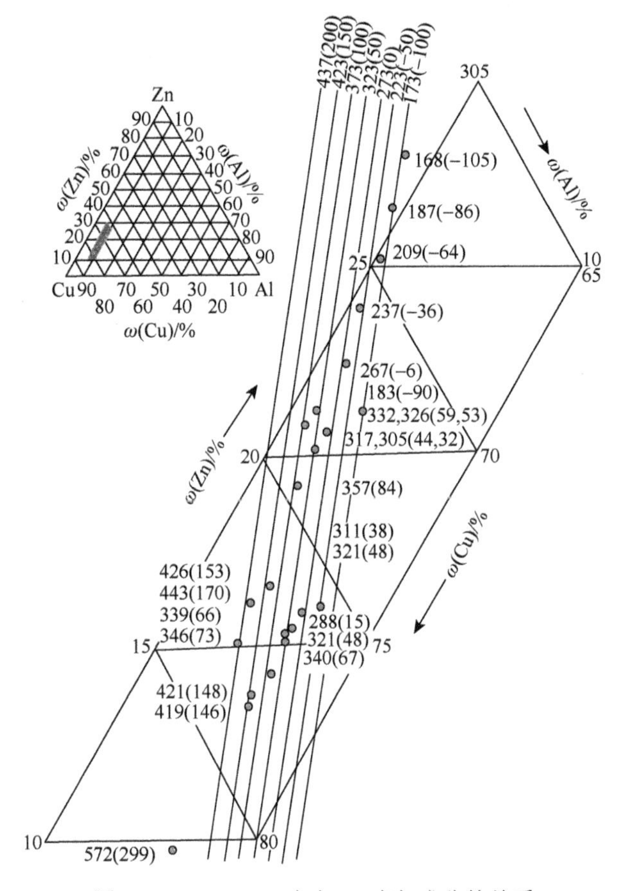

图 2-44　Cu-Zn-Al 合金 T_{M_s} 点与成分的关系

由图 2-44 可以看出，调整成分可以使 Cu-Zn-Al 合金的 T_{M_s} 点在 173～473K（−100～200℃）变化。此外，下列三元系的 T_{M_s} 点还可以通过下列经验公式估算。

Cu-Zn-Al 系：T_{M_s} (K) = 2221−52w(Zn)%−137w(Al)%；

Cu-Al-Ni 系：T_{M_s} (K) = 2293−134w(Al)%−45w(Ni)%。

2.4.5　形状记忆合金的应用

由于形状记忆合金具有奇特功能，有广泛的应用。

1. 利用形状回复功能及形状回复应力

应用该种方式的实例有，以形状记忆合金作管路连接件、铆钉等。图 2-45 分别为形状记忆合金制作连接件和铆钉的示意图。Ni-Ti 合金的第一个工业应用是作为自动禁锢管接头，它是于 1968 年由美国加利福尼亚州的 Raychem 公司生产的，取名为“cryofit”。其使用方法是把做好的记忆合金管接头放在低温（$<T_{M_f}$）扩大其管径，然后套在要连接的管子端头上。当连接管渐渐升温经过相转变温度时，它将收缩到其记忆的形状，从而将管子牢牢地连接起来。美国海军军用飞机采用这种高效的 Ni-Ti 接头已超过 30 万个，至今无一例失败。作为铆钉，可用于各种类连接装置的结合，也有望用于原子能工业中依靠远距离操作进行的组装工作。

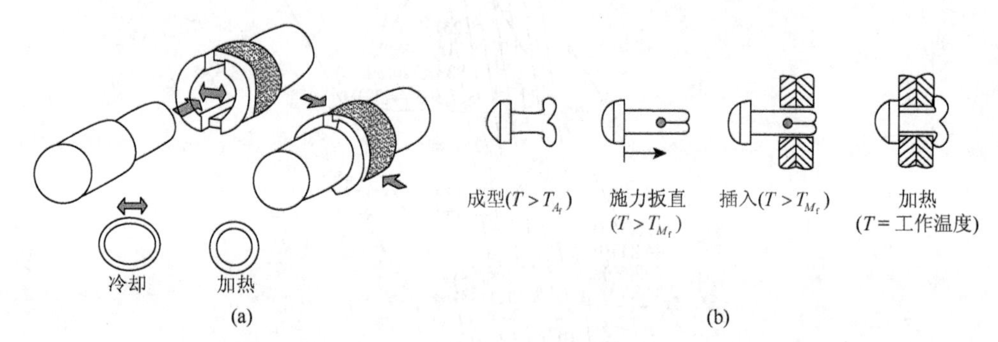

图 2-45 形状记忆合金制作连接件［(a)］和铆钉［(b)］的示意图

对于非可逆形变形状记忆合金，为了可逆使用，往往采用单程形状记忆“弹簧”与偏置弹簧的组合件，如图 2-46 所示。这一方法用形状记忆合金的应力-伸长率关系曲线说明作用原理，参见图 2-47。形状记忆合金的低温马氏体（M）明显比高温奥氏体（A）软。设所用偏置弹簧的应力 σ_B 大小介于高温相的应力 σ_A 与低温相的应力 σ_M 之间，则冷却时得 $\sigma_B-\sigma_M$ 的应力，而加热时则得逆方向的 $\sigma_A-\sigma_B$ 的应力。通过改变合金的相变温度与偏压弹簧的应力，可实现双程记忆功能。

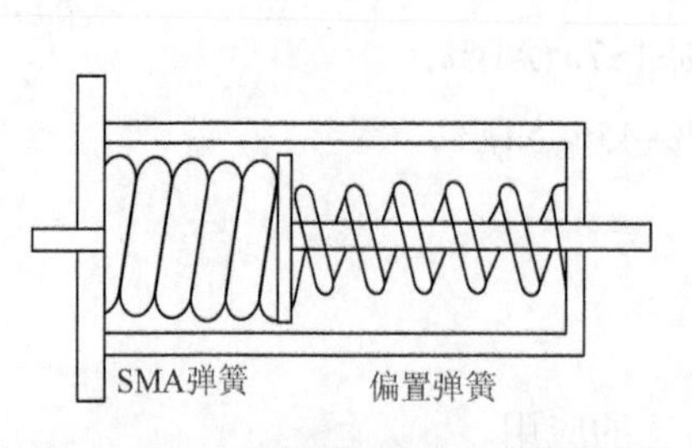

图 2-46 一种偏置弹簧的组合件结构

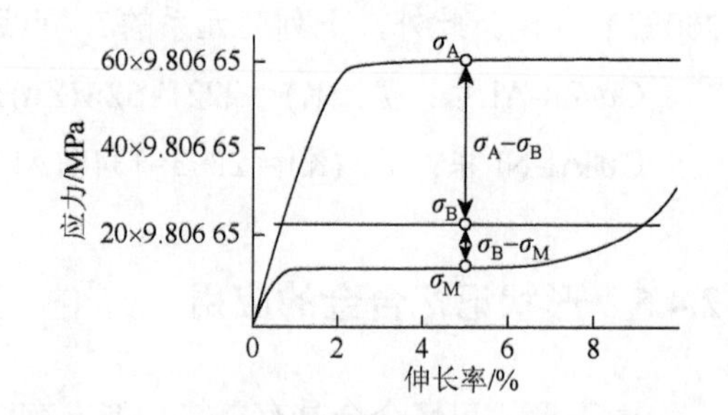

图 2-47 形状记忆合金的应力-伸长率关系曲线

2. 利用可逆形状记忆形变

（1）作驱动器　对于非可逆（单程）形状记忆合金加装偏置弹簧可实现双

程记忆功能，达到驱动作用。还可利用两个（种）单程形状记忆元件按力学原理串联起来，根据差动原理取得双程记忆的动力。在两个元件串联时，使一侧元件处于高温，另一侧处于低温。低温侧元件变形，高温侧元件回复变形。如两个元件所处的温度状态倒过来，则得到反方向的运动。如这些运动反复进行，便使它成为驱动器。图 2-48 是美国和日本生产的育苗室、温室等的天窗自动控制器。它是一种典型单程记忆合金簧和偏置压缩弹簧构成的驱动器。用 Cu-Zn-Al 合金制成螺旋簧，当室温高于 18℃时，形状记忆合金簧就压迫偏置压缩弹簧，驱动天窗开始打开。到 25℃时天窗全部打开通风。当温度低于 18℃时，则偏置压缩弹簧压缩记忆合金簧，驱动天窗全部关闭。这种形状记忆元件的特点是它同时起到温度传感器和驱动器两种功能。类似功能的器件还有取暖温度调节器、恒温器及电水壶、电饭锅等。

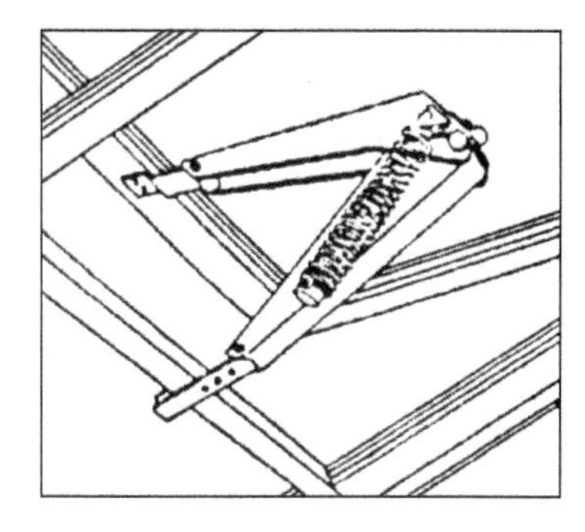

图 2-48　用 Cu 基形状记忆合金簧制作的天窗开闭装置

（2）作能量转换器　利用形状记忆效应制作热力发动机是能量转换器最典型的实例，其作用原理如图 2-49 所示。在温度达 T_{M_f} 点以下时，长为 L_0 的形状记忆合金簧由于载荷 W_1 作用而收缩为 L，再添加更重的载荷 W_2 并加热到 T_{A_f} 点以上，螺旋簧产生逆转变而长到原来的长度 L_0。回程的距离为 $L_0 - L$，这样一个循环可做功为 $(W_2 - W_1)(L_0 - L)$。借助热水和冷水的温差实现循环，使形状记忆合金产生机械运动而做功。

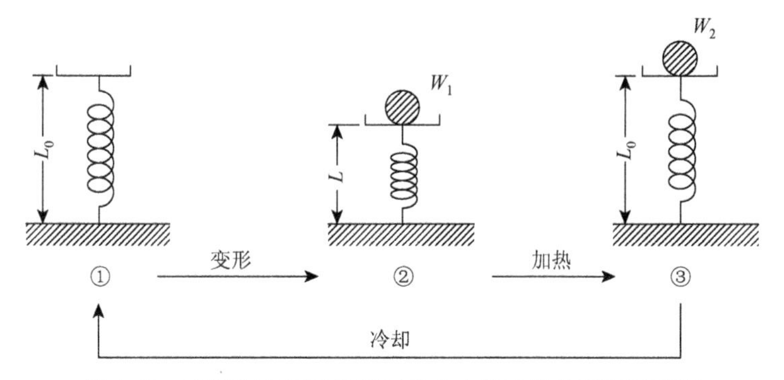

图 2-49　应用形状记忆效应制作热力发动机的原理示意图

3. 热力发动机的类型

热力发动机的类型有偏心曲柄发动机和涡轮发动机等。

（1）偏心曲柄发动机　其工作原理与往复式热机相同。形状记忆合金元件安装在相互错开、位于由中心轴支持的机轮与曲柄之间，记忆合金元件随温度变化而伸缩，驱使活塞往复运动。最早开发的形状记忆热力发动机是美国Bamks发动机，其发动机概貌如图2-50所示。它是用20根ϕ1.2mm×150mm的Ni-Ti合金丝弯曲成U形，安装在旋转的曲柄和旋转的驱动轮之间。当U形合金丝通过热水槽时，变成直线而伸长，推动驱动轮旋转。当合金丝转到冷水槽时又弯曲成U形，如此反复转动输出机械能。这种发动机的输出功率和旋转速度小，冷、热水槽间的绝热是一个大问题。

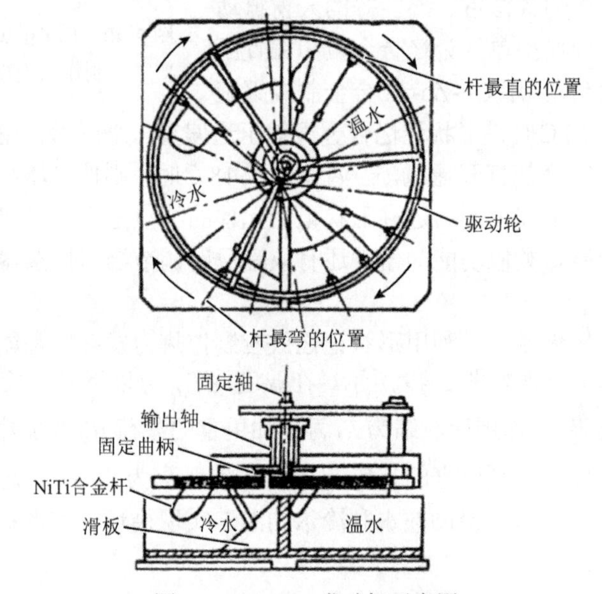

图2-50　Bamks发动机示意图

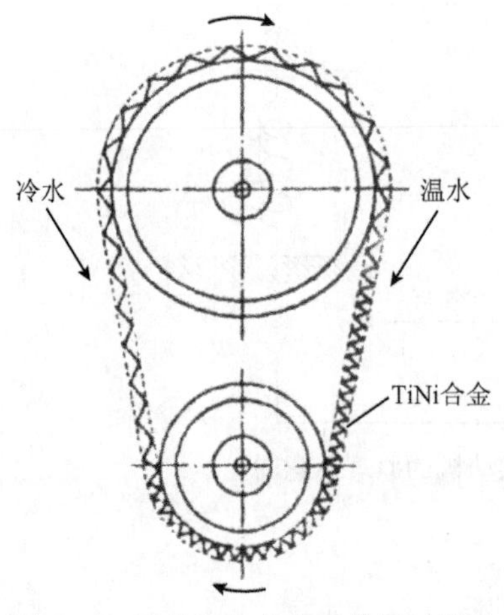

图2-51　形状记忆合金元件通过差动滑轮的力矩差输出机械能示意图

（2）涡轮发动机　它是形状记忆合金元件通过差动滑轮的转矩差输出机械能。图2-51为这类装置示意图。在大小两个滑轮上，装上具有螺圈形Ni-Ti合金丝。一侧通热水，另一侧通冷水。通热水的部分，Ni-Ti合金丝螺圈紧缩而产生大的收缩力，在滑轮上产生力矩。因滑轮直径不同，力矩各异。因力矩之差滑轮开始转动。在45℃热水下，用ϕ0.5mm Ni-Ti丝做成螺圈形的元件，可使滑轮开始旋转，当水温70℃时，滑轮转速可达500r/min，水温达90℃时，转速达750r/min，有0.4～0.5W的功率输出。

4. 生物医学方面的应用

形状记忆合金还大量地用于医疗领域，用作牙齿矫形丝、血栓过滤丝、动脉瘤夹、接骨板等。考虑到金属材料与人体的相容性，用于人体的都是 Ni-Ti 合金。在心脏、下肢和骨盆静脉中形成的血栓，通过血管游动到肺时就发生了肺栓塞，十分危险。将一条 Ni-Ti 合金丝在 T_{A_f} 以上温度形成能阻止凝血块的罗网形状，而且使其 T_{A_f} 略低于人体的温度，然后在低温下（T_{M_f} 温度以下）将其拉直，通过导管插入腔静脉，进入静脉的 Ni-Ti 合金丝被体温加热后恢复成原先的罗网形状而成为血栓过滤器，阻止凝血块游动。

用于医学领域的 Ti-Ni 合金，其中 Ti 的原子数分数为 50.5%～51.5%，其强度和疲劳性能均高于不锈钢，弹性模量低，具有良好的耐蚀性和生物相容性。Ti-Ni 合金成为继不锈钢、钛合金、钽和钴基合金之后获得广泛应用的生物医用金属材料。图 2-52 为肠管检查所用的形状记忆合金丝活动弯曲部件。

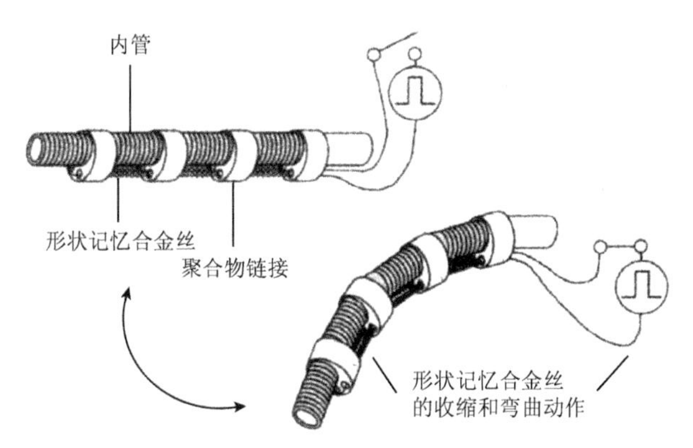

图 2-52　肠管检查所用的形状记忆合金丝活动弯曲部件

另外，形状记忆聚合物在药物缓释中也得到了广泛的应用。对温度和 pH 敏感的形状记忆聚合物凝胶可应用于药物的控制释放。对于微型植入载药装置，形状记忆材料可通过提高温度，使其在体内形成与人体器官相适应的结构，然后再在体温下冷却成型。这种植入成型方法可以防止装置的不适应性及在人体内移位，并且在特定部位释药。其作用机制如图 2-53 所示。

除上述应用之外，形状记忆材料在智能结构、人工肌肉和器官及抗原响应等许多新兴的高技术领域也有潜在的应用前景。随着研究的不断深入，形状记忆聚合物作为一种新型的智能性高分子材料，其性能将不断提高，成本将不断降低，必将在医疗领域得到更广泛的应用。

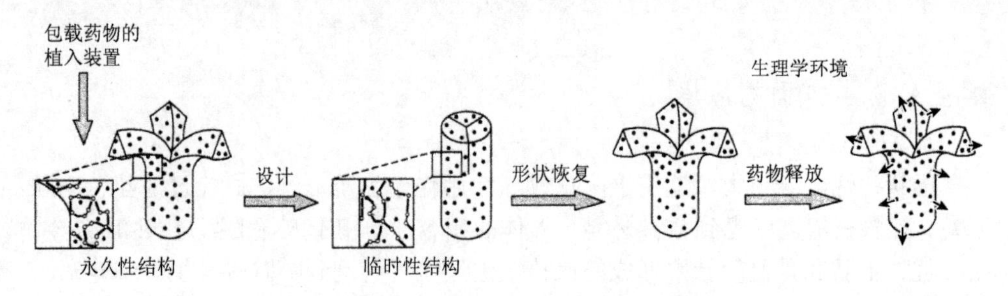

图 2-53　形状记忆植入材料的释药机制

第 3 章　功能无机非金属材料

材料是现代社会的物质基础，是现代文明的支柱。将各种物质制备成特定形态的材料，如陶瓷、玻璃及半导体等，只有这些被制备成特定形态的物质才是工程上可以使用的材料。本章主要讲述功能无机非金属材料的合成应用及发展研究。

3.1　功 能 陶 瓷

3.1.1　功能陶瓷材料分类

功能陶瓷材料种类繁多，应用广泛，主要包括电、磁、光等功能各异的新型陶瓷材料。陶瓷的分类见表 3-1。

表 3-1　陶瓷的分类

大类	小类	陶瓷材料	用途
结构陶瓷	氧化物陶瓷	Al_2O_3、ZrO_2、MgO、BeO	研磨、切削材料
	碳化物陶瓷	SiC、TiC、B_4C	研磨、切削材料
	氮化物陶瓷	Si_3N_4、BN、TiN、AlN	透平叶片
	硼化物陶瓷	TiB_2、ZrB_2、HfB_2	高温轴承、耐磨材料、工具材料
功能陶瓷	导电陶瓷	Al_2O_3、ZrO_2、$LaCrO_3$	电池、高温发热体
	超导陶瓷	YBCO、LBCO	超导体
	介电陶瓷	Al_2O_3、BeO、MgO、 BN、TiO_2、$MgTiO_3$、$CaTiO_3$	电绝缘、电容器
	压电陶瓷	$BaTiO_3$、PZT	振子、换热器
	热释电陶瓷	$BaTiO_3$、PZST	传感器、热-电转换器
	铁电陶瓷	$BaTiO_3$、$PbTiO_3$	电容器
	敏感陶瓷	热敏陶瓷 NTC、PTC，CTR 气敏陶瓷 SnO_2、ZnO、ZrO_2 湿敏陶瓷 Si-Na_2O-V_2O_5 光敏陶瓷 CdS、CdSe	温度传感器 气体传感器 湿度传感器 光敏电阻、光检测元件
	磁性陶瓷	Mn-Zn、Ni-Zn、Mg-Zn、铁氧体	变压器、滤波、扬声器
	光学陶瓷	Al_2O_3、MgO、Y_2O_3、锆钛酸铅镧陶瓷（PLZT） ZnS: Mn、CaF_2: Eu、ZnS: Ag	红外探测器、发光材料
	生物陶瓷	Al_2O_3、ZrO_2、TiO_2、微晶玻璃	人工骨、关节、齿

续表

大类	小类	陶瓷材料	用途
智能陶瓷	压电陶瓷 形状记忆陶瓷 电流变体陶瓷	Si_3N_4、ZrO_2、CaF_2/SiC Si_3N_4/SiC ER	自适应、自恢复、自诊断材料、驱动、传感元件
纳米陶瓷	纳米陶瓷微粒 纳米陶瓷纤维 纳米陶瓷薄膜 纳米陶瓷固体	Al_2O_3、ZrO_2、TiO_2、Si_3N_4、SiC C、Si、BN、C_2F SnO_2、ZnO_2、Fe_2O_3、Fe_3O_4 Al_2O_3、ZrO_2、TiO_2、Si_3N_4、SiC	催化剂、传感器、过滤器、结构件、光线、生物材料、超导材料
陶瓷基复合材料	颗粒增强陶瓷 晶须增强陶瓷 纤维增强陶瓷	SiC_p/Al_2O_3、ZrO_{2p}/Si_3N_4 SiC_w/Al_2O_3、SiC_w/Si_3N_4 Cf/LAS、SiCf/MAS、Cf/ZrO_2	切削刀具、耐磨件、拉丝模、密封阀、耐蚀轴承、活塞

3.1.2　导电陶瓷

1. 陶瓷的导电性

固体材料的电导率可用下式表示。

$$\sigma = c(Ze)^2 B$$

式中，σ 为电导率（S/cm）；c 为载流子浓度（载流子数/cm^3）；Z 为载流子价态；e 为电子电荷；B 为绝对迁移率，即单位作用力下载流子的漂移速度。

固体的载流子有电子、空穴、阳离子和阴离子等。材料的总电导率是各种载流子电导率之和。

$$\sigma = \sigma_e + \sigma_h + \sigma_k + \sigma_n$$

式中，σ_e 为电子电导率；σ_h 为空穴电导率；σ_k 为阳离子电导率；σ_n 为阴离子电导率。

导通电流的载流子主要是电子或空穴时称为电子电导，主要是离子时称为离子电导。

载流子对总电导率的贡献分数 t 称为转移数。各种载流子转移数的总和为 1，即

$$t_e + t_h + t_k + t_n = 1$$

表 3-2 列出了一些材料载流子的转移数。

表 3-2　一些材料载流子的转移数

材料	温度/℃	t_k	t_n	t_e、t_h
NaCl	400	1.00	0.00	0.00
ZrO_2+7%（质量分数）CaO（氧离子导体）	>700	0.00	1.00	约 10^{-4}
$Na_2 \cdot 11Al_2O_3$（钠离子导体）	800	1.00	0.00	<10^{-6}
FeO（电子导电）	800	10^{-4}	0.00	约 1.00
$NaO \cdot CaO \cdot SiO_2$ 玻璃（Na^+导体）		1.00		

2. 氧离子导体和锂离子导体

氧离子导体有萤石结构氧化物（ZrO_2、HfO_2、CeO_2 等）和钙钛矿结构氧化物（$LaAlO_3$、$CaTiO_3$）。二价碱土氧化物或三价稀土氧化物稳定的氧化锆是广泛应用的氧离子导体。稳定氧化锆制备的氧传感器是一种氧浓度差电池，已用于金属液和气体的定氧、汽车废气控制和锅炉燃烧气燃比控制。ZrO_2 具有多型转变：单斜相—四方相—立方相—液相。纯氧化锆冷却时发生四方相向单斜相转变，有 3%～5%体积膨胀，导致烧结件开裂，因此需加入稳定剂。稳定剂和氧化锆形成的立方固溶体，快冷时不发生相变，保持稳定，称为完全稳定氧化锆。稳定剂添加量不足时，形成由立方相和四方相组成的部分稳定氧化锆。晶粒小于临界尺寸的高温四方相可保持到室温。当亚稳的四方相发生向单斜相的转变时，韧性和强度增加，即所谓相变增韧。四方相氧化锆和部分稳定氧化锆具有较高的强度和韧性，用作结构材料。完全稳定氧化锆的力学性能不高，用作固体电解质和电极、电热材料。ZrO_2 也有望用作高温燃料电池的固体电解质。

锂离子导体作为隔膜材料的室温固态锂电池，能量密度高，寿命长。以碘化锂为固体电解质的锂碘电池已用于心脏起搏器。

3. 电热、电极陶瓷

电热陶瓷材料的使用温度高，抗氧化，可在空气中使用，有 SiC、$MoSi_2$ 和 ZrO_2 等。磁流体发电机的电极材料要求在 1500℃以上长期使用，$LaCrO_3$、ZrO_2 是候选材料。

二硅化钼的抗氧化性好，最高使用温度为 1800℃，在 1700℃空气中可连续使用几千小时。其表面形成一薄层 SiO_2 或耐热硅酸盐起保护作用。$MoSi_2$ 粉末通过 Mo 粉和 Si 粉直接反应合成，或采用 Mo 的氧化物还原反应合成。$MoSi_2$ 电热元件在挤压成型时，加入少量糊精等黏合剂。工业二硅化铜电热元件含有一定量铝硅酸盐玻璃相。Mo 和 Si 的反应是放热反应。利用放热反应来制备材料的技术称为燃烧合成或自蔓延高温合成。燃烧合成的 $MoSi_2$ 和 $MoSi_2$-Al_2O_3 电热元件已实现了工业应用。$MoSi_2$-Al_2O 电热元件的使用温度比 $MoSi_2$ 高。

添加 CeO_2 和 Ta_2O_5 的氧化锆可用作磁流体发电机的电极材料。由于氧化锆的低温导电性差，CaO 稳定的氧化锆可以和低温导电性好的铬酸钙镧制成混合式或复合式电极。

$LaCrO_3$ 是钙钛矿型结构的复合氧化物，熔点为 2400℃，电导率较高，200～300℃时电导率为 1S/cm。$LaCrO_3$ 的缺点是 CrO_3 易挥发。加入 Ca^{2+}、Sr^{2+}置换部

分 La^{3+}，形成半导体 $La_{1-x}(Ca, Sr)_xCrO_3$（$x = 0.0 \sim 0.12$），其性能和电导性比纯 $LaCrO_3$ 好。铬酸钙镧陶瓷以 La_2O_3、Cr_2O_3、$CaCO_3$ 为原料，成型后在 2000℃烧成。铬酸钙镧陶瓷是电子导电，用作电极材料和发热体。

4. 超导体陶瓷

超导现象是由荷兰物理学家 K. Onnes 于 1911 年首先发现的。普通金属在导电过程中，由于自身电阻的存在，在传送电流的同时也要消耗一部分电能，科学家也一直在寻找完全没有电阻的物质。翁纳斯在研究金属汞的电阻和温度的关系时发现，在温度低于 4.2K 时，汞的电阻突然消失，见图 3-1，说明此时金属汞进入了一个新的物态，K. Onnes 将这一新的物态称为超导态，把电阻突然消失为零电阻的现象称为超导电现象，把具有超导性质的物质称为超导体。后来，又陆续发现了其他金属如 Nb、Tc、Pb、La、V、Ta 等都具有超导现象，并逐步建立起了超导理论和超导微观理论。1986 年，K. A. Miller 和 J. G. Bednorz 等研制出了 Ba-La-Cu-O 系超导陶瓷，在 13K 以下的电阻为零，使高温超导研究进入了一个新阶段，各国科学家之间形成了研究超导陶瓷新材料、应用基础理论和超导新机制方面激烈竞争的局面，现已研究出了上千种超导材料，临界温度也不断提高。

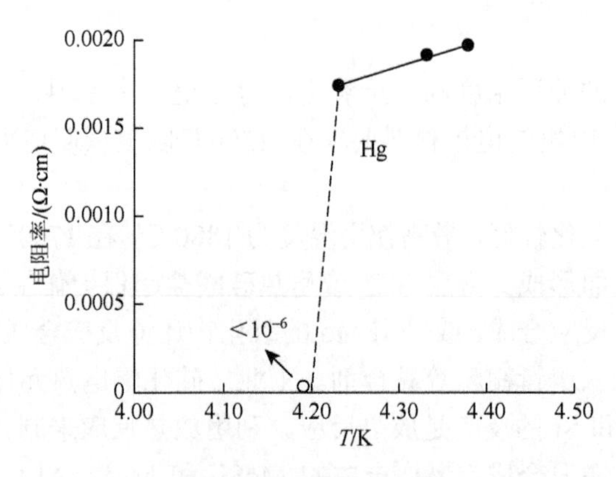

图 3-1　Hg 的零电阻现象

在超导材料中，具有较高临界温度的超导体一般均为多组元氧化物陶瓷材料，新型超导陶瓷的开发研究冲破传统 BCS 超导理论的临界极限温度 40K。我国科学家在超导材料的研究方面也一直处于世界前沿。表 3-3 给出了 T_c（临界温度）提高的历史进程。

表 3-3　T_c 提高的历史进程

年份	材料组成	T_c /K
1911	Hg	9.16
1913	Pb	7.20
1930	Nb	9.20
1934	NbC	13.00
1940	NbN	14.00
1950	V_3Si	17.10
1954	N_3Sn	18.10
1967	$Nb_3(Al_{0.75}Ge_{0.25})$	21.00
1973	Nb_3Ge	23.20
1986	La-Eb-Cu-O	35.00
1987	Y-Ba-Cu-O	90.00
1988	Eh-Sr-Ca-Cu-O	110.00
1988	Tl-Eb-Ca-Cu-O	120.00

3.1.3　压电陶瓷

由于温度的变化而产生的电极化现象称为热释电效应。实际上，在通常的压强和温度下，这种晶体就有自发极化性质。但是，这种效应被附着于晶体表面上的自由表面电荷所掩盖，只有当晶体加热时才表现出来。有对称中心的晶体，不具有热释电性，这点同压电晶体是一样的。但是，压电晶体不一定具有热释电性，只有当晶体中存在与其他极轴都不相同的唯一极轴时，才有可能由热膨胀引起晶体总电矩的改变，从而表现出热释电效应。

1. 锆钛酸铅系陶瓷

锆钛酸铅系（PZT）陶瓷是 ABO_3 型钙铁矿结构的 $PbZrO_3$。$PbTiO_3$ 二元系固溶体，是铁电相钛酸铅和反铁电相锆酸铅的固溶体。化学式为 $Pb(Zr_xTi_{1-x})O_3$，$PbZrO_3$ 和 $PbTiO_3$ 可以形成连续固溶体，随钛锆比变化。在 T_c 以上，晶体为立方相，无压电效应。在钛锆比为 55/45 处，有一相界线，右边为四方相，左边是菱方（三角）晶相，它们都是铁电相。在钛锆比（100/0）～（94/6）时，固溶体为四方相，属反铁电相，无压电效应。在钛锆比为 55/45 时，结构发生突变，此时平面耦合系数 K_p 和介电常数出现最大值。

发射型材料要求高的 K_p 值，可以选择相界线附近的组成，钛锆比为 52/48。

对于接收型材料，既要求高的 K_p，同时也要求高灵敏度、低机械品质因素 Q_m 和适当的介电常数，通常采用钛锆比为 54/46。

对二元系 PZT 陶瓷掺杂改性时，可以通过元素置换改性和添加物改性。

元素置换改性是指在 FZT 固溶体中，加入某些与 Pb^{2+}、$Zr^{4+}(Ti^{4+})$ 同价，且离子半径相近的元素，并占据它们原来正常晶格中的位置，形成置换固溶体。

添加物改性是指在压电陶瓷的基本成分中加入与原来晶格的离子化合价不同的元素离子，或者 $A^{+}B^{5+}O_3$ 和 $A^{3+}B^{3+}O_3$ 化合物。添加少量 In^{3+}、Bi^{3+}、Sb^{5+}等金属氧化物，可以使陶瓷的性能变"软"，也就是获得高的弹性柔顺系数、低 Q_m、高 K_p、低矫顽场 E_c、老化稳定性好、体积电阻率 ρ_v 大的陶瓷。这类添加物称为"软性"添加物。一价、三价和过渡元素，如 K^+、Na^+、Al^{3+}、Ga^{3+}、Fe^{2+}、Mn^{2+} 等，通常以氧化物的形式加入，使介质损耗降低，矫顽场升高，Q_m 增大，比体积电阻降低。使压电陶瓷的性能变硬的添加物称为"硬性"添加物。

2. 钨青铜结构的铌酸盐系压电铁电陶瓷

其压电性不如 PZT，但是它们有较高的居里点、低的介电常数、较低的机械 Q_m 和高的声传播速度，因此用作高频换能器比 PZT 好。采用热压法制备的铌酸盐系压电陶瓷铌酸钾钠（KNN）用在高频厚度伸缩（或切变）换能器方面，比 PZT 陶瓷好。KNN 的化学式为 $K_{1-x}Na_xNbO_3$，当 $x \approx 0.5$ 时，各项性能较好。

钨青铜结构的偏铌酸铅、偏铌酸铅钡陶瓷具有高的居里点、高的频率常数、低的介电常数，同 PZT 陶瓷比较，在某些方面效果较好，如无损探伤、高频工作。

3.1.4 敏感陶瓷

陶瓷温度传感器是利用材料的电阻、磁性、介电性等随温度变化的现象制成的器件。热敏电阻是利用材料的电阻随温度发生变化的现象，用于温度测定、线路温度补偿和稳频等的元件。电阻随温度升高而增大的热敏电阻称为正温度系数（PTC）型热敏电阻；电阻随温度的升高而减小的热敏电阻称为负温度系数（NTC）型热敏电阻；电阻在某特定温度范围内急剧变化的称为临界温度（CTR）型热敏电阻；电阻随温度呈直线关系的称为线性热敏电阻。图 3-2 是几种热敏陶瓷的电阻温度特性。

热敏电阻是由金属氧化物与其他化合物烧结而成的一种半导体材料，用在电信等设备中起温度补偿、测量或调节作用。热敏电阻按其基本性能的不同可分为负温度系数型热敏电阻、正温度系数型热敏电阻、临界温度型热敏电阻三类。

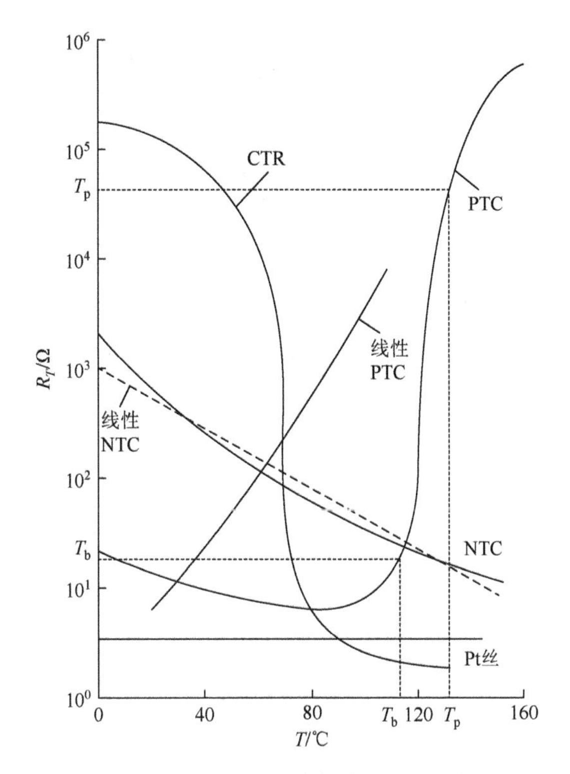

图 3-2　几种热敏陶瓷的电阻温度特性

1. 热敏电阻的基本参数

（1）温度特性　　热敏电阻的基本特性是温度特性，即其电阻与温度之间的关系。温度特性是一条指数曲线。电阻与温度之间的关系可用下式表示。

$$R_T = R_1 \mathrm{e}^{\beta\left(\frac{1}{T}-\frac{1}{T_0}\right)}$$

式中，R_T 为温度为 T 时的电阻；R_1 为温度为 20℃时的电阻，称为额定电阻；β 为热敏电阻常数，与热敏电阻材料性质有关，通常取 3000～5000K。

热敏电阻在某一温度下（通常是 20℃），其本身温度变化 1℃时，电阻的变化率与它本身的电阻之比称为热敏电阻的温度系数，即

$$\alpha = \frac{1}{R_1} \cdot \frac{\mathrm{d}R_\mathrm{T}}{\mathrm{d}T}$$

α 是表示热敏电阻灵敏度的参数。它们的绝对值比金属的电阻灵敏度高很多倍。例如，热敏电阻的温度系数是-0.05～-0.03℃$^{-1}$，约为铂电阻温度系数的 10 倍。这说明热敏电阻的灵敏度是很高的，且电阻大，测量线路简单，因此不需要考虑引线长度带来的误差，适合远距离测量。

（2）伏安特性　在稳态情况下，通过热敏电阻的电流与其两端之间电压 U 的关系，称为热敏电阻的伏安特性。

2. PTC 热敏电阻

PTC 热敏陶瓷是指一类具有正温度系数的半导体陶瓷材料。典型的 PTC 半导体陶瓷材料系列有 $BaTiO_3$ 或以 $BaTiO_3$ 为基的 $(Ba, SrPb)TiO_3$ 固溶半导体陶瓷材料、氧化钒等材料及以氧化镍为基的多元半导体陶瓷材料等。其中以 $BaTiO_3$ 半导体陶瓷最具代表性，也是当前研究得最成熟、实用范围最宽的 PTC 热敏半导体陶瓷材料。

PTC 材料是以 $BaTiO_3$ 为基的 n 型半导体陶瓷。PTC 热敏陶瓷是一种体积电阻率在某一温度（居里温度 T_c 为 120℃）以上随温度升高而急剧变大的陶瓷材料，电阻率一般会增大 3～4 个数量级，这就是 PTC 效应。

由于这一特性，PTC 热敏陶瓷最典型的应用之一是制作恒温发热元件。这种发热元件可以在温度升高到需要值后，由于电阻急剧增大，使加热功率下降，自动保持恒温。与普通低温电路相比，用 PTC 热敏陶瓷制作的温控器件具有构造简单、容易恒温、无过热危险、安全可靠等优点。

PTC 热敏陶瓷主要是掺杂 $BaTiO_3$ 系陶瓷。在这种陶瓷中，通常加入一定比例的其他阳离子。这些阳离子的半径同 Ba^{2+} 或 Ti^{4+} 相近，而化合价却不同。例如，同 Ba^{2+} 相近的 La^{3+}、Pr^{3+}、Nd^{3+}、Gd^{3+}、Y^{3+} 等稀土离子，同 Ti^{4+} 相近的 Nd^{5+}、Sb^{5+}、Ta^{5+} 等离子。这些阳离子替换了 Ba^{2+} 或 Ti^{4+} 的位置，使 $BaTiO_3$ 形成了 n 型半导体，反应式如下。

$$BaTiO_3 + xLa^{3+} \longrightarrow Ba_{1-x}^{2+}La_x^{3+}\left(Ti_x^{3+}Ti_{1-x}^{4+}\right)O_3^{2-} + xBa^{2+}$$

$$BaTiO_3 + yNb^{5+} \longrightarrow \left[Ba^{2+}Nb_y^{5+}\left(Ti_y^{3+}Ti_{1-2y}^{4+}\right)\right]O_3^{2-} + yTi^{4+}$$

然而，仅使用 $BaTiO_3$ 半导化还不能实现 PTC 效应，大量实验结果表明：晶粒和晶界都充分半导化，以及晶粒半导化而晶界或边界层充分绝缘化的 $BaTiO_3$ 陶瓷都不具有 PTC 效应；只有晶粒充分半导化，而晶界具备适当绝缘性的 $BaTiO_3$ 陶瓷才具有显著的 PTC 效应。

$BaTiO_3$ 热敏陶瓷除用作加热恒温元件外，还广泛用作电流限流元件和温度敏感元件。作为温度敏感元件，热敏陶瓷有两种使用类型：一种是根据电阻-温度系数特性，用于各种家用电器的过热报警和马达的过热保护；另一种是根据静态特性的温度变化，用于探测液面深度。作为电路限流元件，$BaTiO_3$ 热敏陶瓷可用于电路的过流保护、彩电的自动消磁和冰箱及空调等的马达启动等。

PTC 元件在通电、发热达到居里温度附近时，电阻激增、几乎处于断路状态，冷却时，电阻又返回低值状态，继续发热。根据这个原理，PTC 发热器作为暖风机的新型热源取代有明火、有光耗的合金电热元件，近年来在国内得到迅速发展。

3. CTR 材料

CTR 陶瓷的电阻率在某一温度下由半导体性突变为金属态，电阻急剧变化，故也称为急变温度热敏电阻材料。这类材料是以 V_2O_5 为基材，掺入稀土氧化物或者 MgO、CaO、SrO、BaO、P_2O_5、SiO_2 来改善其性能。

利用 CTR 半导体陶瓷在急变温度附近电压峰值发生很大变化的特性，其可用来制成传感器，在火灾报警、温度报警方面有很大的用途。

3.1.5　透明陶瓷

一般的陶瓷都是不透明的，1960 年美国通用公司的科学家发现，在一定的条件下，某些陶瓷，特别是 Al_2O_3 可以变得透明。Al_2O_3 透明陶瓷的出现，揭开了透明陶瓷研究的序幕。至今，透明陶瓷已经有了 Al_2O_3、AlON、Nd: YAG、PLZT、α-Sialon 等很多种类，在高压钠灯、固体激光器、导弹整流罩、军用防护等领域有了成功应用。目前，透明陶瓷已经成为各国研究的热点，有望在高温透镜等领域取代单晶、玻璃，有很好的应用前景。

1. 透明陶瓷的透明机理

自从 20 世纪 60 年代 Al_2O_3 透明陶瓷问世以后，科学家就开展了对透明陶瓷透明机理的研究。70 年代初，Soules 建立了光在透明的 Al_2O_3 中的计算机模型，并指出陶瓷中在微晶界的微气孔导致了光的散射，造成了陶瓷的不透明。要实现真正的透明，这些微气孔的体积分数必须低于 10^{-5}。换言之，材料的密度必须达到理论完美晶体密度的 99.99%。虽然很难达到这样的密度，但这个模型表明，真正的陶瓷透明化是可以实现的。更进一步的研究表明，除了微气孔外，晶界、第二相等也是影响陶瓷透明度的重要因素。光在透过陶瓷的过程中，晶界、微气孔、第二相都会作为散射中心，造成光的折射、散射，影响陶瓷的透明度（图 3-3）。

当入射强度为 I_0 的光线通过厚度为 t、反射率为 R 的样品后，透过强度 I 可以用下式表示。

$$I = I_0(1-R)^2 \exp\left[-(\alpha + S_\text{p} + S_\text{b})t\right]$$

式中，α 为样品的吸收系数；S_p 为气孔和杂质相所引起的散射系数；S_b 为晶界引起的散射系数。

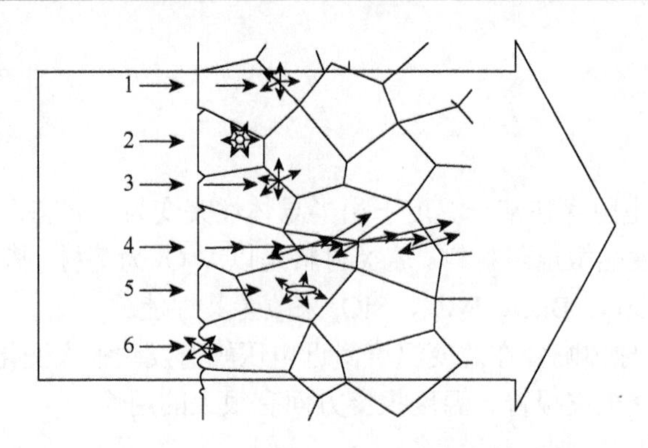

图 3-3 传统陶瓷中的光散射

1. 晶界；2. 微气孔；3. 第二相；4. 光学不均匀区域；5. 杂质；6. 表面粗糙

2. 透明陶瓷的种类与应用

从第一种透明陶瓷 Al_2O_3 出现到现在，透明陶瓷已经发展出了十几种，常见的氧化物透明陶瓷有 Al_2O_3、Y_2O_3、BeO、ZrO_2、ThO_2、MgO、TiO_2、AlON、$MgAl_2O_4$、PLZT 等，常见的非氧化物透明陶瓷有 AlN、ZnS、ZnSe、MgF_2 和 CaF_2 等。

透明陶瓷按照应用可以分为透明结构陶瓷和透明功能陶瓷。透明结构陶瓷主要用于高压钠光灯管、高温透视窗罩、透明装甲等，如 Al_2O_3、Y_2O_3、AlON 和 $MgAl_2O_4$ 等。透明功能陶瓷主要用于高性能固体激光器（激光陶瓷 Nd: YAG）、电光器件（电光陶瓷 PLZT）等。本书只重点介绍目前应用最广的 Al_2O_3、PLZT、AlON、YAG（yttrium aluminum garnet）。几种主要透明陶瓷的性能参数见表 3-4。

表 3-4 几种透明陶瓷的性能参数

成分	密度/(g/cm^3)	熔点/℃	显微硬度/MPa	抗弯强度/MPa	热膨胀系数/$\times10^{-6}$K	折射率	介电常数
Al_2O_3	3.98	2 040	220	350	8.6	1.756	9.9
$Al_{23}O_{27}N_5$	3.69	2 140	19 500	300	7.8	1.660	8.0
$MgAl_2O_3$	3.58	2 135	16 450	165～190	8.0	1.719	8.2
Y_2O_3	5.30	2 400	6 600	176	7.9	1.920	12.0

（1）氧化铝透明陶瓷　　氧化铝透明陶瓷或多晶氧化铝透明陶瓷的最大特点是对可见光和红外光具有良好的透过率。此外，还具有耐热性好、耐腐蚀性强、电绝缘性好、热导率高的优点，因此可以用作高压钠灯灯管、高温红外探测窗和集成电路基片材料等。Al_2O_3 首先被应用于高压钠灯中（图 3-4）。

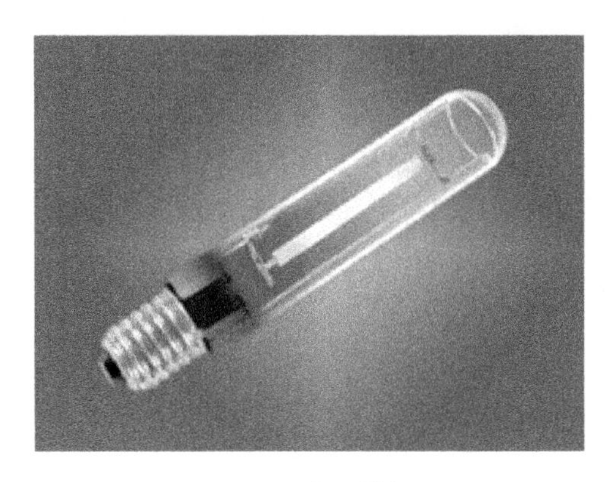

图 3-4　高压钠灯

（2）YAG 激光透明陶瓷　YAG 的化学式为 $Y_3Al_5O_{12}$，是由 Y_2O_3 与 Al_2O_3 反应生成的一种复杂氧化物，具有石榴石结构。目前，YAG 最有前景的发展方向之一是作为激光基质材料，掺入 Nd、Er、Ho、Tm、Cr 等稀土或过渡金属离子的 YAG 可以制备出高性能透明激光陶瓷，用于固体激光器。

早期的透明激光陶瓷的光学性能较差（半透明或近似透明），并未引起太多关注。直到 1995 年，Ikesue 用氧化物高温固相反应法首次制备出高度透明、高质量的 Nd: YAG 陶瓷，并实现激光输出后，激光透明陶瓷才成为国内外激光材料研究的热点和重点。此后 Nd: YAG 陶瓷激光器得到了迅速发展，样品尺寸不断增大，输出效率和功率不断提高（表 3-5）。

表 3-5　Nd: YAG 透明陶瓷激光器的进展情况

Nd 含量/%	泵浦波长 λ_A（最大泵浦功率）	样品尺寸（T = 厚度，ϕ = 直径，L = 长度）/mm	最大输出功率	斜率效率（光光转换效率）/%	年份
1.1	808nm（600mW）	$T=2$	70mW	28（—）	1995
2.4	808nm（600mW）	—	约 78mW	40（—）	1996
1.0	808nm（1W）	$T=4.8$	约 350mW	53（47.6）	2000
2.0	808nm（1W）	$T=2.5$	465mW	55.4（52.7）	2000
1.0	807nm（214.5W）	$\phi=3$，$L=100$	31W	18.8（14.5）	2000
1.0	808nm（290W）	$\phi=3$，$L=104$	72W	—（约 14.5）	2001
1.0	807nm（290W）	$\phi=3$，$L=100$	84W	36.3（29）	2001
0.6	807nm（280W）	$\phi=4$，$L=105$	88W	—（约 30）	2002
—	—（约 3.5kW）	$\phi=8$，$L=203$	1.46kW	约 50（42）	2002
—	—	$T=100$，$\phi=100$，$L=100$	67kW	—	2006

除了 Nd: YAG 外，在复合激光陶瓷和其他透明激光陶瓷领域也取得了进展。例如，Ikesue 等在 Yb: YAG 的陶瓷棒周边包覆非掺杂的 YAG 陶瓷，做成同轴有芯复合陶瓷结构。YAG-Nd: YAG-YAG 层状复合陶瓷结构（中间层为 Nd: YAG 透明激光陶瓷，两外层为 YAG 透明陶瓷）也有望在固体激光器领域取得良好的应用。

3.2 功能玻璃

3.2.1 玻璃生成的热力学

熔体冷却过程可能以两种途径进行：一种途径是在熔点 T_m 或略低于熔点的温度发生结晶作用，另一种途径是不发生结晶作用而是充分过冷形成玻璃。图 3-5 表示的是一种液体在冷却过程中体积和温度的关系。大多数不形成玻璃的物质在冷却过程中，其体积随温度的变化沿曲线 *abcd* 进行。在熔点 T_m 处发生结晶作用，体积产生突越性减小（区域 *bc*）。不过常常由于动力学的原因，熔体会有一定的过冷，真正产生结晶的温度会略低于 T_m。由于液体的热膨胀系数往往大于固体的热膨胀系数，故区域 *ab* 的斜率大于区域 *cd*。

曲线 *abef*（或 *abeh*）表示生成玻璃的物质在冷却过程中体积与温度的变化关系。当熔体的体积随温度沿曲线 *ab* 降低到熔点时，由于其黏度很大，不发生结晶作用，而是沿曲线 *be* 继续降低。在区域 *be* 的每一温度上，熔体都能很快地达到热平衡，但此状态相对于晶体状态来说是热力学的亚稳态。随着温度的进一步降低，熔体的黏度继续增大。到达 *e* 点时，熔体不能再维持其内部的热平衡，这时熔体内的原子被逐渐“冻结”，再继续冷却时，此材料便获得了与晶状固体相似的坚实性和弹性，但却没有晶体材料的内部三维周期性。*e* 点所对应的温度或一个温度区间称为玻璃化转变温度 T_g。

玻璃化转变温度 T_g 对于给定的组成可能是不同的，它会随降温速率的不同而变化。在缓慢冷却时，只要不发生结晶作用，过冷熔体可能维持其内部热平衡到比快速冷却更低一些的温度，这样 T_g 就会更低一些（图 3-5 中的 *e* 点和 *g* 点）。缓慢冷却所得到的玻璃态材料比快速冷却所得到的材料从热力学上有更高的稳定性。在实际工作中，虚线 *eg* 不可能延长到很远，这是因为随着虚线 *eg* 的延长，熔体内要达到平衡需要的时间也越长，以致很难控制熔体的冷却速率慢到为熔体达到内部热平衡提供足够的时间。

Angell 于 1970 年曾指出，从热力学上讲发生玻璃化转变有一理论上的极限温度，称为理想玻璃化转变温度 T_0。人们可以从熔体冷却过程中，熔体和晶态相对热容和熵的变化来理解 T_0 的含义。从热力学中可知，物质的熵 S 与它的热容 C_p 的关系为

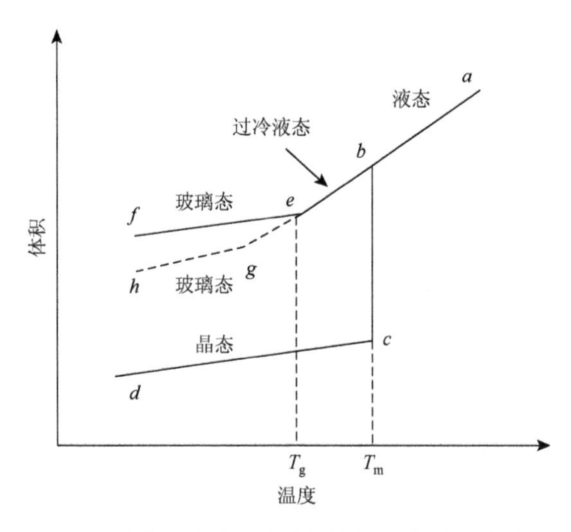

图 3-5　晶体、液体和玻璃的体积-温度特征关系图

$$S=\int_0^T \frac{C_p}{T}dT=\int_0^T C_p d\ln T$$

将 C_p 对 $\ln T$ 作图，则熵 S 可以认为是 0～$\ln T$ 曲线下的面积，如图 3-6 所示。在低于所讨论的温度下若发生了相变，就需要将相变熵加到由热容曲线推出的熵值上去。

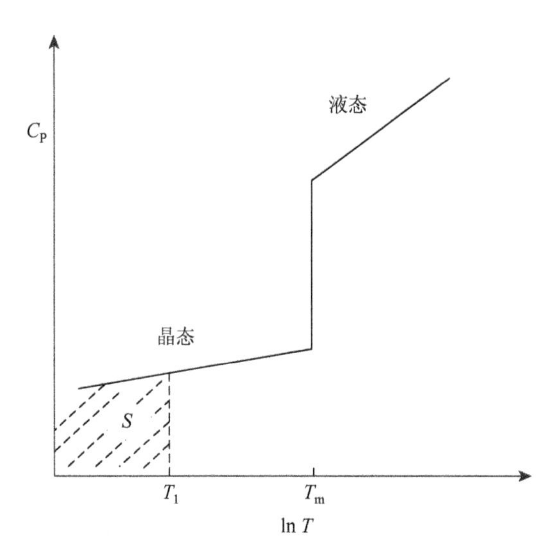

图 3-6　作为温度函数的热容和熵

举例来说，在图 3-6 中，当温度为 T_m 时

$$S(\text{晶体}) = \int_0^{T_m} C_p \mathrm{d}\ln T$$

$$S(\text{熔体}) = \int_0^{T_m} C_p \mathrm{d}\ln T + \Delta S\,(\text{熔化})$$

现在可以通过比较过冷熔体和晶体的相对熵来说明 T_0 的意义。在温度 T_g 和 T_m 之间（图 3-7），过冷熔体（曲线 *bc*）具有比相应晶体（曲线 *eg*）更高的热容。因此，当冷却至低于 T_m 时，熔体会比同等冷却的晶相熵降低得更快。

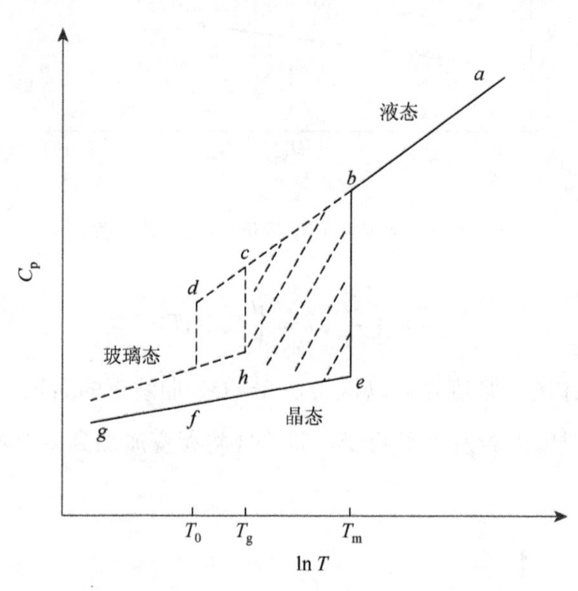

图 3-7　理想玻璃化转变温度 T_0 的估测

3.2.2　光学玻璃

均匀而透明的玻璃早就被用作光学材料了，各种曲率的球面透镜和非球面透镜、各种消像差的透镜组、各种球面或抛物面、双曲面、椭球面反射镜，以及各种形状的光棱制成的光学仪器已广泛被应用于工业、军事和科学研究中。

1. 光纤和光纤放大器玻璃

光纤通信技术的出现是信息传输的一场革命。光纤通信的明显优点是容量大、质量轻、占用空间小、抗电磁干扰和串话少等。20 世纪 70 年代，当光纤通信刚刚实现商用时，其通信工作波长较短，为 0.8～0.85μm，中继距离仅有十几千米。以后人们把工作波长改为石英玻璃的零散射波长 1.3μm，中继距离增加到 30～

40km。近年来，光纤通信的工作波长为 1.55μm（石英玻璃光纤的最小损耗波长），其中继距离达到 50～100km。

在光纤通信中，光信号在传播中会有一定的衰减，这就需要在长距离通信中，当信号传递一定距离后对其进行放大。以往采取的方法是先把光信号转换成电信号，对电信号进行放大，然后再把电信号转换成光信号继续传输。这使得系统极为复杂，运行成本高，稳定性不理想。近来人们发展了掺稀土离子（如 Pr^{3+}、Nd^{3+} 或 Er^{3+}等）的玻璃光纤放大器，实现了光信号的直接放大，这对长距离光纤通信十分有利。图 3-8 表示的是不使用和使用光纤放大器的光纤通信系统。

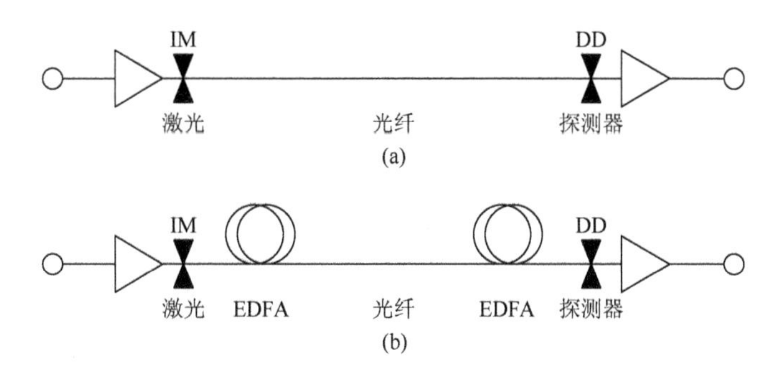

图 3-8　常规光纤通信系统示意图

（a）无光纤放大器系统；（b）带掺铒石英光纤放大器系统（EDFA）；IM 为强度调制；DD 为直接探测

光纤通信的工作波长总是在红外光区域并且向更长波段的方向发展，这是因为材料的 Rayleigh 散射损耗与波长的四次方成反比，较长的工作波长有利于降低光的损耗。由于受到石英玻璃本征吸收的限制，石英光纤的工作波长不能大于 2μm。20 世纪 80 年代，人们研制了以氟化锆为基的氟化物玻璃光纤，这种光纤材料可以用在工作波长为 2～5μm 条件下，使光损耗进一步降低。氟化物玻璃的有关知识见本章非氧化物玻璃部分。

2. 耐辐照玻璃

耐辐照玻璃是人为地在其组分中引入变价的阳离子，它们可以吸收由辐照产生的大部分电子和空穴，使因辐照而形成的可见光波段的色心数目明显地减少，从而保证光学玻璃可以在强辐照条件下使用，是一种特殊的无色光学玻璃，在较高剂量的 γ 射线和 X 射线的辐照下，保持可见光波段高的透明特性。耐辐照玻璃主要用于制作在高能辐射环境中使用的光学仪器，或者作为高能辐射装置的窥视窗，目前还常用于制作卫星和宇航器中的光学元件。

3. 非线性光学玻璃

（1）非线性光学玻璃的性质　当光波通过固体介质时，在介质中感生出电偶极子。单位体积内电偶极子的偶极矩总和称为介质的极化强度，通常用 P 来表示，它表征了介质对入射辐射场作用的物理响应。在通常情况下，P 仅和辐射场强度 E 的一次幂项有关，由此产生的各类现象均称为线性光学现象，可由普通（传统）光学定律予以描述和处理。

（2）非线性光学玻璃的制备方法

1）熔制法。一般制备均质非线性光学玻璃均在600℃以上的高温中进行。用此法制备掺金属玻璃时要考虑熔制气氛和基础玻璃成分。例如，掺金要求氧化气氛并掺 SnO_2，掺银要求中性气氛并掺微量 Sb_2O_3，掺铜要求还原气氛等。

2）溶胶-凝胶（sol-gel）法。按照引入掺杂物的方法不同，还可以进一步细分为直接掺杂合成、气体后处理法、分解法、有机掺杂法、扩散法等。

有机染料共轭聚合物具有很高的非共振三阶极化率和超短的响应时间，如将聚 2-乙基苯胺掺杂石英凝胶，得到了具有三阶非线性的光学玻璃。金属原子掺杂于溶胶凝胶基质中，玻璃将出现非线性光学效应。利用低温合成再经热处理可制备含铁电相微晶玻璃材料，$PbTiO_3$-SiO_2 可实现微晶与玻璃的纳米复合，其紫外吸收光谱出现明显的量子尺寸效应，带隙能量变低。

3.2.3 微晶玻璃

1. 微晶玻璃的形成

（1）微晶玻璃形成的原理　玻璃从液态冷却下来，将通过一温度区，在该温度区玻璃将发生析晶，在该温度以下，由于黏性流动速度太慢，不允许析晶所需的原子重排发生，一般玻璃都处于非晶态。通过将已成形的玻璃重新加热到析晶温度区，控制结晶的发生，使离子以原子级进行混合，在低温下发生连续成核和晶化，获得微晶玻璃。

采用适当组成的玻璃，在成形后再加热至玻璃的析晶温度以上进行精密热处理，使其内部形成大量的（95%～98%）、细小的（多在 1μm）晶体和少量的残余玻璃相，称为晶化过程。

晶化过程首先是形成晶核，后随时间长大成可见的晶粒，析晶过程由两个因素决定：形核率和晶粒生长线速度。形核率以形核数表示，是指一定温度下单位时间、单位体积内形成的晶核数量；晶体生长线速度是指单位时间内观察的单个晶体长度增加到最大时的值；单位时间内晶核数量的变化称为成核速度，也称为特征因子。冷却到熔点以下温度时，随温度降低，成核速度先增加，达到最大值后开始降低。

通常玻璃都有向晶态转变的趋势，可用极高的黏度来阻止这种转变。在高温下，当玻璃转变成塑性较高的状态时，玻璃中可能会出现单晶，也可自完全析晶，控制这一结晶过程称为微晶玻璃技术。微晶化处理的加热一般分为两个阶段：第一阶段为退火温度至玻璃化转变温度 T_g ，该阶段主要是玻璃结构的微调与晶核的形成，温度越低，微晶结构越细小，所需时间越长；第二阶段为微晶的生长阶段，大体在 T_g 与膨胀软化温度 T_S 之间，由玻璃生产微晶玻璃的热处理过程见图 3-9，经在温度 W 以上熔化、成形、冷却到室温形成玻璃后，需再进行另一轮加热到 T_g 转化温度以上，保温成核，再将温度升高到玻璃软化温度 T_S 以下，保温使核心长大，实现微晶化。

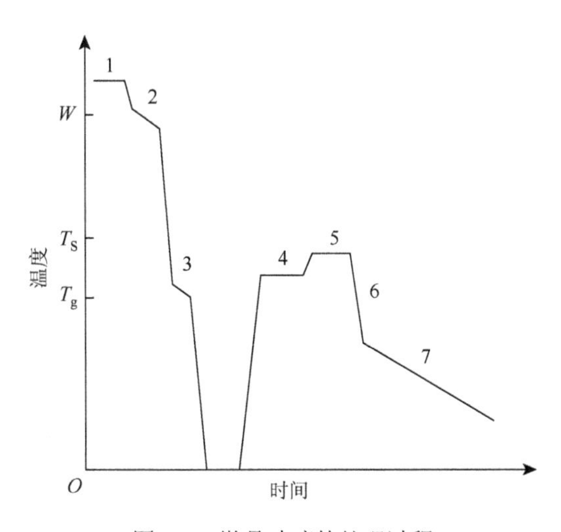

图 3-9　微晶玻璃的处理过程

1. 熔化；2. 成形；3. 冷却；4. 成核；5. 结晶；6. 急冷；7. 慢冷；W. 熔化温度；T_S. 软化温度；T_g. 转变温度

重要的微晶玻璃都是首先以较少的成核成分溶于玻璃液，然后冷却时从溶液中分离出来形成晶核，有时非晶态的成核相也可形成晶核。

玻璃料的组成不一定要落在相界线或低共熔点处，而只要落在某一稳定矿物的结晶区即可。组分要求比用于普通玻璃宽。对于以 SiO_2-Al_2O_3-CaO 体系为主的钙铝硅酸盐型玻璃、以 SiO_2-Al_2O_3-MgO（FeO）为主的镁铁硅酸盐型玻璃和以 SiO_2-Al_2O_3-K_2O（Na_2O）为主的长英岩型和碱性硅酸盐型玻璃，只要其成分落在莫来石、堇青石等矿物的结晶区范围内，均有直接用来生产微晶玻璃的可能性。

当然，为了降低熔化温度，越靠近低共熔线或低共熔点的成分，对提高生产效益越有利，微晶的形成需加入晶核剂进行诱导。

（2）成核剂　在微晶玻璃生产中，晶核剂的加入，对于微晶的快速生成、加速熔制和热处理过程具有重要意义。即使有一定析晶倾向的玻璃成分，也常常引入适量晶核剂，以便缩短热处理时间。

（3）微晶处理工艺　不同成分的玻璃，T_g 和 T_S 不同，需采用不同的工艺过程。

1）SiO_2-Al_2O_3-MgO 系列的微晶玻璃所使用的工艺参数：玻璃料有效成分范围（质量分数）为 SiO_2 45%～60%、Al_2O_3 15%～25%、MgO 10%～20%、Cr_2O_3 2%～3%。熔制温度为 1450～1555℃，当玻璃成形后，冷却至 600℃退火，然后再缓慢加热到核化温度 550～750℃，保温 1h，使晶核剂充分析出，然后按 5℃/min 的速度升温 850～890℃，保温 4h，降至室温。所得玻璃经分析，结晶相主要为铝镁尖晶石和堇青石，莫氏硬度为 7.5，抗压强度为 650MPa，热稳定性极好。

2）SiO_2-Al_2O_3-CaO-K_2O（Na_2O）系列的微晶玻璃的工艺参数：玻璃料有效成分范围（质量分数）为 SiO_2 50%～60%、Al_2O_3 6%～9%、CaO 12%～18%、K_2O+Na_2O 8%～10%、MgO 3%～5%。2%～4%（质量分数）的 P_2O_5 作晶核剂，熔制温度为 1500～1550℃，退火温度为 650～700℃，然后以 6℃/min 的速度加热至核化温度 750～800℃，保温 1h，再以 2℃/min 的速度加热到 1100～1150℃，保温 4h。析出晶相为硅灰石、透辉石、失透石等。这类微晶玻璃的机械强度很高，但热膨胀系数较 SiO_2-Al_2O_3-MgO 系列大。

（4）烧结微晶玻璃　微晶玻璃的另一种生产方法是，将熔制的玻璃液进行水淬，制得玻璃粒，然后将其研磨成玻璃粉，再用烧结的办法制成微晶玻璃产品。由于后阶段的生产工艺与陶瓷类似，因此这类微晶玻璃又称为玻璃陶瓷。与直接微晶化工艺相比，烧结法晶化处理时间短，成品厚度不受限制，可不采用晶核剂，而是利用玻璃碴的表面、顶角、杂质、气孔、微裂纹等诱导结晶。烧结微晶玻璃在电子工业有特殊用途，可用作陶瓷与金属的封接和金属防氧化涂层等。

2. 特种微晶玻璃

（1）焊接微晶玻璃　广泛用于电子业中连接件的各种特件。

（2）矿渣微晶玻璃　高炉矿渣内含有很多的铜、铁、镍、铬等物质，它们可以起成核剂作用，所以高炉矿渣的成分与微晶玻璃的最终成分近似。

（3）生物微晶玻璃　在现代医学，特别是在牙科和人造骨头方面发挥巨大作用。人体骨组织的矿物质为含磷及钙元素的羟磷灰石微晶体，在骨组织的不同部位，微晶大小及数量存在较大的差异。在釉质中，这种矿物质的质量分数达 90%

以上，因而强度高、硬度大，可作为铸造牙修复体的微晶玻璃，在材料的理化特性、力学性能、可铸造性、半透明性等方面有着很高的要求。几种有代表性的可铸造陶瓷的主要组分和物理性能见表3-6。

表3-6 几种有代表性的可铸造陶瓷的主要组分和物理性能

组成	天然釉质	$CaO-P_2O_5(+Al_2O_3+TiO_2+ZrO_2)$	$MgO-CaO-P_2O_5-SiO-F$	$K_2O-MgO-SiO-F$	$R_2O-MgO-Al_2O_3-SiO-F$
$K_{IC}/(MN/m^{3/2})$	—	2～2.7	0.7～0.9	2.5	—
硬度Hv/GPa	3.6	—	—	4.1	—
相对密度	2～3	2.9	3.0	2.4	—
抗折/MPa		145	118	17	—
热膨胀系数	1.1×10^{-5}	1×10^{-5}	8.7×10^{-5}	—	—
铸型温度/℃	—	500	500	900	400
铸造温度/℃	—	1050	1460	1370	1150

3.2.4 非氧化物玻璃

传统意义上的玻璃材料主要是以SiO_2为主和其他元素形成的玻璃。现在随着玻璃制备技术的发展，特别是快速降温技术的发展（降温速率可达10^6～10^8℃/s），很多过去不能形成玻璃的材料也可以形成玻璃相。这样玻璃材料的范围就由以SiO_2为主的玻璃体系扩展到其他氧化物体系，进而扩展到非氧化物体系。这些新型的玻璃材料都有一些独特性质。这里介绍几种重要的非氧化物玻璃的组成、制备和性能。

1. 硫属化物玻璃

硫属化物材料是包含有元素周期表ⅥA族元素S、Se、Te的化合物。严格地说，氧化物也属于这个范畴内，但它们常被单独考虑，这有历史上和科学上两方面的原因。氧化物玻璃，尤其是以SiO_2为基的材料，是最早知道的玻璃形成体，从后来发现的硫属化物玻璃中分离出来单独考虑已成为惯例。另外，氧化物的物理性质与其他硫属化物也有较大的区别：氧化物材料键型有较大的离子键成分，禁带宽度较大，为绝缘体，如SiO_2的禁带宽度约为10eV；而硫属化物多为共价键，禁带宽度较窄，为1～3eV，为半导体材料。

硫属化物玻璃可以用熔体淬冷法和气相沉积法制备。多数硫族化合物材料较容易形成玻璃相，但在制备过程中要隔离氧气防止氧化。其制备过程是将这些材料封装在抽过真空的石英管中加热使其熔融，然后通过普通降温速率（1～100℃/s）就可以得到玻璃体。对于有些较难生成玻璃的体系，如 Sb_2S_3，可采用辊压淬冷技术快速降温。在有些场合中需要用薄膜材料，硫属化物玻璃可以通过气相沉积法制成薄膜形态的玻璃材料。有些用一般方法不易制得的玻璃材料，也可以用气相沉积法制备，如 As_2Te_3。

硫属化物玻璃大多是半导体材料，一些材料得到了实际应用。光复印机中的硒鼓就是利用气相沉积法使硒以玻璃态薄膜镀在鼓上。其工作原理就是利用玻璃态硒的半导体性和光电导性实现曝光和复印。光复印机的复印步骤见图 3-10。

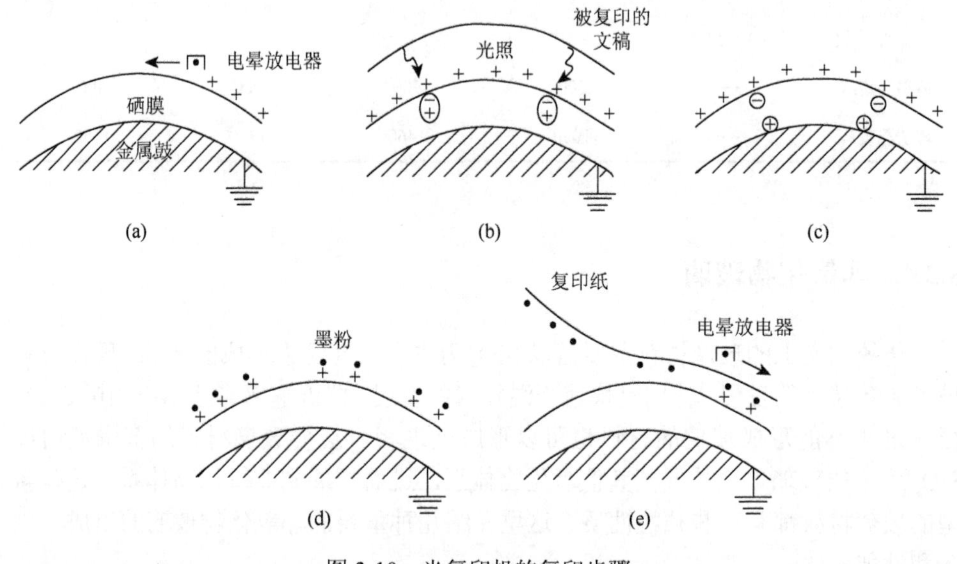

图 3-10　光复印机的复印步骤

（a）充电；（b）曝光；（c）放电；（d）吸墨；（e）转移

硒鼓的表面被电晕放电充上正电荷，此放电是由一根与硒表面平行运动的保持高电势的金属丝引发的［图 3-10（a）］。被复印的文稿经可见光照在屏上成像；文稿上照光的区域将光子反射到硒膜上并在硒膜上产生电子-空穴对［图 3-10（b）］。在电场的作用下，这些电子-空穴对离解；空穴向金属鼓内部运动，而电子被排斥到硒的表面，在其表面上与正电荷中和［图 3-10（c）］。这样在硒膜上以电荷的形式留下一个像，它是被复印文稿的暗区像。这时再让硒膜以静电方式吸附带负电的黑色墨粉；这些墨粉被黏附在硒膜上带正电荷的区域［图 3-10（d）］。通过第二次电晕放电将墨粉转移到白纸上［图 3-10（e）］，然后将纸拿开并加热使印出的像固定下来。

2. 卤化物玻璃

当卤化物熔盐从高温下冷却到低温时，它们一般是以晶态的形式存在。当卤素与一些半径小、电价高的阳离子结合时，它们就会形成易于挥发的分子型物质，因而能形成玻璃态的卤化物较少。在卤化物玻璃中最重要的是氟化物玻璃，如 BeF_2、AlF_3 和 ZrF_4 等可以和其他氟化物混合熔融形成玻璃。

对氟化物玻璃进行研究的主要原因是希望得到一种在中红外区有低损耗的光纤材料。氟化物玻璃 ZBLA（55%ZrF_4、35%BaF_2、6%LaF_3 和 4%AlF_3）是一种性能良好的新型光纤材料，用在无中继长距离通信网络中，最低损耗可达 0.01dB/km，而常用的 SiO_2 石英光纤损耗为 0.2dB/km。在氟化物玻璃中掺入 Nd^{3+}，可以有 1.04μm 和 1.35μm 的发射；掺入 Er^{3+} 产生 0.98μm 和 1.52μm 的发射。这些掺杂的材料可以作为光纤放大材料。

制备氟化物玻璃可以利用传统的熔融法。在惰性气氛的保护下，用玻璃态石墨坩埚、金坩埚或铂坩埚熔融氟化物原料，用于制备光纤的玻璃材料要求有很高的纯度，可以利用卤化物气相沉积法提纯原料，再转化成氟化物。得到高纯原料后，在惰性气氛保护下把原料熔制成光纤预制棒，最后拉成光纤。

3. 金属玻璃

金属材料能被制成玻璃态物质是基于骤冷技术的发展。骤冷技术即前面已提到的辊压淬冷技术，这种技术可使降温速率高达 10^6～10^8℃/s。辊压淬冷技术的设备有各种形式，但原理都是让液态金属滴在快速转动的冷滚筒上（图 3-11）。一般来说，

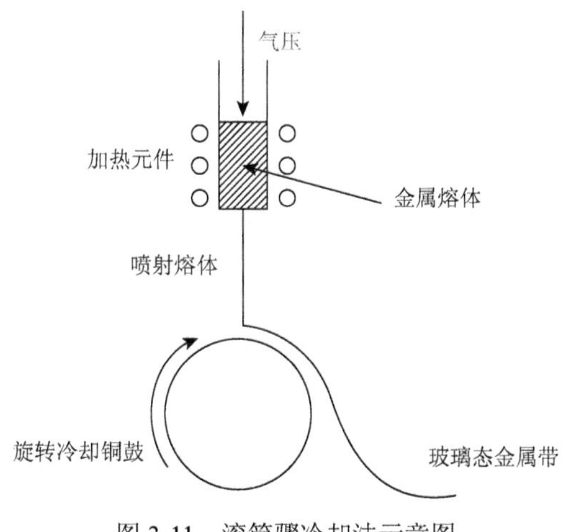

图 3-11　滚筒骤冷却法示意图

纯金属较难形成玻璃，现已制成的金属玻璃都是合金材料。这些合金材料有金属-金属合金，如 Zr-Cu、Ta-Ni 等；也有金属-非金属合金，如 Au-Si、Fe-B 等。

玻璃态金属有以下两个优点。

1）玻璃态金属往往比普通金属有较高的强度，有时它们的强度可以接近理想的极限。普通金属内部存在位错，这些位错在晶体内容易移动，使得普通金属表现出柔韧性。在玻璃态金属中，原子是无规排列的，因而玻璃态金属可以被看成是由位错组成的。由于位错太多，不容易移动，玻璃态金属表现出很高的强度。同时玻璃态金属的塑性也是很好的。

2）玻璃态金属比普通金属更能耐化学侵蚀。普通金属都有晶界和缺陷，这些都是化学上最活泼的地方。对金属的化学侵蚀往往都是从这些地方开始的。而玻璃态金属不含有晶界和缺陷（或者说一整块金属玻璃就是由缺陷组成的），这使得金属玻璃的化学反应活性大大降低。

3.3　半导体材料

3.3.1　半导体的导电机理

纯净半导体的禁带一般都比较窄，在绝对零度时，能带结构如图 3-12（a）所示，满带中填满电子而导带中没有电子，在外电场作用下，如果满带仍是填满电子的，外电场不能改变满带中电子的能量状态，也就不能增加电子的能量和动量，因而不能产生电子的定向运动，不会产生电流。如果加强电场，或者利用热或光的激发，使满带中获得足够能量的电子能越过禁带宽度 E_g 而跃迁到导带上去［图 3-12（b）］，半导体就能够导电。

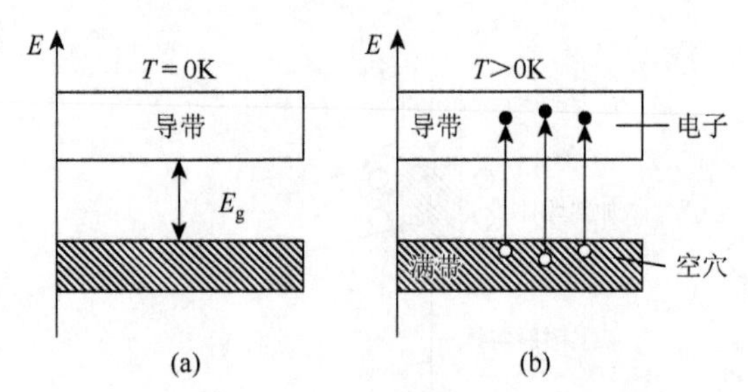

图 3-12　本征半导体能带结构简图

（a）绝对零度时；（b）温度大于绝对零度时

1. 施主杂质与 n 型半导体

锗和硅是使用最广、最重要的半导体材料，具有金刚石型结构。其每个原子的最近邻有 4 个原子，组成正四面体。锗、硅原子最外层都有 4 个价电子，这些价电子轨道通过适当杂化，恰好与最近邻原子形成四面体型的共价键。

现在设想有一个锗原子被ⅤA 族原子砷所取代的情形：如图 3-13 所示，砷原子共有 5 个价电子，于是与近邻锗原子形成共价键后尚“多余”1 个价电子，我们知道，共价键是一种相当强的化学键，就是说束缚在共价键上的电子的能量是相当低的。也就是说，由于掺杂，在禁带中出现了能级，我们称为杂质能级。由施主元素引进的杂质能级称为施主能级，用 E_D 表示。束缚于 As^+ 周围的电子，就是处在施主能级上的电子。

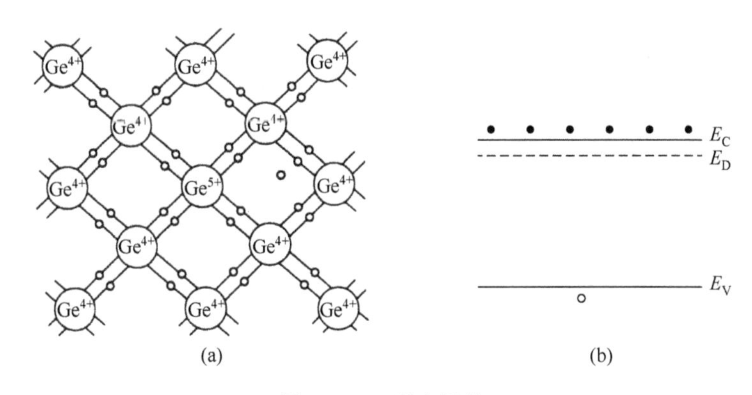

图 3-13　n 型半导体

（a）掺杂情况；（b）能带图

2. 受主杂质与 p 型半导体

以硅中掺硼为例，来讨论受主杂质的作用。硼原子只有 3 个价电子，与邻近硅原子组成共价键时尚缺 1 个电子。在此情况下，附近硅原子价键上的电子不需要增加多大的能量就可以相当容易地填补硼原子周围价键的空缺，而在原先的价键上留下空位，这也就是说价带中缺少了电子而出现了一个空穴，硼原子则因接受了一个电子而成为负离子，如图 3-14（a）所示。与施主情形类似，受主的存在也在禁带中引进能级，用 E_A 表示，不过 E_A 的位置接近于价带顶 E_V，受主电离能 $E_I = E_A - E_V$，如图 3-14（b）所示。

3. 补偿杂质作用

当半导体中既有施主杂质，又有受主杂质时，半导体的导电类型就主要取决于掺杂浓度高的杂质。当施主数量超过受主时，半导体就是 n 型的；反之，受主数量超过施主，则为 p 型。更具体地讲，在 n 型半导体中，单位体积有 N_D 个施

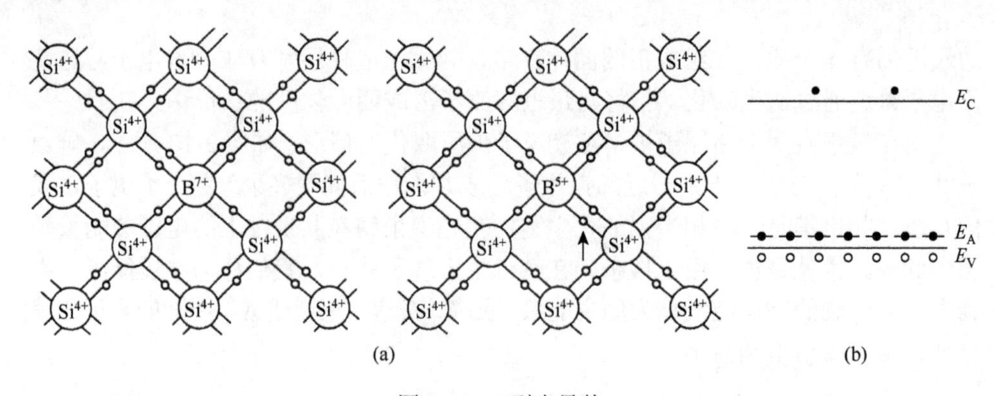

图 3-14　p 型半导体

（a）掺杂情况；（b）能带图

主，同时还有 N_A 个受主，但 $N_A < N_D$，这时施主放出的 N_D 个电子首先将有 N_A 个去填补受主造成的缺位，所以只余下 $N_D - N_A$ 个电子可以电离到导带，而成为导电载流子，如图 3-15 所示。

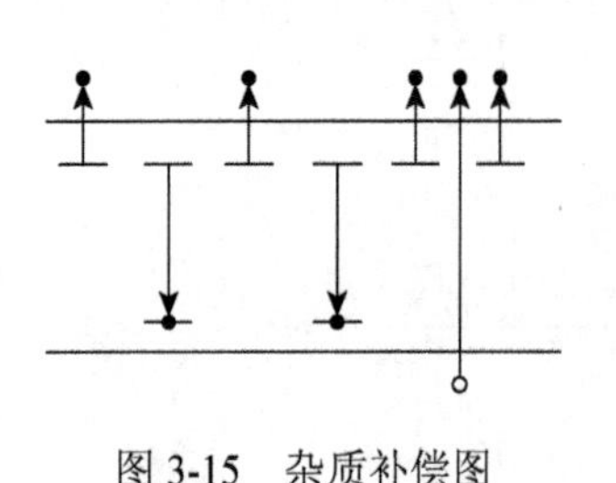

图 3-15　杂质补偿图

这种受主和施主在导电性上互相抵消的现象称为杂质补偿。在有杂质补偿的情况下，决定导电能力的是施主和受主浓度之差。

4. 浅能、深能级杂质

以上所讨论的施主和受主杂质，由于其电离能很小，能级距导带底或价带顶很近，故常称为浅能级杂质。浅能级杂质往往是半导体材料中决定导电性的主要杂质。

在半导体中还有一些其他杂质也具有施主或受主的性质，但在禁带中引进的能级距导带底或价带顶较远而比较接近禁带中央，常称为深能级杂质。图 3-16 画出了硅中金的深能级，金在导带以下 0.54eV 处有一个受主能级，在价带以上 0.35eV 处有一个施主能级，这是深能级杂质的典型例子。深能级杂质大多是多重能级，它反映了杂质可以有不同的荷电状态。深能级杂质在半导体中起着多方面的作用。例如，它可以是有效的复合中心而使载流子的寿命大大降低；可以成为非辐射复合中心而影响发光效率；也可以作为补偿杂质而大大提高材料的电阻率。

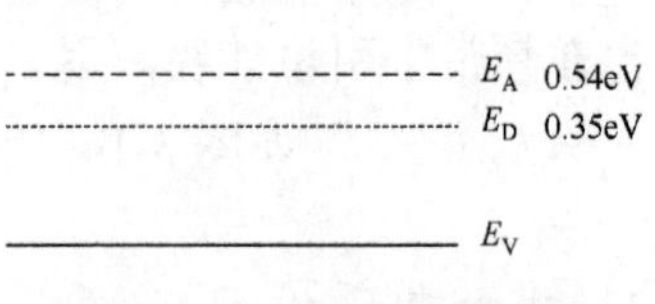

E_C

E_A 0.54eV

E_D 0.35eV

E_V

图 3-16　硅中金的深能级

3.3.2　本征半导体

1. 本征半导体的导电机理

半导体中价带上的电子借助于热、电、磁等方式激发到导带，称为本征激发。满足本征激发的半导体称为本征半导体。本征半导体的电导率应由电子运动和空穴运动两部分引起的电导率所构成，按照量子力学的微扰处理，本征半导体的电导率为

$$\sigma = \frac{ne_{\mathrm{n}}^2\tau_{\mathrm{n}}}{2m_{\mathrm{n}}^*} + \frac{pe_{\mathrm{p}}^2\tau_{\mathrm{p}}}{2m_{\mathrm{p}}^*}$$

式中，σ 为本征半导体的电导率；n 、p 分别为导带中电子和价带中空穴的数目；e_{n} 、e_{p} 分别为电子、空穴的电荷；τ_{n} 、τ_{p} 分别为电子、空穴两次碰撞间隔的时间；m_{n}^* 、m_{p}^* 分别为电子、空穴的有效质量。

本征半导体电导率 σ 的简化式：

已知
$$\mu_{\mathrm{n}} = \frac{e_{\mathrm{n}}\tau_{\mathrm{n}}}{2m_{\mathrm{n}}^*}, \quad \mu_{\mathrm{p}} = \frac{e_{\mathrm{p}}\tau_{\mathrm{p}}}{2m_{\mathrm{p}}^*}$$

式中，μ_{n} 、μ_{p} 为电子和空穴的迁移率。

而
$$e_{\mathrm{n}} = -e_{\mathrm{p}} = e = -1.6\times10^{-19}(\mathrm{C})$$

$$n = p = n_{\mathrm{i}}$$

所以
$$\sigma = en_{\mathrm{i}}(\mu_{\mathrm{n}} - \mu_{\mathrm{p}})$$

而
$$\mu_{\mathrm{n}} = b_{\mathrm{n}}T^{-3/2}, \quad \mu_{\mathrm{p}} = b_{\mathrm{p}}T^{-3/2}$$

$$\mu = \mu_{\mathrm{n}} - \mu_{\mathrm{p}} = (b_{\mathrm{n}} - b_{\mathrm{p}})T^{-3/2}$$

$$n_{\mathrm{i}} = 5\times10^{15}T^{3/2}e^{-E_{\mathrm{g}}/2kT}$$

将 n_{i} 和 μ 代入 σ 表示式，可得

$$\begin{aligned}\sigma &= e\cdot5\times10^{15}T^{3/2}e^{-E_{\mathrm{g}}/2kT}\cdot(b_{\mathrm{n}} - b_{\mathrm{p}})T^{-3/2}\\ &= 5\times10^{15}e(b_{\mathrm{n}} - b_{\mathrm{p}})e^{-E_{\mathrm{g}}/2kT} = ae^{-E_{\mathrm{g}}/2kT}\end{aligned}$$

式中，$a = 5\times10^{15}e(b_{\mathrm{n}} - b_{\mathrm{p}})$ 。

一般 $\mu_p<|\mu_n|$，如纯锗在室温下 $\mu_p=0.19\mathrm{m}^2/(\mathrm{V\cdot s})$，$\mu_n=-0.39\mathrm{m}^2/(\mathrm{V\cdot s})$。可见，$\sigma$ 主要取决于温度 T、禁带宽度 E_g、电子和空穴迁移系数 (b_n-b_p)。

2. 本征半导体材料的性质

本征半导体是高纯度、无缺陷的元素半导体，其杂质含量小于十亿分之一。半导体元素在周期表中的位置如图 3-17 所示，表 3-7 列出了元素半导体的性质。

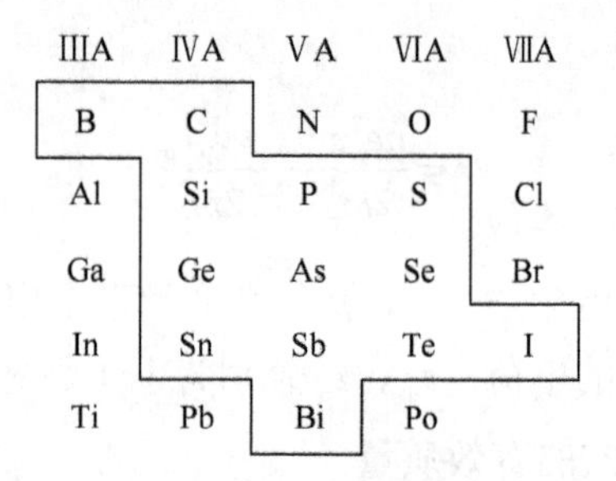

图 3-17　半导体元素在周期表中的位置

表 3-7　元素半导体的性质

族	元素	熔点/℃	能隙宽/eV	迁移率/[cm²/(V·s)]		备注
				电子	空穴	
ⅢA	B	2030.0	1.60			
ⅣA	C	3727.0	5.47	1800	1200.0	金刚石
	Si	1410.0	1.12	1500	450.0	
	Ge	937.4	0.66	3900	1900.0	
	Sn	231.9	0.08	1400	1200.0	α-Sn
ⅤA	P	44.2	2.00	220	350.0	红磷
	As	817.0	1.20	65	60.0	灰砷
	Sb	630.5	0.10	3		灰锑
ⅥA	S	119.0	2.40	—	—	β-Se
	Se	217.0	1.80	1	0.2	
	Te	449.5	0.30	900	570.0	
ⅦA	I	113.7	1.30	—	—	—

本征半导体中主要是硅、锗和金刚石。表 3-8 列出了硅和锗的一些性质。除了硅、锗、金刚石外，其余的半导体元素一般不单独使用，而且除了硅、锗、硼和碲外，其余的半导体元素均有两种或两种以上同素异形体，其中只有一种是半导体。

表 3-8　半导体 Si、Ge 的一些性质

半导体	Si	Ge
E_g（0K）	1.153eV	0.75eV
E_g（300K）	1.106eV	0.67eV
$n \times p$	$1.5\times10^{33}T^3\exp(-2.21kT)$	$3.1\times10^{33}T^3\exp(-0.785kT)$
（对 Si 400～700K，对 Ge 300～500K）		
n_i（300K）	$1.5\times10^{10}\text{cm}^{-3}$	$2.4\times10^{13}\text{cm}^{-3}$
ρ（300K）	$2.3\times10^{5}\Omega\cdot\text{cm}$	$47\Omega\cdot\text{cm}$
m_n^*（4K）	1.1 m_n	0.55 m_n
m_p^*（4K）	0.59 m_n	0.37 m_n

注：E_g 为禁带宽度；n_i 为本征载流子浓度；ρ 为电阻率；m_n^*、m_p^* 分别为电子和空穴的有效质量；$n \times p$ 为导带中电子密度与价带中空穴密度的乘积

3.3.3　杂质半导体

将杂质元素掺入纯元素中，把电子从杂质能级（带）激发到导带上或者把电子从价带激发到杂质能级上，从而在价带中产生空穴的激发，称为非本征激发或杂质激发。这种半导体称为杂质半导体。

1. 杂质半导体的种类

按掺杂元素的价电子和纯元素价电子的不同而分类。一般是在ⅣA 族元素中掺ⅤA 族或ⅢA 族元素。其分类如下。

（1）n 型半导体（电子型，施主型）　ⅣA 族元素（C、Si、Ge、Sn）中掺以ⅤA 族元素（P、As、Sb、Bi）后，造成掺杂元素的价电子多于纯元素的价电子，其导电机理是电子导电占主导，这类半导体是 n 型半导体。

例如，Si 掺入 As，其晶格如下（平面）。

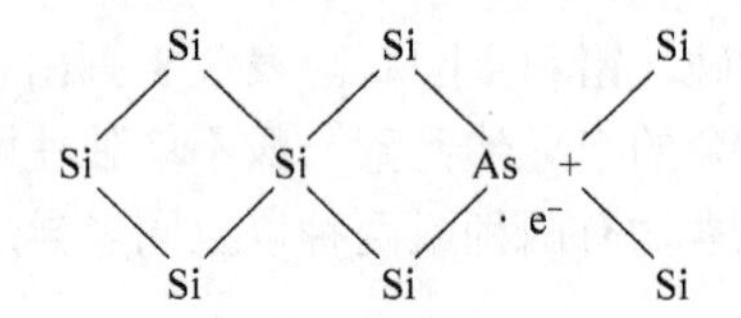

As 代替了晶格中 Si 的位置后，它用 4 个价电子形成 4 个共价键后还多余一个电子，称为逾量电子，而 As^+为正离子，多一个逾量正电荷，此电子能在 As^+周围较自由运动，其束缚能较小，电子与 As^+联系较松散。这时掺杂元素是电子的施主，故也称为电子型或施主型。

（2）p 型半导体（空穴型，受主型）　在ⅣA 族元素掺以ⅢA 族元素（如 B）时，掺杂元素价电子少于纯元素的价电子，它们的原子间生成共价键以后，还缺一个电子，而在价带中产生逾量空穴。以空穴导电为主，掺杂元素是电子受主，这类半导体称为 p 型、空穴型或受主型。

2. 杂质半导体的能带结构

杂质半导体的能带结构如图 3-18 所示。图 3-18（a）是 n 型，逾量电子处于施主能级，施主能级与导带底能级之差为 E_d，而 E_d 大大小于禁带宽度 E_g。因此，杂质电子比本征激发更容易激发到导带，而导带在通常温度下，施主能级是解离的，即电子均激发到导带。E_g 与 E_d 相差近三个数量级。图 3-18（b）是 p 型，其逾量空穴处于受主能级：由于受主能级与价带顶端的能隙 E_a 远小于禁带宽度 E_g，价带上的电子很易激发到受主能级上，在价带中形成空穴导电。

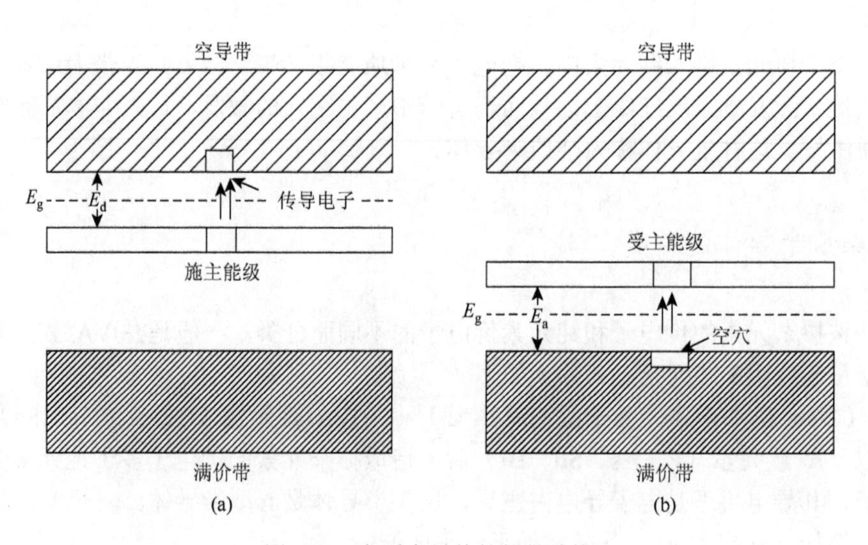

图 3-18　杂质半导体的能带结构

3.3.4　化合物半导体

化合物半导体的种类繁多，性质各异，有广阔的应用前景，尤其在III～V族、II～VI族、III～IV族和氧化物半导体中得到了优先发展。如要选用禁带宽度较大的材料可用 SiC、GaP，如要选迁移率较大的材料则可用 InSb 等。

1. 化合物半导体的分类

1）按成分分为无机合金化合物、陶瓷、高分子半导体。

2）按 n、p 型分为 n 型和 p 型半导体。

3）按组分分为二元化合物半导体和多元化合物半导体。

二元化合物半导体有III～V族半导体，其是化学式为 AIIIBV的金属间化合物，如 GaAs、GaP、InP、GaSb、GaN 等；II～VI族化合物半导体，如 ZnS、CdS、ZnSe、CdSe、CdTe、HgS 等；III～IV族化合物半导体，如锗硅合金等。

多元化合物半导体有 $(Ga_{1-x}Al_x)As$、$Ga(As_{1-x}P_x)$、$(In_{1-x}Al_x)P$ 等三元化合物半导体和 $(Ga_{1-x}Al_x)As_yP_{1-y}$、$In_{1-x}Ga_xAs_{1-x}P_y$ 等四元化合物半导体。还有两种不同掺杂的半导体薄膜或不同组分的薄膜交替生长而成的周期性多层材料，称为超晶格材料，这类周期性多层结构的晶体给半导体材料和半导体物理学开拓了一个新天地。

2. 化合物半导体材料的一些性质

化合物半导体最突出的特点是禁带和迁移率范围宽，禁带为$(0.21\sim0.48)\times10^{-19}$J(0.13～0.30eV)；迁移率为−7.625～+0.010$cm^2/(V\cdot s)$。其中最有用的是以 GaAs 为代表的III～V族化合物。

III～V族、II～VI族化合物半导体的特性参数见表 3-9 和表 3-10。

表 3-9　Ⅲ～Ⅴ族化合物半导体的特性参数

化合物	密度/(g/cm³)	晶形	晶格常数/(×10⁻⁹m)		熔点/℃	线膨胀系数/(×10⁻⁶K⁻¹)	热导率/[W/(cm·K)]	比热容/[J/(g·K)]	离解压（在熔点）/Pa	介电常数	
			a	c						ε_0	ε_∞
BN	3.450 2.550	闪锌矿 纤维锌矿	3.6150 2.5000	6.6900	＞2700 3000	3.5 2.9（a），40.5（c）	0.80	1.00	—	7.10 3.80	4.50 4.00～5.00
BP	2.970	闪锌矿	4.5380		2000 3000		8×10^{-3}	—	—	—	—
BAs	5.220	闪锌矿	4.7770	—	—	—	—	—	—	—	—
AlN	3.260	纤维锌矿	3.1110	4.9800	＜2400	4.013	2.00	0.73	—	9.14	4.84
AlP	2.400	闪锌矿	5.4625		2000		0.90	0.48（400K）	8.1×10^{5}	—	—
AlAs	3.598	闪锌矿	5.6611		1740	5.20	0.91	0.45	1.42×10^{5}	10.06	8.16
AlSb	4.260	闪锌矿	6.1355		1080	4.88	0.56	22.85	100	14.40	10.24
GaN	6.100	纤维锌矿	3.1800	5.1660	～1500	5.59（a）3.17（c）	—	—		12.00	4.00～58.00
GaP	4.129	闪锌矿	5.4495		1467	5.30	1.10	21.95	3.55×10^{6}	11.10	9.03
GaAs	5.307	闪锌矿	5.6419		1237	6.00	0.44	22.85	9×10^{4}	13.18	10.90
GaSb	5.613	闪锌矿	6.0940		712	6.70	0.33	24.18	100	15.69	14.44
InN	6.880	纤维锌矿	3.5330	5.6920	1200	—	—	32.65	—	—	—
InP	4.787	闪锌矿	5.8693	—	1070	4.50	0.70	22.27	2.74×1d6	12.50	9.55
InAs	5.667	闪锌矿	6.0580	—	943	5.00	0.26	23.74	3.34×10^{4}	14.55	11.80
InSb	5.775	闪锌矿	6.4780	—	525	5.04	0.18	24.56	＜100	17.72	15.70

表 3-10　Ⅱ～Ⅵ族化合物半导体的特性参数

化合物	密度/(g/cm³)	晶形	晶格常数/(0.1nm)		熔点/℃	介电常数	禁带宽度/eV	
			a	*c*			0K	300K
ZnO	5.70	纤维锌矿	3.2407	5.1955	＞1800	8.84（//） 4.87（⊥）	3.44	3.20
ZnS: α	4.09	纤维锌矿	3.8200	6.2600	1830	—	3.91	3.80
ZnS: β	4.10	闪锌矿	5.4093	—	—	8.32	3.83	3.54
ZnSe	5.27	闪锌矿	5.6687	—	1515	9.10	2.82	2.67
ZnTe	5.54～6.39	闪锌矿	6.1037	—	1238	10.10	2.39	2.26
CdS: α	4.82	纤维锌矿	4.1368	6.7163	1475	10.33（//） 9.35（⊥）	2.58	2.41
CdSe	5.81	纤维锌矿	4.2985	7.0150	1350	10.65（//） 9.70（⊥）	1.84	1.74
CdTe	6.20	闪锌矿	6.4810	—	1090	10.30	1.60	1.44
HgS: β	7.65	闪锌矿	5.8510	—	1450	—	—	2.50
HgSe	8.24	闪锌矿	6.0840	—	800	18.00	约 0.24	约 0.15
HgTe	8.12	闪锌矿	6.4600	—	670	13.20	约 0.30	约 0.14

第 4 章　化学功能高分子材料

化学功能高分子材料是指具有一定化学功能的功能性化学化工材料，以及可利用其化学性质产生某些功能的材料。它的应用涵盖了化学化工、电子、国防等各个领域，具有强劲的发展势头，也必将成为未来研究和经济增长的热点。

4.1　离子交换树脂

离子交换树脂又称为离子交换与吸附树脂，是指在聚合物骨架上含有离子交换基团，能够通过静电引力吸附反离子，并通过竞争吸附使原被吸附的离子被其他离子所取代，从而使物质发生分离的功能高分子材料。

4.1.1　离子交换树脂的组成及作用原理

不溶性固态离子交换树脂具有交联的三维网状骨架，可解离的功能基团以化学键连接在树脂骨架上，功能基团解离后，具有特定电荷的离子由于化学键的连接无法与树脂骨架分离，称为固定离子；而与其电荷相反的离子解离后可在较大的范围内自由移动，并可与溶液中电荷相同的其他离子发生交换反应，称为反离子或抗衡离子。图 4-1 为离子交换树脂的结构示意图。

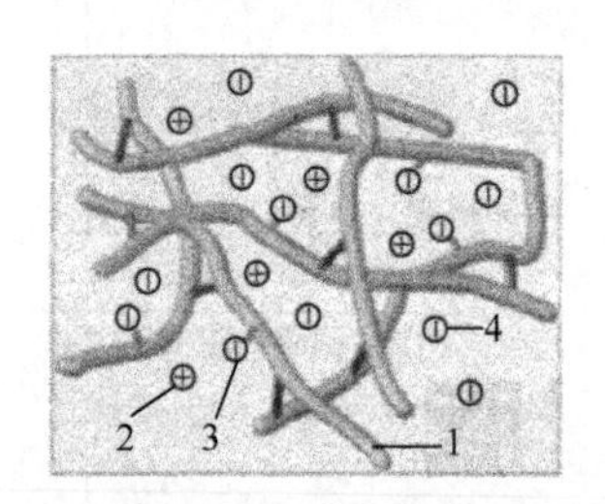

图 4-1　离子交换树脂的结构示意图

1. 树脂骨架；2. 反离子（图中为阳离子）；3. 固定离子（图中为阴离子）；4. 溶剂分子（H_2O）

当固载在树脂骨架上的功能基在水溶液中解离后，反离子可扩散进入溶液相，在溶液中电荷相同的离子，也可能从溶液中扩散到树脂的固相骨架中与固定离子结合。这种离子交换反应的驱动力应为这两种离子在溶液和树脂固相骨架中的浓度差，浓度差越大，交换速度越快。图 4-2 以磺酸型离子交换树脂为例，示意了 H^+与 Na^+的交换过程。当溶液中的 Na^+浓度较大时，浓度差的驱动使溶液中的 Na^+进入树脂固相骨架，并与树脂解离出的 H^+发生交换反应［图 4-2（a)］。当全部 H^+被 Na^+交换后，将树脂放入高浓度的酸溶液中，此时溶液中的 H^+浓度高于树脂骨架上的 H^+浓度，这种

浓度差的驱动使 H^+ 将树脂上的 Na^+ 置换下来[图 4-2(b)]，这个相反的过程称为树脂的再生过程。

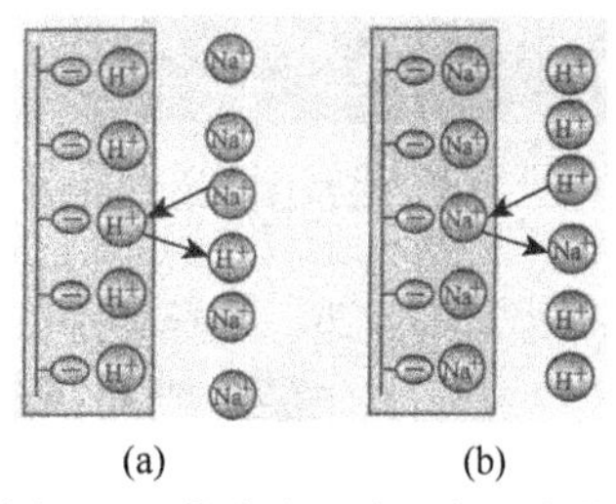

图 4-2　磺酸基强酸阳离子交换树脂的交换与再生过程

4.1.2　离子交换树脂的分类

离子交换树脂可以按骨架结构和交换基团来分类。

1. 根据树脂骨架物理结构不同分类

根据树脂骨架物理结构，可将其分为凝胶型、大孔型和载体型离子交换树脂，如图 4-3 所示。

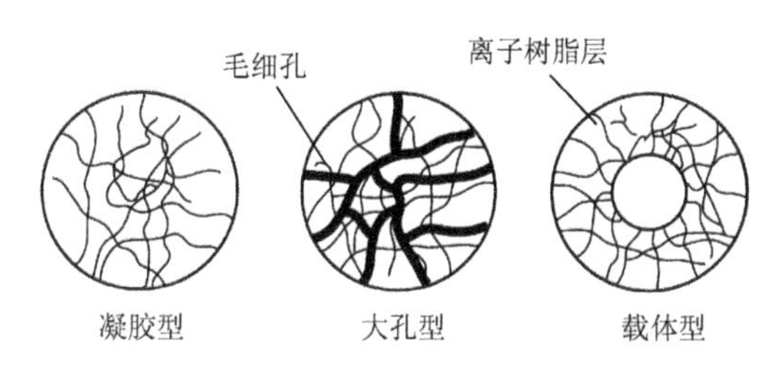

图 4-3　三种离子交换树脂的结构示意图

凝胶型离子交换树脂在干态和溶胀态都是透明的，呈现出均相结构。树脂在溶胀状态下存在聚合物链间的凝胶孔，小分子可以在凝胶孔内扩散。凝胶型离子交换树脂的优点是体积交换容量大、生产工艺简单、成本低。其缺点是耐渗透强度差、抗有机污染性差。

大孔型树脂内存在粗大孔结构，呈非均相状态，外观不透明，孔径从几纳米到几百纳米甚至微米不等。因为树脂本身具有多孔型结构，可以在非溶胀状态下使用。

载体型离子交换树脂是将离子交换树脂包覆在载体如硅胶或玻璃珠上制备的。其优点是能经受流动介质的高压，通常作为液相色谱的固定相。

2. 根据可交换基团性质不同分类

离子交换树脂可分为阳离子交换树脂和阴离子交换树脂。阳离子交换树脂可进一步分为强酸型（如—SO_3H）和弱酸型（—COOH、—PO_3H_2、—AsO_3H_2 等），阴离子交换树脂也可以进一步分为强碱型（如季铵盐类）和弱碱型（伯胺、仲胺和叔胺等）。

此外，还有两性离子交换树脂（阴、阳离子同时存在于一个高分子骨架上）、氧化还原树脂、螯合树脂等。图 4-4 为常用的几种离子交换树脂的化学结构式。离子交换树脂的名称及分类见表 4-1。

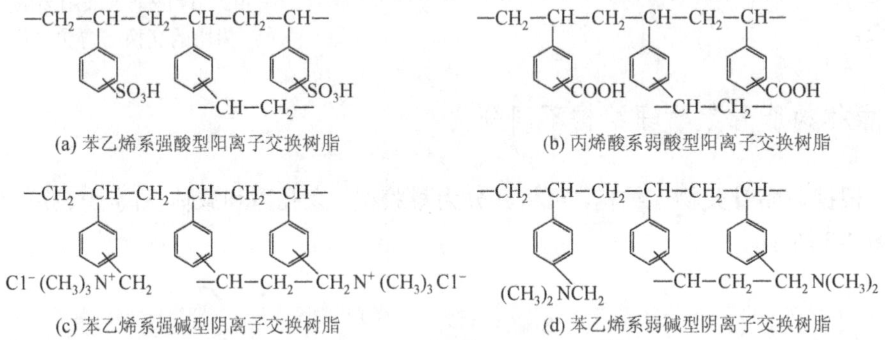

(a) 苯乙烯系强酸型阳离子交换树脂

(b) 丙烯酸系弱酸型阳离子交换树脂

(c) 苯乙烯系强碱型阴离子交换树脂

(d) 苯乙烯系弱碱型阴离子交换树脂

图 4-4　常用的几种离子交换树脂的化学结构式

表 4-1　离子交换树脂的名称及分类

分类名称	功能基团	分类名称	功能基团
强酸	磺酸基（$-SO_3H$）	螯合	胺羧基 $\left[-CH_2N(CH_2COOH)_2\right]$等
弱酸	羧酸基（$-COOH$）、膦酸基（$-PO_3H_3$）	两性	强碱-弱酸[$-N^+(CH_3)_3$、$-COOH$]等
强碱	季铵基 $\left[-N^+(CH_3)_3, -N^+(CH_3)_2(CH_2CH_2OH)\right]$等	氧化	弱碱-强酸（$-NH_2$、$-COOH$）等
弱碱	伯、仲、叔氨基（$-NH_2$、$-NHR$、$-NR_2$）	还原	硫醇基（$-CH_2SH$）、对苯二酚基（HO—C₆H₃—OH）等 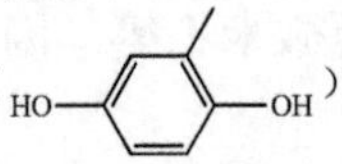

4.1.3　离子交换树脂的性能

离子交换树脂最重要的功能是其离子交换的功能，为保证其功能的正常发挥，还必须具有一些必要的物理化学性能，如合适的粒度、机械强度、化学稳定性、热稳定性等，下面对其性能及其测试方法做一简单介绍。

1. 树脂的外形

离子交换树脂在使用中由于受到流体的冲击，基本上都是球形的颗粒，颗粒的大小将会影响到它的使用性能，因此树脂颗粒的直径（粒径）是其重要的性能指标。通过悬浮聚合得到的离子交换树脂球粒的大小是不均一的，需经过筛分使之处于一定的粒径范围。中国通用工业离子交换树脂的粒径为0.315～1.2mm，也有一些特殊的产品粒径在此范围以外。

（1）粒度　　工业上常用“目数”表示树脂粒径的大小，用标准筛进行筛分测定，一般给出的是粒度范围。为了比较树脂的粒度，使用有效粒径和均匀系数两项数值。有效粒径是指颗粒总量的10%通过而90%保留的筛孔孔径；均匀系数是指通过60%球粒的筛孔孔径与通过10%球粒的筛孔孔径的比值。

（2）比表面积　　比表面积是树脂重要的性能参数之一，其含义是指每克树脂所具有的面积（m^2），即每克树脂所具有的内、外表面积的总和（m^2/g）。凝胶型树脂的比表面一般都在0.1mol/g左右，每克多孔树脂的表面积由数平方米到上千平方米。表面积的测定方法有多种，最常用的是基于BET原理的低温氮吸附法，吸附量按BET公式计算。

$$\frac{p}{V(p_0-p)}=\frac{1}{V_{\mathrm{m}}C}+\frac{C-1}{V_{\mathrm{m}}C}\times\frac{p}{p_0}$$

式中，V为平衡吸附量；V_{m}为单分子层吸附量；p为吸附平衡时的气体压力；p_0为吸附温度下吸附质的饱和蒸气压；C为常数。

以$p/V(p_0-p)$对p/p_0作图为一直线，从该直线的截距和斜率可求得V_{m}(mL)。样品的比表面积（S）按下式计算。

$$S=\frac{4.36\times V_{\mathrm{m}}}{m}$$

式中，m为树脂样品质量（g）；4.36为以$16.2A^2$（A为每个氮分子的截面积）及阿伏伽德罗常量等计算得到的常数。

2. 树脂的含水量

含水量是离子交换树脂的重要性能指标之一，是指达到溶胀或吸收平衡时树脂所含水量的百分数，主要由树脂的骨架结构如交联度、孔度及功能基的性质和数量所决定。

对于在105～110℃条件下连续干燥不发生化学变化的离子交换树脂的含水量可按国家标准GB/T 5757—2008的方法测定。按下式计算树脂的含水量（X）。

$$X=\frac{m_2-m_3}{m_2-m_1}\times 100\%$$

式中，m_1为空称量瓶的质量（g）；m_2为烘干前树脂和称量瓶的质量（g）；m_3为烘干后树脂和称量瓶的质量（g）。

3. 树脂的交换容量

反映离子交换树脂对离子交换吸附能力的重要指标是交换容量。交换容量也叫交换量，是指一定数量的离子交换树脂所带的可交换离子的数量，随着测定方法和计算方法的不同用不同方式来表示。

总交换容量同树脂的化学结构有关，但树脂上的离子基团不一定能全部进行离子交换，树脂的交换容量有时与树脂上所含的离子基团的总量不一致，其交换的比例与测定条件有关，在一定工作条件下测定的交换容量为工作交换容量，当存在再生剂时测定的交换容量为再生交换容量，工作交换容量和再生交换容量总是小于总交换容量。交换容量可以用质量单位（mmol/g 干树脂）和体积单位（mmol/mL 湿树脂）表示，因离子交换树脂通常在湿态下使用，因而后者更为重要。一般情况下，总交换容量、工作交换容量与再生交换容量之间存在着如下的关系。

再生交换容量 = (0.5～1.0)×总交换容量

工作交换容量 = (0.3～0.9)×再生交换容量

离子交换树脂的利用率 = 工作交换容量/再生交换容量

贯流交换容量是离子交换树脂填充在交换柱中，注入被处理液时，在流出液中出现的被交换离子达到一定浓度以上的点称为破过点或贯流点，以上所示的离子交换容量称为贯流交换容量。

4. 化学稳定性

离子交换树脂一般对酸的稳定性高，耐碱性稍差，阴离子交换树脂对碱都不稳定，交联度低的树脂长期放在强碱中容易破裂，所以通常都是以比较稳定的氯型储存。阳离子交换树脂也有类似的情况。

各种树脂耐氧化性能有很大的差别，其中聚苯乙烯树脂的耐氧化性较好，而且交联度越高，耐氧化性越好。

孔结构对离子交换树脂的化学稳定性也有很大的影响，大孔树脂的耐酸碱及耐氧化性能均比凝胶型的要好。

5. 树脂的机械强度

在离子交换树脂的研究论文中，研究树脂的机械强度较少。在实际应用中，机械强度其实是离子交换树脂一个非常重要的指标，因为它直接影响树脂的使用寿命及其他使用性能。树脂机械强度的表示方法有耐压强度、滚磨强度和渗磨强度。树脂的力学性能与其交联度有关，也同合成的原料及工艺有关。

4.1.4　离子交换树脂的工作原理

1. 离子交换过程及交换中的化学反应

离子交换反应是离子交换树脂最基本、最重要的性能。在电解质溶液中，离子交换树脂的功能基发生解离，可动的反离子与溶液中扩散到功能基附近的同类离子进行化学交换。

常用的离子交换反应有以下几种类型（R 代表高聚物骨架）。

（1）中性盐分解反应

$$R-SO_3^-H^+ + Na^+Cl^- \rightleftharpoons R-SO_3^-Na^+ + H^+Cl^-$$

$$R-N^+(CH_3)_3OH^- + Na^+Cl^- \rightleftharpoons R-N^+(CH_3)_3Cl^- + Na^+OH^-$$

（2）中和反应

$$R-SO_3^-H^+ + Na^+OH^- \rightleftharpoons R-SO_3^-Na^+ + H_2O$$

$$R-COOH + Na^+OH^- \rightleftharpoons R-COO^-Na^+ + H_2O$$

$$R-N^+(CH_3)_3OH^- + H^+Cl^- \rightleftharpoons R-N^+(CH_3)_3Cl^- + H_2O$$

$$R-N(CH_3)_2 + H^+Cl^- \rightleftharpoons R-N^+H(CH_3)_2Cl^-$$

（3）复分解反应

$$2R-SO_3^-Na^+ + Ca^{2+}Cl_2^- \rightleftharpoons (R-SO_3^-)_2Ca^{2+} + 2Na^+Cl^-$$

$$2R-COO^-Na^+ + Ca^{2+}Cl_2^- \rightleftharpoons (R-COO^-)_2Ca^{2+} + 2Na^+Cl^-$$

$$R-N^+(CH_3)_3Cl^- + Na^+Br^- \rightleftharpoons R-N^+(CH_3)_3Br^- + Na^+Cl^-$$

$$R-N^+H(CH_3)_2Cl^- + Na^+Br^- \rightleftharpoons R-N^+H(CH_3)_2Br^- + Na^+Cl^-$$

离子交换反应一般是可逆的，反应方向受树脂交换基团的性质和含量、溶液中离子性质和浓度、溶液 pH、温度等因素的影响。各类树脂的交换基团性质不同，因而进行离子交换反应的能力也不同。强酸、强碱性树脂能发生中性盐分解反应，而弱酸、弱碱性树脂基本没有这种反应。各种树脂都能进行中和反应，但强型树脂的反应能力比弱型树脂大。

2. 离子交换树脂的离子交换选择性

不同的离子与离子交换树脂的离子交换平衡是不同的，即离子交换树脂对不同离子的选择不同。一般来说，离子交换树脂对价数较高的离子的选择性较高，如对二价的离子比一价离子的选择性高。对于同价离子，原子序数大的离子的水合半径小，因此对其选择性高。在含盐量不太高的水溶液中，一些常用离子交换树脂对一些离子的选择性顺序如下。

苯乙烯系强酸型阳离子交换树脂：$Fe^{3+} > Al^{3+} > Ca^{2+} > Na^{+}$；$Tl^{+} > Ag^{+} > Cs^{+} > Rb^{+} > K^{+} > NH_4^{+} > Na^{+} > H^{+} > Li^{+}$；$Ba^{2+} > Pb^{2+} > Sr^{2+} > Ca^{2+} > Ni^{2+} > Cd^{2+} > Cu^{2+} > Co^{2+} > Zn^{2+} > Mg^{2+} > Mn^{2+}$。

丙烯酸系弱酸型阳离子交换树脂：$H^{+} > Fe^{3+} > Al^{3+} > Ca^{2+} > Mg^{2+} > K^{+} > Na^{+}$。

苯乙烯系强碱型阴离子交换树脂：$SO_4^{2-} > NO_3^{-} > Cl^{-} > OH^{-} > F^{-} > HCO_3^{-} > HSiO_3^{-}$。

苯乙烯系弱碱型阴离子交换树脂：$OH^{-} > SO_4^{2-} > NO_3^{-} > Cl^{-} > HCO_3^{-} > HSiO_3^{-}$。

在高浓度溶液中，树脂对不同离子选择性的差异几乎消失，甚至出现相反的选择顺序，尤其是阴离子交换树脂，其情况更为复杂。

一般树脂对尺寸较大的离子如络阴离子、有机离子的选择性较高。树脂的主链结构对离子的选择性也有很大的影响，树脂的交联度越大，选择性越高，但过高的交联度反而会使选择性降低。

树脂的选择性将影响到树脂的交换效率。树脂的选择系数越大，漏过的离子越少，处理后的溶液越纯，树脂的实际交换吸附能力越高，与此对应的是再生越不容易。

4.2 吸附树脂

吸附树脂是指通过物理相互作用如范德瓦耳斯力、偶极-偶极相互作用及氢键等较弱的作用力使吸附质吸附的高分子树脂。另外，通过生物中特异性的相互作用如抗原-抗体、药物-受体、酶-底物，使吸附质吸附的树脂有时也归入这一类。

4.2.1 吸附树脂的分类

通过物理相互作用吸附物质的吸附树脂按极性可分为以下几类。

（1）非极性吸附树脂　主要通过范德瓦耳斯力从水溶液中吸附具有一定疏水性的物质。工业上生产应用的非极性吸附剂均是交联聚苯乙烯大孔树脂，只是由于孔径和比表面积不同，从而对吸附质的分子大小呈现不同的选择性。

（2）中极性吸附树脂　从水中吸附物质，除范德瓦耳斯力之外，也有氢键的作用。树脂内一般存在酯或酮等极性基团。常见的有交联聚丙烯酸甲酯、交联聚甲基丙烯酸甲酯及其与丙烯酸的共聚物。

（3）强极性吸附树脂　此类吸附树脂含有极性较强的极性基团，如吡啶基、氨基等。主要有亚砜类（Amberlite XAD-9）、聚丙烯酰胺类（Amberlite XAD-10）、氧化氮类（Amberlite XAD-11）、脲醛树脂类（南开大学的 ASD-15、ASD-16、ASD-17）、复合功能类（南开大学的 S-8、S-038）等，这类树脂对吸附质的吸附主要是通过氢键作用和偶极-偶极相互作用进行的，因此其中的一些品种也可以称为氢键吸附剂。

值得注意的是，按极性分类有时不严密。例如，含有少量中极性基团的交联聚苯乙烯是介于非极性与中极性之间的弱极性吸附树脂；而具有微相分离结构的聚氨酯吸附微球很难按上述分类方法分类。

利用生物中特异物理相互作用的亲和吸附剂，是根据生物亲和原理设计合成的，对目标吸附质的吸附具有专一性和选择性，这种吸附性来源于氢键、范德瓦耳斯力、偶极-偶极相互作用等多种键力的空间协同作用。

4.2.2　吸附树脂的制备

以聚苯乙烯和二乙烯苯共聚得到的吸附树脂为非极性吸附树脂。当在苯环上引入极性基团可以改变树脂的吸附性能，得到中等极性和强极性的吸附树脂。

1. 中极性吸附树脂的合成

中极性吸附树脂的合成可采用以下三种方法。

1）由中极性单体聚合得到，如聚丙烯酸甲酯、聚甲基丙烯酸甲酯。

2）由交联聚苯乙烯通过功能基化，可以合成多种类型的吸附分离功能高分子材料。这种方法生产的树脂制备成本较高。

通过聚苯乙烯获得中极性吸附树脂的实例如下。

$ClCH_2OCH_3$ / $ZnCl_2$　CH_2Cl　$HO-C_6H_4-\overset{O}{\overset{\|}{C}}CH_3$　*N*,*N*-二甲基甲酰胺(DMF)/NaOH

$$\text{P-}C_6H_4\text{-}CH_2\text{-}O\text{-}C_6H_4\text{-}COCH_3 \xrightarrow[\text{DMF/NaOH}]{HO\text{-}C_6H_4\text{-}OH} \text{P-}C_6H_4\text{-}CH_2\text{-}O\text{-}C_6H_4\text{-}OH$$

3）采用中极性单体与苯乙烯、二乙烯苯悬浮共聚得到，如下所示。

$$m\,CH_2{=}CH\text{-}C_6H_5 + CH_2{=}CH\text{-}C_6H_4\text{-}CH{=}CH_2 + n\,CH_2{=}C(CH_3)COOCH_3 \longrightarrow \text{-}[CH_2\text{-}CH(C_6H_5)]_m\text{-}CH_2\text{-}CH(C_6H_4\text{-}CH_2\text{-}CH\text{-})\text{-}[CH_2\text{-}C(CH_3)(COOCH_3)]_n\text{-}$$

2. 强极性吸附树脂的合成

强极性吸附树脂按极性基团的不同可由多种方法合成。

（1）含氰基的吸附树脂　　可由悬浮聚合法合成，如将二乙烯基苯（DVB）与丙烯腈共聚，得到含氰基的树脂。

（2）含酰氨基的吸附树脂　　将含氰基的吸附树脂用乙二胺胺解，或将含仲氨基的交联大孔聚苯乙烯用乙酸酐酰化，都可得到含酰氨基的吸附树脂。

（3）含氨基的强极性吸附树脂　　将大孔吸附树脂与氯甲醚反应，引入氯甲基—CH_2Cl，再用不同的胺进行胺化，便可得到不同氨基的吸附树脂。也可以通过聚苯乙烯获得，如下所示。

$$\text{-}[CH_2\text{-}CH(C_6H_5)]_n\text{-} \xrightarrow{HNO_3} \text{-}[CH_2\text{-}CH(C_6H_4NO_2)]_n\text{-} \xrightarrow[HCl]{SnCl_2} \text{-}[CH_2\text{-}CH(C_6H_4NH_2)]_n\text{-}$$

强极性吸附树脂也可以由中极性吸附树脂结构改造而来，如下所示。

$$\text{-}[CH_2\text{-}CH(C_6H_4\text{-}CH_2\text{-}CH\text{-})]_m\text{-}[CH_2\text{-}C(CH_3)(COOCH_3)]_n\text{-} \xrightarrow{H_2NCH_2CH_2OH} \text{-}[CH_2\text{-}CH(C_6H_4\text{-}CH_2\text{-}CH\text{-})]_m\text{-}[CH_2\text{-}C(CH_3)(C{=}O\,NHCH_2CH_2OH)]_n\text{-}$$

亲和吸附剂的合成是将能互相识别的主体分子或客体分子固定在高分子载体上，以便能专一性地结合客体分子或主体分子。下式是合成含有免疫球蛋白的实例。

$$
\begin{array}{l}
-CH_2-\underset{\displaystyle |}{CH}- \\
\quad OCH_2CH\overset{O}{\frown}CH_2
\end{array}
\xrightarrow{IgG}
\begin{array}{l}
-CH_2-\underset{\displaystyle |}{CH}- \\
\quad OCH_2\underset{\displaystyle OH}{\underset{|}{CH}}-\underset{\displaystyle IgG}{\underset{|}{CH_2}}
\end{array}
$$

由于抗原、抗体、酶等均为生物大分子，固定化过程中极易失活，而且成本极高。因此，也可以将涉及识别部位的某一片段或其中若干基团共价结合在高分子载体上，合成出仍然具有较高选择性但成本相对较低的吸附剂，即仿生吸附剂。

4.2.3　吸附树脂的应用

吸附树脂作为一类新的分离材料，广泛地应用于有效成分的分离提纯。南开大学的聚苯乙烯系吸附树脂是国内第一个工业规模应用的高分子吸附剂，在中国工业化应用只有十多年的时间。

1. 在天然食品添加剂提取中的应用

天然食品添加剂如甜味剂、色素、保健品等来自植物的制品，其成分较为复杂，难以得到高纯度的产品，利用吸附树脂并结合其他一些方法，可得到高质量的产品。

例如，从甜叶菊中提取甜菊苷，其结构中一部分为亲水的糖基，使甜菊苷能够溶于水和低级醇；另一部分为疏水的双萜苷元，使其易被吸附树脂吸附，并同时可以完成对产物的浓缩。其过程如图 4-5 所示。

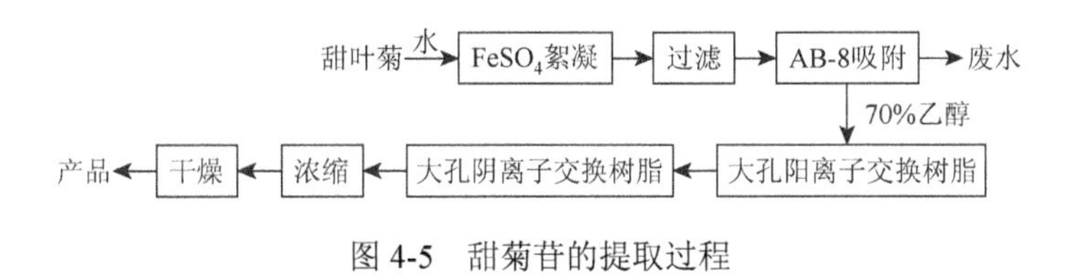

图 4-5　甜菊苷的提取过程

为了得到纯白的产品，需经阳离子交换树脂和阴离子交换树脂进一步脱色。例如，刘永宁等用大孔吸附树脂从甜叶菊中提取分离甜菊苷，产品纯度高，含量可达 87.5%。

利用类似的方法还可提取和纯化栀子黄色素、叶绿素、大豆皂苷等。

2. 在中草药有效成分提取中的应用

从中草药中提取其有效成分，对于中医药学的发展有着至关重要的作用，吸附树脂在此领域有着重要的作用，目前已从中成功地提取了三七总皂苷、白芍药总苷、川草乌总生物碱、绞股蓝皂苷等多种成分。

3. 在环境保护中的应用

环境是当今世界普遍关注的问题，而一些含有机物废水的处理可借助于吸附树脂来实现，同时还可对其中的一些有用物质回收利用，使废水的处理成本大大降低。

利用吸附树脂可以对一些有机废水进行处理，见表 4-2。

表 4-2　吸附树脂处理有机废水的情况

废水种类	吸附树脂	洗脱剂	处理效果	去除率/%	吸附量
染料中间体 β-萘磺酸	CAH-101	75%乙醇	回收 β-萘磺酸	75	75mg/mL
染料中间体 2-萘胺-1-磺酸	CAH-101	丙酮	排放水近无色	70	
造纸废水	XAD-8		脱色	80	
尼龙生产废水			去除氨基己酸	99	
印染废水	XAD-2	异丙醇	脱色	75、90、90	
农药废水					
1605	DA-201	2%NaOH	回收对硝基苯酚		250mg/g
1606	CAH-101	乙醇	回收对硝基苯酚	99.7	
嘧啶氧磷	H-103	甲醇	去除嘧啶氧磷		
7841	H-103	50%乙醇	回收 7841	＞90	70mg/mL
鞣革废水		丙酮	回收单宁	90	

4.3　螯合树脂

螯合树脂也称为高分子螯合剂，是一类能与金属离子形成多配位络合物的交联功能高分子材料。与离子交换树脂不同，螯合树脂在吸附溶液中的金属离子时没有离子交换。

具有吸附和离子交换作用的螯合树脂有合成型高分子螯合树脂，这是主要的品种，也存在多种天然螯合树脂，如纤维素、海藻酸、甲壳素等。

4.3.1　螯合树脂的分类

螯合树脂的种类繁多，结构十分复杂。按高分子来源分类，主要分成两类：天然高分子螯合树脂（包括含螯合基团的纤维素、海藻酸、甲壳素衍生物等）和合成型高分子螯合树脂。

从结构上分，合成型高分子螯合树脂又可分成两大类：一类是螯合基团作为侧基连接于高分子骨架；另一类是螯合基团处于高分子主链上。它们的结构如下。

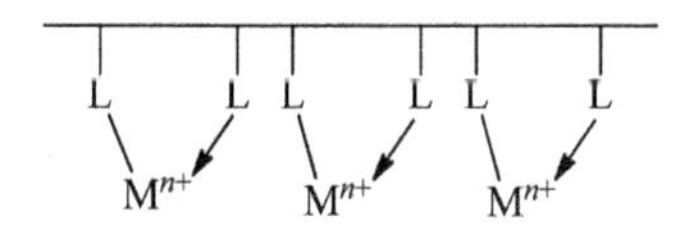

螯合基团位于侧链的螯合树脂

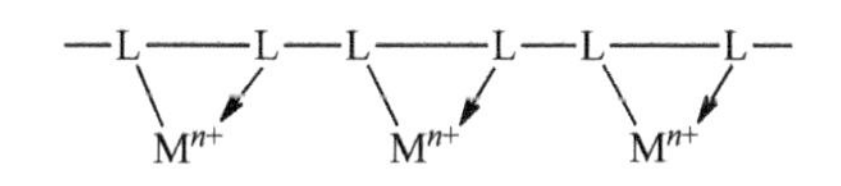

螯合基团位于主链的螯合树脂

按配位原子分类，可将其分为以下 6 种类型：①N、O 配位基螯合树脂；②N、N 配位基螯合树脂；③O、O 配位基螯合树脂；④含硫螯合树脂；⑤含磷螯合树脂；⑥冠醚型螯合树脂。

4.3.2　常见的螯合树脂

螯合树脂的种类繁多，具有配位原子只是形成螯合物的条件之一，能否作为螯合树脂还需要其他结构条件来保证。下面举例介绍几种常见螯合树脂的合成方法、结构与性能、实际应用等内容。

1. β-二酮螯合树脂

β-二酮螯合树脂的合成如下所示。

$$n\mathrm{CH_2{=}C(CH_3){-}C({=}O){-}CH_2{-}C({=}O){-}CH_3} \longrightarrow \mathrm{{+}CH_2{-}CH{+}_n}\ \text{(侧基)}\ \mathrm{CH_3{-}C{-}C({=}O){-}CH_2{-}C({=}O){-}CH_3}$$

它可以由甲基丙烯酰丙酮单体聚合而成，也可以与苯乙烯或者甲基丙烯酸甲酯共聚生成。该螯合树脂可以与二价铜离子络合，用于铜离子的吸附富集。此外，生成的配合物还可以作为催化剂催化过氧化氢分解反应，其催化活性高于小分子乙酰丙酮螯合树脂。

2. 酚类螯合树脂

酚类螯合树脂可以通过在聚苯乙烯及其共聚物上引入酚羟基的方法得到，在聚苯乙烯树脂中引入酚羟基的方式有多种，可以由4-乙酰氧苯乙烯共聚物水解得到对羟基聚苯乙烯树脂，也可以由聚氯乙烯为原料与苯酚反应直接引入酚羟基，这类树脂对二价镍和二价铜离子有选择性吸附。聚苯乙烯与氯甲基甲醚反应得到的聚对氯甲基苯乙烯，与水杨酸、氢醌、2-羟基-3-羧基萘、2, 4-二羟基苯甲酸、没食子酸等含有羟基的芳香酚进行弗里德尔-克拉夫茨反应，同样可以得到含酚羟基的聚苯乙烯型树脂。

当酚类树脂中含有羧基时，在重金属离子的分离和多种维生素、抗生素的选择性吸附方面具有应用意义。

3. 羧酸型螯合树脂

最常见的含有羧基的螯合树脂有聚甲基丙烯酸、聚丙烯酸和聚顺丁烯二酸等。羧基配位体有时需要与其他配位体协同作用才能生成稳定的螯合物，因此常采用与带有其他配位基团的单体共聚方法制备，如顺丁二烯与噻吩共聚、甲基丙烯酸与呋喃共聚。聚甲基丙烯酸与二价阳离子络合时，其配合物的生成常数按 Fe^{2+}、Cu^{2+}、Cd^{2+}、Zn^{2+}、Ni^{2+}、CO^{2+}、Mg^{2+}顺序递减。聚丙烯酸也有类似的顺序。

4. 冠醚型螯合树脂

冠醚型螯合树脂可以络合碱金属和碱土金属离子，而这些离子往往非常难以被其他类型的络合剂络合。因此，它在吸附高分子中有重要的意义，其结构如下所示。

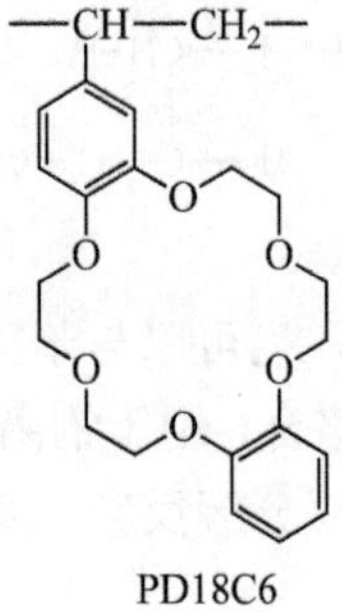

—CH—CH_2—

PD18C6 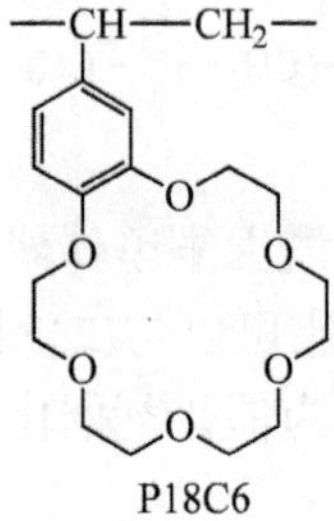　　P18C6

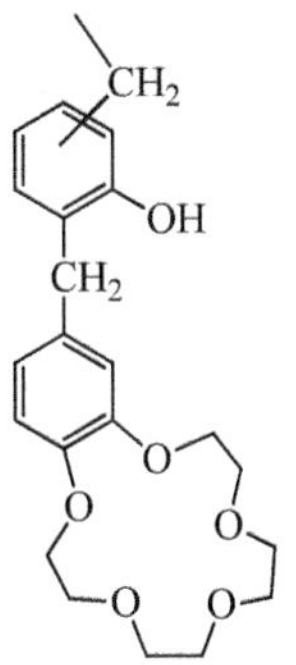

B15C5 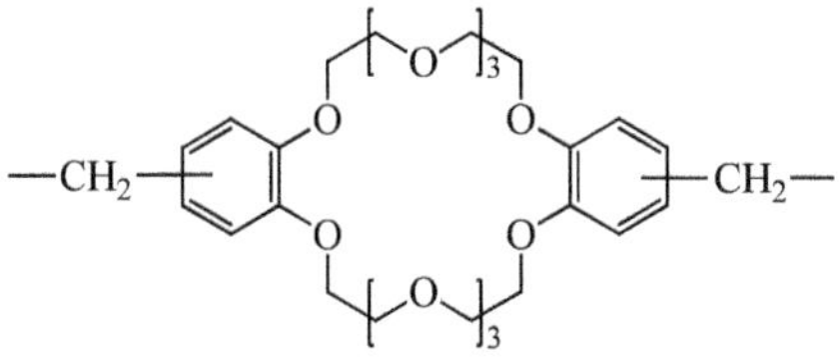　　DB30C10

由于其结构类似于王冠，因此称为冠醚，它可以作为固相吸附剂富集碱金属离子。冠醚的结构可以处于高分子的主链上，也可以处于侧链上。对于侧链型的冠醚可以聚乙烯或聚苯乙烯为骨架，通过高分子反应引入冠醚结构，而对于主链型的结构，通常运用小分子冠醚单体与其他共聚单体共聚得到。

5. 含有氨基的螯合树脂

配位原子以氨基形式出现的聚合物是一类重要的螯合树脂，包括脂肪胺和芳香胺。带有聚乙烯骨架的脂肪胺可以由乙酰氨基乙烯通过聚合、水解等反应过程制备，也可以通过采用苯二甲酰保护氨基，然后与其他单体进行共聚反应：得到的酯型树脂水解释放出氨基，脂肪胺型螯合树脂的制备方法如下。

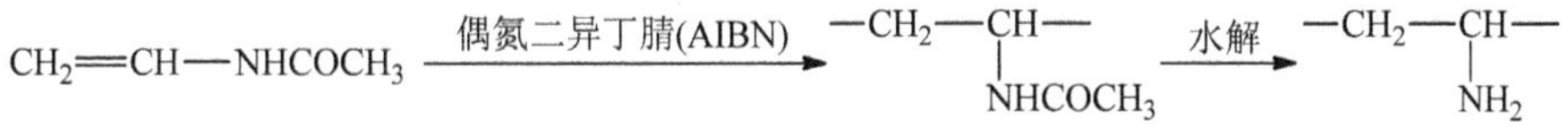

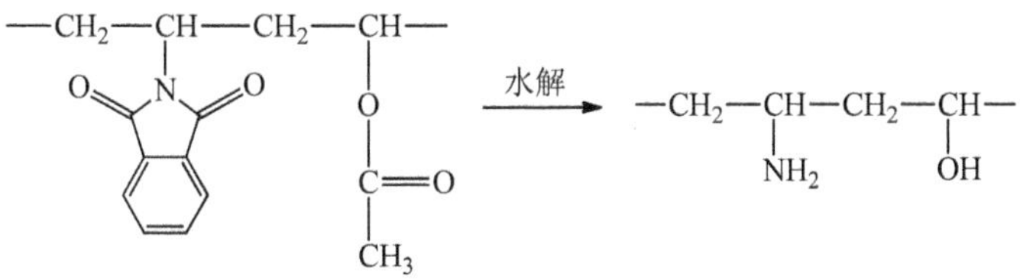

$$CH_2{=}CH{-}NHCOCH_3 \xrightarrow{\text{偶氮二异丁腈(AIBN)}} {-}CH_2{-}\underset{NHCOCH_3}{\underset{|}{CH}}{-} \xrightarrow{\text{水解}} {-}CH_2{-}\underset{NH_2}{\underset{|}{CH}}{-}$$

$$\xrightarrow{\text{水解}} {-}CH_2{-}\underset{NH_2}{\underset{|}{CH}}{-}CH_2{-}\underset{OH}{\underset{|}{CH}}{-}$$

芳香胺型螯合树脂可以通过对氯苯乙烯的格氏反应制备，然后与 *N*, *N*-二取代甲氨基正丁基醚反应，得到芳香氨基。芳香胺型螯合树脂的合成路线如下。

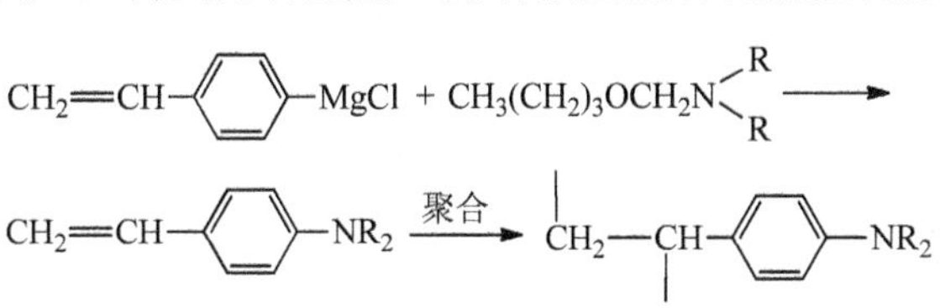

$$CH_2{=}CH{-}C_6H_4{-}MgCl + CH_3(CH_2)_3OCH_2NR_2 \longrightarrow$$

$$CH_2{=}CH{-}C_6H_4{-}NR_2 \xrightarrow{\text{聚合}} {-}CH_2{-}CH(C_6H_4NR_2){-}$$

以聚对氯甲基苯乙烯为原料，与2-氯乙胺反应还可以制备另外一种多氨基型螯合树脂，这种螯合剂具有较高的螯合能力。对金、汞、铜、镍、锌和锰等金属离子有较强的络合作用，其中对金、汞、铜的选择性最高。

6. 含有羟肟酸结构的螯合树脂

如果高分子骨架上含有羟肟酸结构，如同在小分子内一样，会发生互变异构现象，其中酮式异构易与金属离子形成螯合物。由聚甲基丙烯酸或者聚丙烯酸衍生物为原料，与羟胺反应可以得到羟肟酸型螯合树脂，其合成如下所示。

$$-CH_2-\underset{COOH}{\overset{R}{C}}- \longrightarrow -CH_2-\underset{COCl}{\overset{R}{C}}- \longrightarrow -CH_2-\underset{COOR}{\overset{R}{C}}- \xrightarrow{H_2NOH} -CH_2-\underset{O=C-NHOH}{\overset{R}{C}}-$$

这种螯合树脂可以与 Fe^{2+}、MoO_2^{2+}、Ti^{4+}、Hg^{2+}、Cu^{2+}、UO_2^{2+}、Ce^{4+}、Ag^{+}、Ca^{2+}等离子络合，该树脂与 VO_2^{+}、Fe^{3+}螯合物的特征颜色分别为深紫色和紫红色。

当在同一个碳原子上同时含有肟基和氨基时，称这种结构为偕氨肟基。具有这种结构的聚合物一般都具有较强的螯合能力。以聚苯乙烯为原料可以通过取代反应得到双氰基树脂；氰基与羟胺反应后引入这种偕氨肟基，构成螯合树脂，其合成路线如下所示。

$$-CH_2-CH(C_6H_4CH_2Cl)- \xrightarrow{NH(CH_2CN)_2} -CH_2-CH(C_6H_4CH_2N(CH_2CN)_2)- \xrightarrow{H_2NOH} -CH_2-CH(C_6H_4CH_2N[CH_2C(NH_2){=}NOH]_2)-$$

4.3.3 螯合树脂的性能

在螯合树脂中，螯合基团能够与金属离子形成螯合环，导致螯合物比相应的单配位化合物稳定。这种由于与金属离子形成螯合环而使稳定性增加的现象叫作螯合效应。

螯合物的稳定性与螯合基团的种类、螯合物结构和金属离子的种类密切相关，一般呈现的规律是：①通常五元螯合环比六元螯合环稳定，如果螯合环中含有双键，有时六元螯合环更稳定；②相同螯合基团与不同金属离子形成螯合物的稳定性，随金属离子正电荷的增大、离子半径的减小而增大；③同种结构的配位基团，配位数越多、形成螯合环越多，螯合物的稳定性就越高，下列氨基羧酸型配基的螯合物稳定性依次增大：

$$-N(CH_2COOH)_2 < N(CH_2COOH)_3 < (HOOCCH_2)_2NCH_2CH_2N(CH_2COOH)_2 <$$

$$(HOOCCH_2)_2NCH_2CH_2N(CH_2COOH)CH_2CH_2N(CH_2COOH)_2$$

螯合树脂与小分子螯合剂相比更优越之处为高分子骨架的不溶性、基团间的协同作用，以及在骨架上可以同时引入不同官能团以提高对金属离子的吸附选择性。

4.4　高吸水性树脂

高吸水性树脂是一种含有强亲水性基团，并有一定交联度的功能高分子材料。与通常使用的吸水材料如棉、麻、纸张等相比，它在吸水性上具有独特的优势，棉、麻、纸张等的吸水能力仅可达到自身质量的 10～20 倍，并且保水能力极差，稍一用力就可挤出大部分水分，而高吸水性树脂的吸水能力可达自身质量的几十倍甚至几千倍，并且有优异的保水性能，在受压条件下也不易失去水分，同时由于高分子材料自身的可塑性，在性能上如吸水性、力学性能等可方便地进行调节，也易于加工成型。因此，它在农业、林业、石油化工、建筑材料、医疗卫生等方面均得到了广泛的应用和迅速的发展。

4.4.1　高吸水性树脂的结构和性质

1. 高吸水性树脂的结构

高吸水性树脂的结构如图 4-6 所示。其具有以下特点。

1）分子中具有强亲水性基团，能与水分子形成氢键或其他化学键，对水等强极性物质有一定的表面吸附能力；强亲水性基团包括羧基、羟基、酰胺基、磺酸基等。

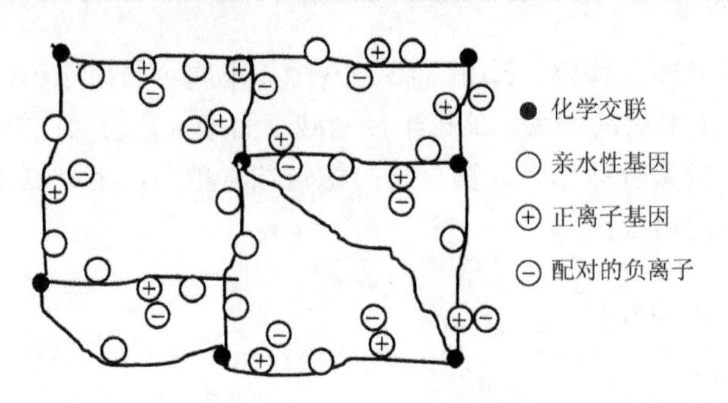

图 4-6 高吸水性树脂的结构

2）聚合物为适度交联高分子，在溶剂中一般不溶，吸水后能迅速溶胀，体积增大许多倍，水被包裹在分子网络内部，不易流失与挥发，保水能力非常强。

3）聚合物内部有较多的离子性官能团，吸水后离子性基团电离产生离子，由此产生的离子强度形成了指向体系内部的渗透压，以保证环境中的水向树脂内部扩散。

4）聚合物具有较高的分子质量，分子质量增加，溶解度下降，吸水后机械强度也增加，吸水能力也可提高。

由此可以看出，高吸水性树脂的三维空间网络的孔径越大，吸水倍率越高，但孔径太大，吸水后机械强度又太低。因此，高吸水性树脂必须具有一定的交联度，但交联度又不能太高。

2. 高吸水性树脂的性质

离子型高吸水性树脂的吸水能力优于非离子型树脂，亲水基团的亲水能力顺序为：$—SO_3H$>—COOH>$—CONH_2$>—OH。

（1）吸水率受溶液 pH 的影响　　溶液 pH 能够对吸水树脂固定离子的离解产生作用，因此对吸水性树脂的吸水能力影响很大。通常，pH 为 7 时，吸水能力最强。当溶液偏酸性或碱性较强时，由于存在明显的酸、碱离子电荷间的吸引和排斥交互作用，树脂的吸水能力显著降低，如图 4-7 所示。

（2）吸水率受溶液盐的影响　　含有离子基团的高吸水性树脂，其溶胀过程受溶液离子强度——盐的种类和浓度的影响。其原因是盐溶液使水向树脂内部的渗透压降低，盐类使吸水性树脂的吸水能力降低。

不同种类的盐对高吸水性树脂的影响程度不同。例如，盐溶液使丙烯酸酯-乙酸乙烯酯嵌段共聚高吸水性树脂的吸水能力降低，并按以下顺序递减：K^+、Na^+、Mg^{2+}、Ca^{2+}。

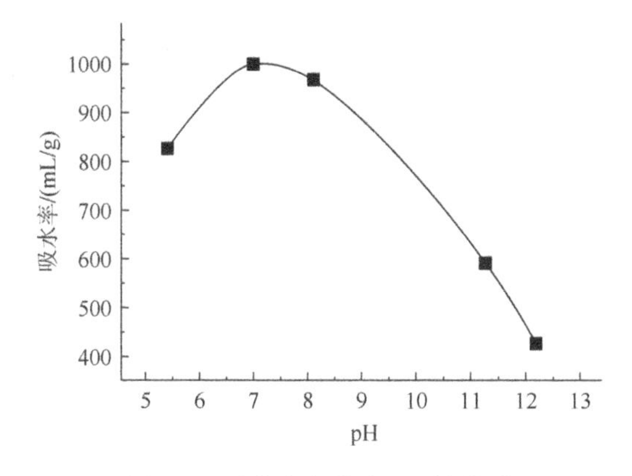

图 4-7　吸水率与溶液 pH 的关系

盐的浓度对于吸水性树脂的吸水能力影响也很大。当盐的浓度增加时，吸水能力降低。一般来说，水溶液中盐的浓度为 0～2%时，随着盐浓度的增加，吸水性树脂的吸水率降低较快。但当盐的浓度在 2%以上时，随着盐浓度的增加，吸水性树脂的吸水率降低将趋缓慢，变化较小。

（3）吸水率受树脂水解度的影响　当高吸水性树脂的可离子化官能团是由水解得到时，如三乙二醇双丙烯酸酯交联的聚丙烯酸甲酯部分水解，这样的高吸水性树脂的吸水率一般随水解度的增加而增加，但当水解度高于一定数值后，吸水率反而下降。产生这种现象的原因是，水解增加亲水性基团的同时也会部分破坏高吸水性树脂的网络结构。

（4）吸水速率受树脂形态的影响　树脂形态会影响吸水速率，即在吸收水分达到饱和点之前，每克树脂在单位时间内吸收水的量。相同的树脂，粒径越小，比表面积越大，吸水速率越快。但粒径不能太小，以免吸水性树脂吸水出现“面团”现象，不能均匀分散于被吸液中。此外，高吸水性树脂如果吸水速率太快，则表面的树脂膨胀太快，会产生凝胶阻塞现象，阻止液体的进一步渗透和吸收。一般粒度多控制在 20～145 目，最好制成多孔、鳞片状或薄膜。

（5）温度和压力对树脂的影响　温度和压力变化对高吸水性树脂吸液性的影响并不明显，其原因是树脂吸收液体主要是通过溶剂化作用来实现的，而这种作用与温度和压力的联系不是很密切。

4.4.2　高吸水性树脂的吸水机制

高吸水性树脂都具有天然的或合成的高分子电解质的三维交联结构。首先，由于树脂中亲水基团与水形成氢键，产生相互作用，水进入树脂而使其溶胀，但交联构成的三维结构又阻止树脂的溶解；其次，吸水后高分子中电解质电离形成离子相互排斥而导致分子扩展，同时产生的由外向内的浓度差又使更多的水进入树脂，使树脂三维结构扩展，但是交联结构又阻止扩展的继续；最后，扩展和阻止扩展的力达到平衡，水不再进入树脂内，而吸附的水也被保持在树脂内构成了含有大量水的凝胶状物质。当受到外力或者植物吸收时，所吸收的水分可以源源不断地脱附出来。当水溶液中含有质子（酸性溶液）或者有溶解的盐存在时，由于盐效应，高分子解离度下降，因此其吸水量也大大下降。

由此可见，吸水能力 Q（吸水后的体积与吸水前的体积之比）与树脂的交联度、亲水性、电荷密度、离子浓度有关，它们之间可以用下式表示。

$$Q^{5/3}=\frac{\left(\dfrac{i}{2V_{\mu}S^{1/2}}\right)^{2}+\dfrac{\dfrac{1}{2}-X_{1}}{V_{1}}}{\dfrac{V_{\mathrm{e}}}{V_{0}}}$$

式中，i/V_{μ} 为固定在树脂中的电荷密度；S 为溶液中电解质的离子浓度；$(1/2-X_{1})/V_{1}$ 为树脂的亲水性；V_{e}/V_{0} 为树脂的交联度。

在上式中，分子的第一项表示溶液离子强度的影响，分子的第二项表示树脂与水的亲和力，分母则表示吸水树脂网络的橡胶弹性。

4.4.3　高吸水性树脂的应用

由于高吸水性树脂的特殊性能，它逐渐在工业、农业、医疗卫生、日常生活等各个方面得到了广泛的应用，但目前在国内的普遍应用仍以卫生用品为主，而对于其他的应用前景尚未得到广泛深入的开发（表 4-3）。

表 4-3　高吸水性树脂的应用

特性	用途	特性	用途
吸水、脱水性	妇婴卫生用品、食品保鲜膜、混凝土保养膜、防结露剂	流动性	密封材料
		润湿性	人造雪、混凝土桩用减摩剂
凝胶化	污泥凝胶剂、保冷材料	吸附、吸收性	脱臭剂、微生物载体
吸湿、调湿性	保鲜剂、干燥剂、调湿剂	防振、吸音性	防振、吸音材料
保水、给水性	农艺保水剂、粉尘防止剂	缓释性	芳香材料
选择性吸水性	油水分离材料	相转移	人造肌肉显示记录材料、数字数据系统
膨胀、止水性	水膨润性防水橡胶、电缆用防水剂	电气特性	医疗用电极、传感器

4.5　高分子化学试剂

4.5.1　高分子氧化还原试剂

1. 氧化还原型高分子试剂

氧化还原型高分子试剂是一类既有氧化功能又有还原功能、自身具有可逆氧化还原特性的一类高分子试剂。在这类高分子氧化还原剂分子结构中，活性中心一般含有以下 5 种结构类型之一。

（1）氢醌或酮式结构

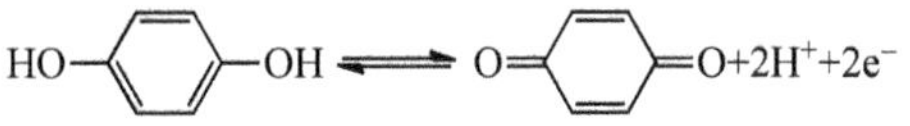

$$HO-C_6H_4-OH \rightleftharpoons O{=}C_6H_4{=}O + 2H^+ + 2e^-$$

（2）硫醇或硫醚结构

$$2R-SH \rightleftharpoons R-S-S-R + 2H^+ + 2e^-$$

（3）吡啶结构

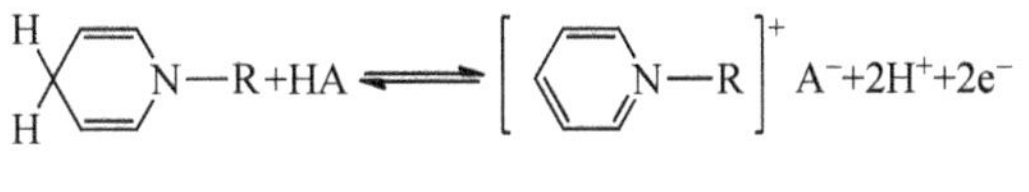

$$H_2C_5H_4N-R + HA \rightleftharpoons [C_5H_5N-R]^+ A^- + 2H^+ + 2e^-$$

（4）二茂铁结构

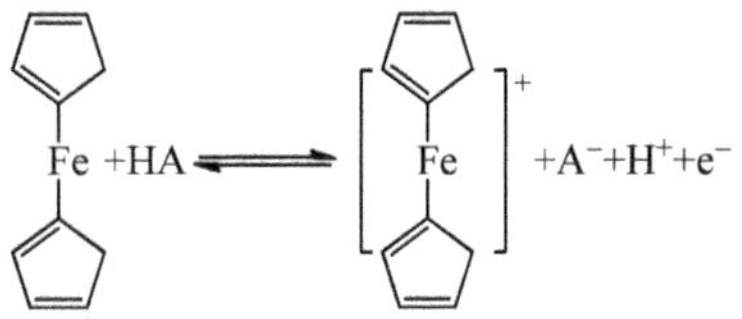

$$Fe(C_5H_5)_2 + HA \rightleftharpoons [Fe(C_5H_5)_2]^+ + A^- + H^+ + e^-$$

（5）多核杂环芳烃结构

$$R_2N-(\text{phenothiazine, N-H})-NR_2 \rightleftharpoons R_2N-(\text{phenothiazine, N})-NR_2^+ + H^+ + e^-$$

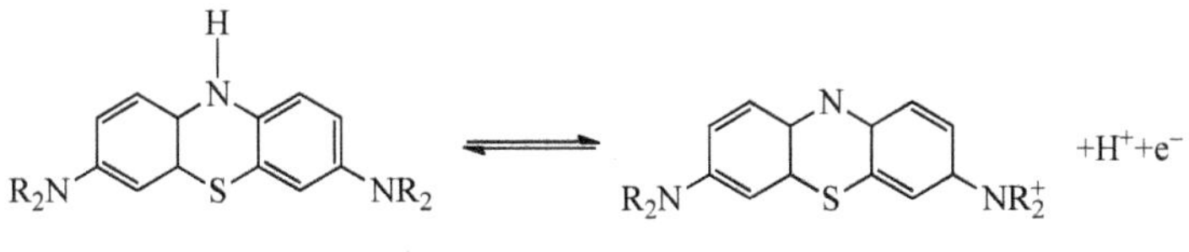

这些结构的可逆氧化还原中心与高分子骨架相连，形成比较温和的高分子氧化还原剂。在化学反应中，氧化还原活性中心与反应物作用，是试剂的主要活性部分，而高分子骨架在试剂中一般只起对活性中心的负载作用。

2. 氧化型高分子试剂

由于自身特点，多数低分子氧化剂的化学性质不稳定，易爆、易燃、易分解失效，有些沸点较低的氧化剂在常温下有比较难闻的气味。为消除或减弱这些缺点，可以将低分子氧化剂进行高分子化，从而得到氧化型高分子试剂，即高分子氧化剂。高分子氧化剂包括高分子过氧酸、高分子硒试剂、高分子高价碘试剂等。

高分子过氧酸克服了低分子过氧酸极不稳定、在使用和储存的过程中容易发生爆炸或燃烧的缺点，在 20℃条件下可以保存 70 天，在−20℃时可以保持 7 个月无显著变化。

高分子硒试剂不仅消除了低分子有机硒化合物的毒性和令人讨厌的气味，还具有良好的选择氧化性，可以选择性地将烯烃氧化成为邻二羟基化合物，或者将芳甲基氧化成相应的醛。

3. 还原型高分子试剂

还原型高分子试剂（即高分子还原剂）具有同类型低分子还原剂所不具备的稳定性好、选择性高、可再生等优点，主要包括高分子锡还原试剂、高分子磺酰肼试剂、高分子硼氢化合物等。

高分子锡还原试剂可以用交联的聚苯乙烯来制备，如下所示。

$$\text{+}CH_2\text{—}CH\text{+}_n(C_6H_4\text{—}Li) \xrightarrow[\text{乙醚}(Et_2O)]{MgBr_2} \text{+}CH_2\text{—}CH\text{+}_n(C_6H_4\text{—}MgBr) \xrightarrow{n\text{-}BuSnCl_3} \text{+}CH_2\text{—}CH\text{+}_n(C_6H_4\text{—}Sn(Cl)_2\text{—}n\text{-}Bu) \xrightarrow[\text{四氢呋喃}(THF)]{LiAlH_4} \text{+}CH_2\text{—}CH\text{+}_n(C_6H_4\text{—}SnH_2\text{—}n\text{-}Bu)$$

高分子锡还原试剂可以将苯甲醛、苯甲酮和叔丁基甲酮等邻位能稳定碳正离子基团的含羰基化合物还原成相应的醇类化合物，产率可达 91%～92%。

高分子磺酰肼试剂可以用交联的聚苯乙烯经磺化反应后再与肼反应制备，如下所示。

$$\text{+}CH_2\text{—}CH\text{+}_n(C_6H_5) \xrightarrow{\text{磺化反应}} \text{+}CH_2\text{—}CH\text{+}_n(C_6H_4\text{—}SO_2Cl) \xrightarrow{H_2NNH_2 \cdot H_2O} \text{+}CH_2\text{—}CH\text{+}_n(C_6H_4\text{—}SO_2NHNH_2)$$

高分子磺酰肼试剂是一种选择型还原剂，主要用于对碳-碳双键的加氢反应，对同时存在的羰基不发生作用。

高分子硼氢化合物是将小分子的硼氢化合物负载到高分子上形成的。例如，用聚乙烯吡啶吸附硼氢化钠，生成含—BH_3 的高分子还原剂，可以还原醛、酮。还原时，首先形成硼酸酯，再用酸分解生成产物醇。

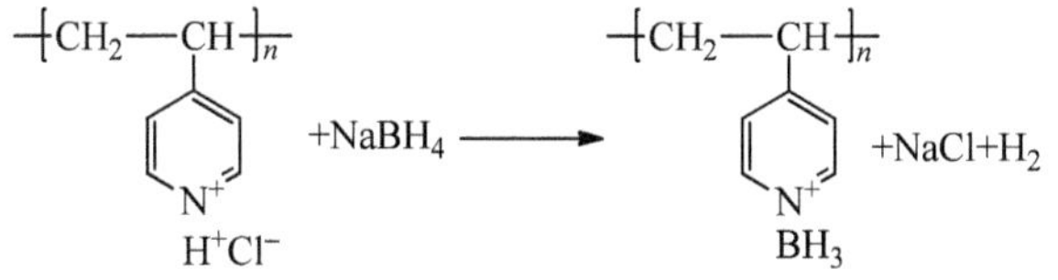

4.5.2　高分子转递试剂

将分子中的某一化学基团转递给另一化合物的高分子试剂就是高分子转递试剂。它包括高分子卤化试剂、高分子酰基化试剂、高分子烷基化试剂、高分子 Witting 试剂、高分子亲核试剂等。

1. 高分子卤化试剂

利用高分子骨架的空间和立体效应，高分子卤化试剂也具有更好的反应选择性，因而在有机合成反应中获得了越来越广泛的应用。目前，高分子卤代试剂主要包括二卤化磷型、*N*-卤代酰亚胺型及多卤化物型，其中研究最多的是 *N*-溴代丁二酰亚胺（NBS）型高分子和聚乙烯基吡啶（PVP）与溴的络合物。

N-溴代丁二酰亚胺型高分子的合成如下所示。

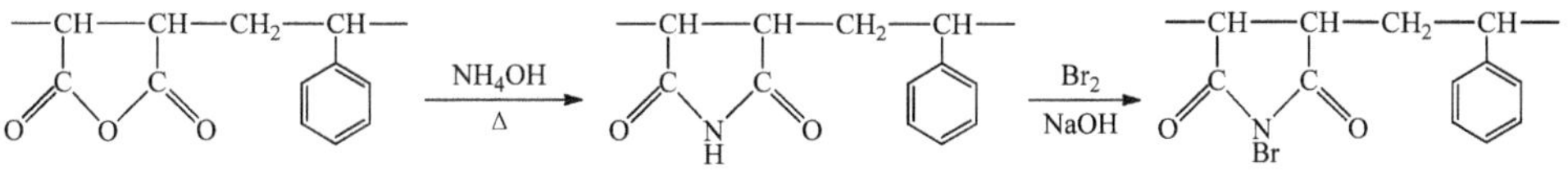

聚乙烯基吡啶与 Br_2、HBr、BrCl、ICl 等络合，生成高效高分子卤代试剂。例如，将苯乙烯、二乙烯基苯和乙烯吡啶共聚，生成的共聚物用二氧六环溶胀后放在 48%HBr 水溶液中反应成盐，然后在 0℃与溴反应，得到高分子溴化试剂。

N-溴代丁二酰亚胺聚合物作溴化试剂，得到的产物比较复杂，取决于反应物种类、反应物与高分子溴化试剂的比例。当甲苯溴化时，主要产物为侧基溴化物。而当异丙苯或乙苯溴化时，高分子溴化试剂与反应物的比例会影响各种产物的比例，如表 4-4 所示。

表 4-4　Ⓟ-NBS 的用量对产物的影响

投料比（物质的量比）		产物及产率/%
—CH—CH—（C=O, C=O, N—Br）	$C_6H_5CH(CH_3)_2$	$C_6H_5C(Br)(CH_2Br)_2$
2.33	1	48
3.7	1	85

投料比（物质的量比）		产物及产率/%
—CH—CH—（C=O, C=O, N—Br）	$C_6H_5CH_2CH_3$	$C_6H_5CHBrCH_2Br$
1.13	1	31
3.3	1	71

与不饱和烃反应时，小分子的 NBS 主要在碳-碳双键的 α-位上发生取代反应，而高分子的 NBS 则在碳-碳双键发生加成反应。

聚乙烯基吡啶高分子溴代试剂不但使酮的 α-H 被取代，生成溴代产物，而且与烯烃进行加成反应时，条件温和、收率好。

高分子氟代试剂和高分子氯代试剂的结构及加成烯烃的反应如下所示。高分子氟代试剂对不同的烯烃进行加成反应时，均生成不对称产物。而高分子氯代试剂得到的是 1, 2-双取代产物。

$$\text{-[CH—CH}_2\text{]}_n\text{-}(C_6H_4IF_2) \xrightarrow{C_6H_5CH=CH_2} C_6H_5CH_2CHF_2$$

$$\xrightarrow{\text{1-}C_6H_5\text{-环戊烯}} \text{1,1-二氟-2-}C_6H_5\text{-环戊烷（F, F）}$$

$$\xrightarrow{\text{1-}C_6H_5\text{-环己烯}} \text{1,1-二氟-2-}C_6H_5\text{-环己烷（F, F）}$$

$$\text{-[CH—CH}_2\text{]}_n\text{-}(C_6H_4ICl_2) + \text{环己烯} \longrightarrow \text{1,2-二氯环己烷（Cl, Cl）}$$

2. 高分子酰基化试剂

酰基化反应是把有机化合物中的氨基、羧基和羟基分别生成酰胺、酸酐和酯类化合物。由于这类反应常常是可逆的，为了使反应进行得完全，往往需要加入过量的试剂；反应结束后，过量的试剂和反应产物的分离就成了合成反应中比较耗时的步骤。使用高分子酰基化试剂可以大大简化分离过程。高分子酰基化试剂主要有高分子活性酯和高分子酸酐。

最常用的高分子活性酯的合成如下所示。

$$\text{对甲氧基苯乙烯} \xrightarrow[\text{AIBN}]{\text{DVB}} -\!\![CH-CH_2]_n\!\!-(C_6H_4OCH_3) \xrightarrow{BBr_3} -\!\![CH-CH_2]_n\!\!-(C_6H_4OH) \xrightarrow{HNO_3} -\!\![CH-CH_2]_n\!\!-(C_6H_3(NO_2)OH) \xrightarrow{RCOCl} -\!\![CH-CH_2]_n\!\!-(C_6H_3(NO_2)OCOR)$$

高分子活性酯用于有机合成中的活泼官能团的保护，分别使胺和醇酰化，生成酰胺和酯，如下所示。这类反应在肽的合成、药物合成方面都是极重要的反应。

$$-\!\![CH-CH_2]_n\!\!-(C_6H_3(NO_2)OCOR) \xrightarrow{PhNH_2} R-\overset{O}{\overset{\|}{C}}-NH-Ph$$

$$-\!\![CH-CH_2]_n\!\!-(C_6H_3(NO_2)OCOR) \xrightarrow{PhOH} R-\overset{O}{\overset{\|}{C}}-O-Ph$$

高分子酸酐也是一种很强的酰基化试剂。以聚对羟基苯乙烯为起始原料的合成路线如下所示，也可以用乙烯基苯甲酸聚合后与乙二酰氯得到聚合型酰氯，然后与苯甲酸反应制得。

$$-\!\![CH-CH_2]_n\!\!-(C_6H_4CH_2OH) \xrightarrow[\text{苯}]{COCl_2} -\!\![CH-CH_2]_n\!\!-(C_6H_4CH_2O\overset{O}{\overset{\|}{C}}-Cl) \xrightarrow[\text{三乙胺}(Et_3N)]{RCOOH} -\!\![CH-CH_2]_n\!\!-(C_6H_4CH_2O\overset{O}{\overset{\|}{C}}-O\overset{O}{\overset{\|}{C}}-R)$$

也可以使用离子交换树脂与乙酰氯反应生成混合酸酐，如下所示。混合酸酐是一种更活泼的酰基化试剂。

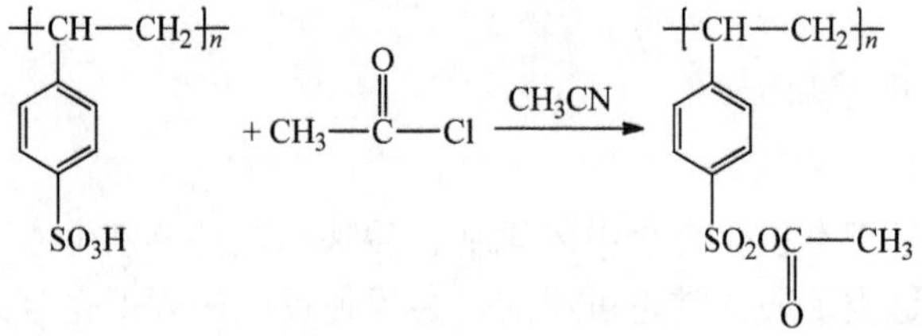

高分子酸酐可以使含有硫和氮原子杂环化合物上的氨基酰基化，而对化合物结构中的其他部分没有影响，如下所示。这种试剂在药物合成中已经得到应用。例如，经酰基化后对头孢菌素中的氨基进行保护，可以得到长效型抗菌药物。

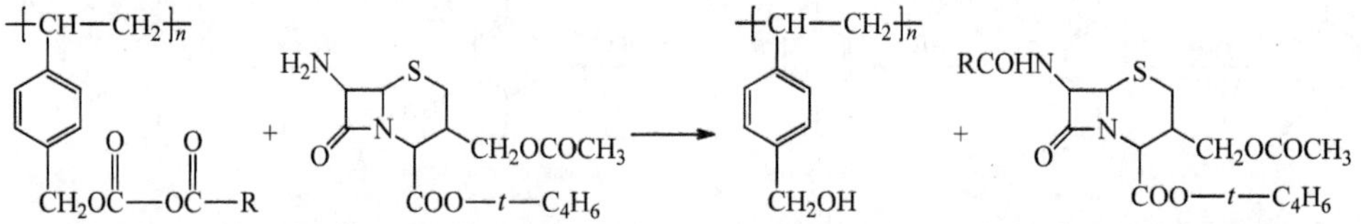

3. 高分子亲核试剂

亲核反应是在化学反应中，试剂的富电子原子或基团进攻反应物中的缺电子原子或基团，使用的亲核试剂多为阴离子或者带有孤对电子和多电子基团的化合物。高分子亲核试剂多数是用离子交换树脂作为载体，通过阴离子亲核剂与载体之间的离子键合作用而形成的。例如，用强碱型阴离子交换树脂浸入 10%～20%KCN 水溶液中，洗涤干燥后就得到含氰的高分子亲核试剂。如果浸入的是 KOCN 水溶液，则得到含异氰酸根的高分子亲核试剂。

高分子亲核试剂通常与含有电负性基团的化合物反应，如卤代烃。氰基高分子亲核试剂在有机溶剂中与卤代烃一起搅拌加热，氰基被转递到卤代烃的碳链上，如下所示。

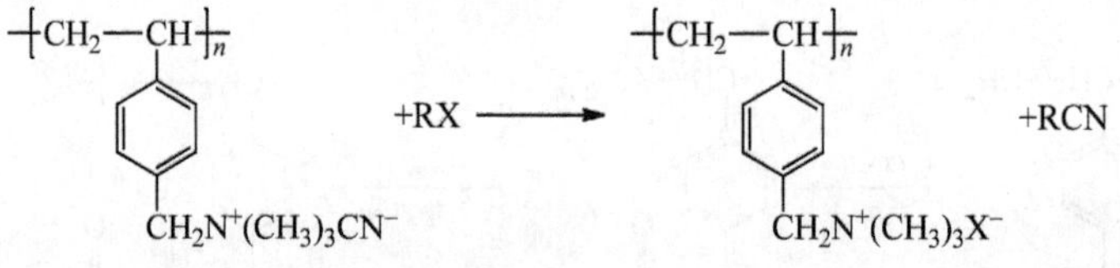

通常，上述反应中卤代烃的分子体积越小，收率越高；对不同的卤素取代物，碘化物的收率高于溴化物和氯化物（RI＞R＞RCl），氟化物不反应。反应后回收的强碱型阴离子交换树脂与 KCN 或 KOCN 水溶液反应再生后可以重复使用。

4. 其他高分子转递试剂

其他高分子转递试剂包括高分子 Witting 试剂、高分子 Ylid 试剂和高分子偶氮转递试剂等。

高分子 Witting 试剂与低分子 Witting 试剂一样，使卤代烃和醛或酮合成烯烃，但克服了产物难以从副产物 Ph_3PO 中分离的问题，副产物残留在高分子载体上，通过过滤就得到产率和纯度都较高的烯烃。

$$-\!\!\!\!\!\!\;[CH_2-CH]_n-(C_6H_4)-PPh_2 + CH_3I \longrightarrow -[CH_2-CH]_n-(C_6H_4)-P^+Ph_2(CH_3)I^- \xrightarrow[B^-]{\text{环己酮}} \text{环己烷}{=}CH_2 + -[CH_2-CH]_n-(C_6H_4)-P(O)Ph_2$$

反应后的高分子 Witting 试剂用还原剂如三氯硅烷再生。

$$-[CH_2-CH]_n-(C_6H_4)-P(O)Ph_2 + Cl_3SiH \longrightarrow -[CH_2-CH]_n-(C_6H_4)-PPh_2$$

高分子偶氮转递试剂含有叠氮官能团，能够使 β-二酮、β-酮酸酯、丙二酸酯等转变为偶氮衍生物。与小分子叠氮化合物相比，高分子偶氮转递试剂的稳定性大大提高，在受到撞击时不发生爆炸。

4.6　高分子催化剂

高分子催化剂是含有催化作用的基团并能对许多化学反应起催化作用的聚合物。催化活性基团既可以位于高分子的主链上，也可以位于高分子的侧链上。大多数高分子催化剂是由具有催化活性的低分子化合物，通过化学键合或物理吸附的方法，固定到高分子上构成的。

4.6.1　高分子配位化合物催化剂

高分子配位化合物催化剂是一种将有机或无机高分子与均相配位化合物以有

机的间隔基及内层配位体为中介而结合成的催化剂。

高分子配位化合物催化剂的原理与一般均相配位化合物催化剂相同。与非均相催化剂相比，因为其能在低温下反应，所以生成物的选择性高。由于使用不溶性高分子配位体，高分子配位化合物催化剂可以使催化剂与反应生成物容易分离而得到回收。根据高分子主链及侧链可以使催化剂中心金属及配位体具有立体效应及协同作用来看，高分子配位化合物催化剂有可能得到在一般均相配位化合物催化剂情况下得不到的新功能（提高反应速率、增加反应的选择性及延长催化剂使用寿命）。图 4-8 是高分子配位化合物催化剂模式图。

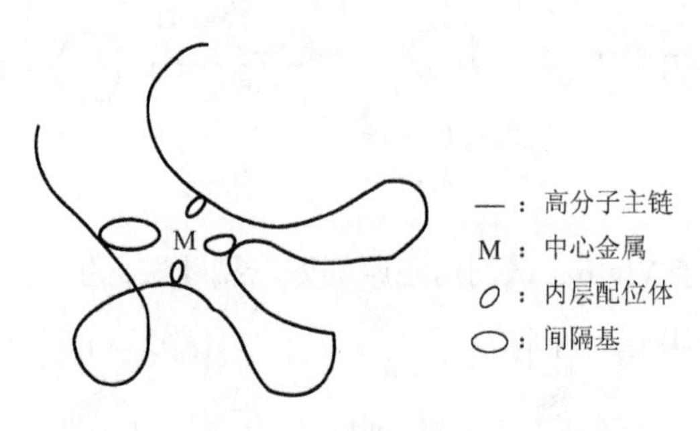

图 4-8　高分子配位化合物催化剂模式图

1. 高分子配位化合物催化剂的合成方法

高分子配位体所用的载体有无机物（硅石、氧化铝等）和有机物（聚苯乙烯和聚吡啶等）两类，前者的特点是耐热性高（＞300℃），配位体的负载量约为有机物的 1/10。后者的耐热性低（＜160℃），但配位体的负载量大，载体种类多，而且高分子配位体的合成也容易，在有机溶剂中可以溶胀，所以适于在有机溶剂的反应中使用。其中使用聚苯乙烯系膦配位体的研究实例较多，有一部分已进入市场。

利用金属给高分子配位体配位，从而形成配位化合物的方法，对于均相配位化合物，可用光或热进行，如 $RHCl(P\text{-}Ph_3)_3$ 及 $Fe(CO)_5$，也可以使用如 $Co_2(CO)_8$ 或 $Ir_4(CO)_{12}$ 等双核或多核的群集配位化合物。

2. 高分子配位化合物催化剂的特点

使用高分子配位化合物催化剂进行反应的种类很多，其特点主要包括以下几点。

（1）催化剂的回收与分离　　将均相配位化合物催化剂固定在高聚物上的首要目的，是提高催化剂的操作效率。因此，许多研究目标是使催化剂和生成物容易分离，并在催化剂回收工艺上达到节能的要求。另外，利用分离方便的优点，可以随意控制反应条件。例如，有人提出用太阳能与降冰片二烯起光化学反应，使之异构化为四环烯，可积蓄化学键能。在此情况下，积蓄于四环烯的化学能，由于四环烯的溶液中含有的高聚物附载 Co（Ⅱ）血卟啉催化剂能任意地加入和取出，所以能够很容易放出热能。

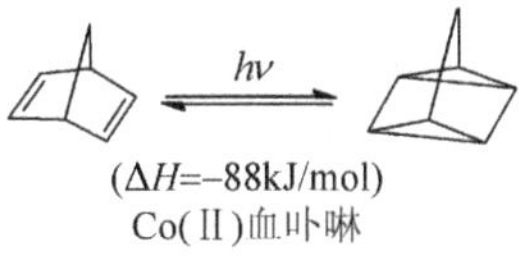

$h\nu$

(ΔH=−88kJ/mol)

Co(Ⅱ)血卟啉

（2）通过稳定活性中间体提高活性　　在使用钛罗烯催化剂进行烯烃的氢化反应时，高分子附载 $CpTiCl_2$ 的活性为低分子 Cp_2TiCl_2 的 20～120 倍。其原因是 $CpTiCl_2$ 的二聚作用，利用高分子链可动性小的特性，钛的配位部分被占用而使 Cp_2TiCl_2 的生成受到限制。

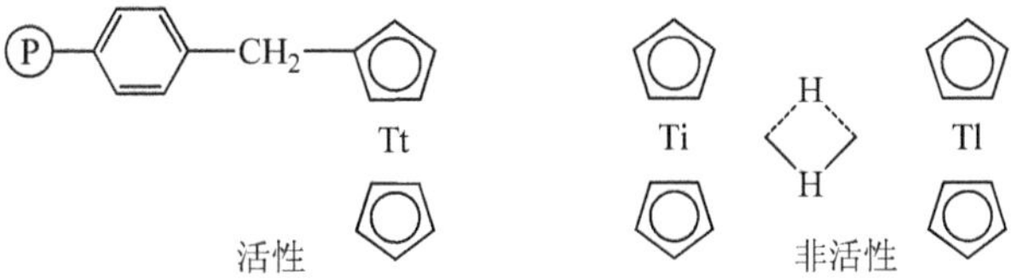

P　CH_2　Tt　Ti　H　H　Tl

活性　　非活性

（3）借助立体效应提高选择性　　在利用 Pd 配位化合物的烯丙胺化反应中，如用 $Pd(PPh_3)_4$ 作催化剂进行如下反应（两种生成物的分子式相同，具有不同的空间伸展方向，生成物中，其质量分数分别是 65%和 35%）。但若改用$(C_6H_4\text{-}CH_2PPh_2)_xPd$ 为催化剂，则可以全部得到完全立体选择性的生成物。

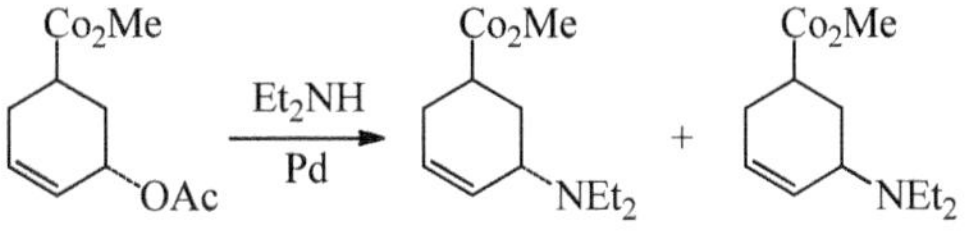

Co_2Me　OAc　$\xrightarrow[Pd]{Et_2NH}$　Co_2Me　NEt_2　+　Co_2Me　NEt_2

高分子配位化合物在具有以上优点的同时，也存在一些缺点。例如，高分子配位体和金属间的键结合有时不是很牢固，金属容易脱出。将低分子的均相配位化合物催化剂载于高聚物上，根据高聚物基体溶胀的程度，将出现扩散速度减慢及活性点可动性下降等情况。

4.6.2 高分子相转移催化剂

1. 多相反应和相转移催化剂

当化学反应中的反应物分别处于不同的液体中，或者一个反应物为液体、另一个反应物为固体，并且互不相溶时，所发生的反应为多相反应。在多相反应中，在每相中总有一种反应物的浓度是相当低的，造成两种分子碰撞概率很低而一般导致反应速率较慢。尽管可以增加搅拌速度以增大两相的接触面积来提高反应速率，但这种方法的作用十分有限。另外一种方法是在反应体系中加入共溶剂，使两相变为一相，但这些溶剂比较贵，而且一般为高沸点物质，反应结束后难以除去。近年来发展的相转移催化剂既能提高反应速率，又能克服共溶剂的缺点。

相转移催化剂（phase transfer catalyst，PTC）一般是指在反应中能与阴离子形成离子对，或者与阳离子形成配合物，从而增加这些离子型化合物在有机相中溶解度的物质。这类物质主要包括亲脂性有机离子化合物（季铵盐和磷鎓盐）和非离子型的冠醚类化合物。

下面以相转移催化剂季铵盐催化氯代烷与氰化钠反应为例说明相转移催化反应（图 4-9）。通常，氯代烷溶于有机相，氰化钠溶于水相，反应速率很慢。加入季铵盐 Q^+Cl^-后，季铵盐与 NaCN 迅速平衡，产生 Q^+CN^-，由于 Q^+中有机链段的亲油性，把亲核试剂 CN^-带入有机相，与氯代烷发生反应生成烷基氰。被取代的 Cl^-被 Q^+Cl^-带入水相，再与 NaCN 迅速平衡。如此循环，直到反应结束。

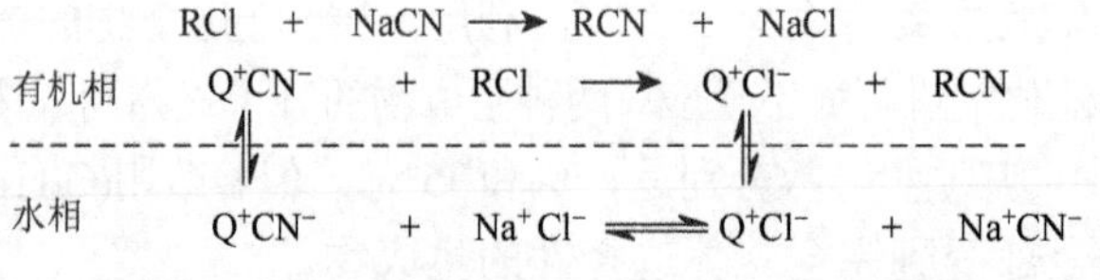

$$RCl + NaCN \longrightarrow RCN + NaCl$$

有机相　$Q^+CN^- + RCl \longrightarrow Q^+Cl^- + RCN$

$\qquad\quad\ \ \updownarrow \qquad\qquad\qquad\qquad\quad \updownarrow$

水相　$Q^+CN^- + Na^+Cl^- \rightleftharpoons Q^+Cl^- + Na^+CN^-$

图 4-9　季铵盐作为相转移催化剂催化氯代烷与氰化钠的反应

2. 高分子相转移催化剂的合成

将低分子相转移催化剂连接到高分子上时，就形成了高分子相转移催化剂。它可以克服反应后难以把低分子相转移催化剂分离出来以获得纯产品的缺点，对价格昂贵的相转移催化剂还可以回收利用。

高分子相转移催化剂与低分子相转移催化剂有所不同的是，催化反应是在液（有机相）-固（树脂相）-液（水相）三相之间进行，而不是在两个不同的液相如有机相和水相二相之间进行。

图 4-10 是高分子季铵盐催化溴戊烷与异硫氰化钾的反应。溶解在水中的 SCN^- 与树脂上的 Br^- 交换进入树脂相，Br^- 进入水相。树脂相的 SCN^- 与有机相的 Br^- 交换进入有机相，并与溴戊烷反应生成异硫氰酸酯。这一过程就是在树脂上侧基 $CH_2P^+Bu_3$ 的帮助下，阴离子 SCN^- 和 Br^- 在水相-固相和固相-有机相界面进行输送，实现了将水中的 SCN^- 输送到有机相，将生成的 Br^- 输送到水相的目的。

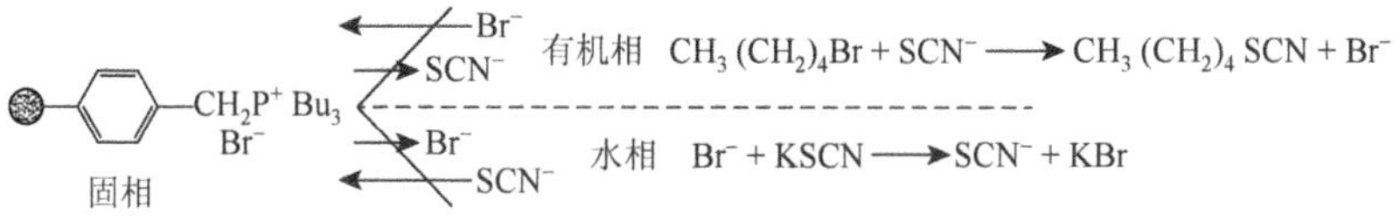

固相：$\text{Ⓟ}-C_6H_4-CH_2P^+Bu_3\ Br^-$

有机相　$CH_3(CH_2)_4Br + SCN^- \longrightarrow CH_3(CH_2)_4SCN + Br^-$

水相　$Br^- + KSCN \longrightarrow SCN^- + KBr$

图 4-10　高分子相转移催化剂催化反应的机理

因此，在液-固-液三相相转移反应中，反应的总活性取决于：①反应物从液相到树脂相催化剂表面的质量转移；②反应物从树脂相表面到相转移催化剂活性中心的扩散速率；③相转移催化剂活性基团的活性度。

总反应活性表现在反应会受搅拌速度、高分子相转移催化剂粒径、树脂交联度、树脂功能基活性、间隔臂长度、反应物结构、盐浓度及溶剂等因素的影响，如图 4-11 所示。

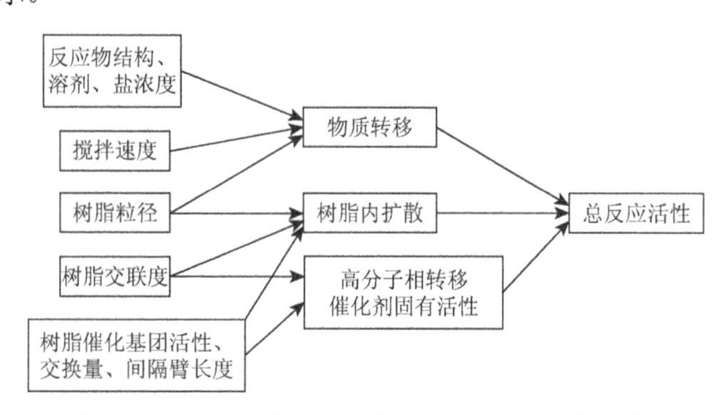

图 4-11　影响高分子相转移催化剂反应活性的因素

当相转移催化活性基团相同时，高分子相转移催化剂的催化活性与相转移催化活性基团距高分子主链的长度有关。下面三种结构的季铵盐对溴戊烷与异硫氰化钠的反应，相转移催化基团离主链越远，相转移催化活性越高。

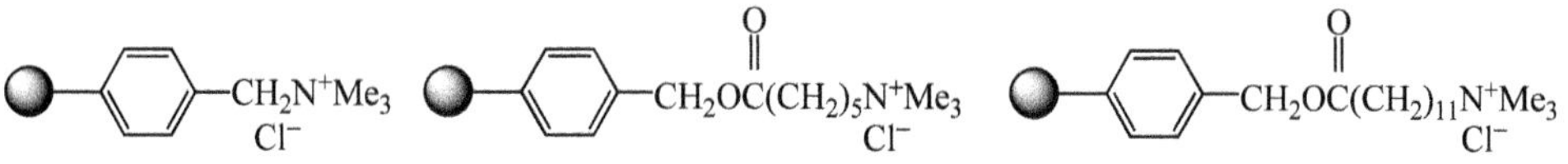

$\text{Ⓟ}-C_6H_4-CH_2N^+Me_3\ Cl^-$　　$\text{Ⓟ}-C_6H_4-CH_2OC(=O)(CH_2)_5N^+Me_3\ Cl^-$　　$\text{Ⓟ}-C_6H_4-CH_2OC(=O)(CH_2)_{11}N^+Me_3\ Cl^-$

最常用的相转移催化剂是季铵盐，季鏻盐次之，聚合物键合的高分子冠醚相转移催化活性最高。

高分子季铵类相转移催化剂的合成过程如下式所示，用聚对氯甲基苯乙烯首先生成聚对胺甲基苯乙烯，然后再与带有季铵基团的酰氯反应获得高分子季铵类相转移催化剂。

$$\left[CH_2-CH\right]_n \text{ (}CH_2Cl\text{)} \xrightarrow{N^-K^+} \xrightarrow{NH_2NH_2} \left[CH_2-CH\right]_n \text{ (}CH_2NH_2\text{)} \xrightarrow{ClC(O)(CH_2)_{10}N^+(CH_3)_3\,Br^-} \left[CH_2-CH\right]_n \text{ (}CH_2NH-C(O)(CH_2)_{10}N^+(CH_3)_3\,Br^-\text{)}$$

高分子季铵类相转移催化剂用聚对氯甲基苯乙烯与三苯膦或 $P(n\text{-}Bu)_3$ 反应制备。

$$\left[CH_2-CH\right]_n\left[CH_2-CH\right]_m \text{ (}CH_2Cl\text{)} + P(n\text{-}Bu)_3 \longrightarrow \left[CH_2-CH\right]_n\left[CH_2-CH\right]_m \text{ (}CH_2P^+(n\text{-}Bu)_3\,Cl^-\text{)}$$

高分子冠醚是需要先合成反应性冠醚，再与高分子反应将冠醚连接到高分子骨架上。

$$\left[CH_2-CH\right]_n\left[CH_2-CH\right]_m \text{ (}CH_2Cl\text{)} \xrightarrow{n\text{-}C_3H_7NHCH_2\text{-}} \left[CH_2-CH\right]_n\left[CH_2-CH\right]_m \text{ (}CH_2NCH_2\text{-, }n\text{-}C_3H_7\text{)}$$

3. 高分子相转移催化剂的应用

（1）催化亲核反应　高分子相转移催化剂对卤代烷反应以及 KI、NaCN、酚钠和乙酸钾等类亲核取代反应有催化作用。

$$n\text{-}C_8H_{17}Br+NaS\text{-}C_6H_4\text{-}CH_3 \xrightarrow{\text{Ⓟ-}C_6H_4\text{-}CH_2N^+Me_3\,Cl^-} n\text{-}C_8H_{17}\text{-}S\text{-}C_6H_4\text{-}CH_3+NaBr$$

$$n\text{-}C_8H_{17}Br+CH_3COO^-K^+ \xrightarrow{\text{Ⓟ-}C_6H_4\text{-}CH_2N(CH_3)\text{-}P[N(CH_3)_2]_2} n\text{-}C_8H_{17}OCCH_3(=O)+KBr$$

（2）催化醚的合成　卤代烷与酚钠的反应在苯/水两相中进行，生成酚醚，用聚环氧乙烷（PEO）作相转移催化剂，反应比不加催化剂快 11 倍，而且随 PEO 相对分子质量的增加，反应速率加快。当 PEO 相对分子质量达到 1×10^4 时，再增加相对分子质量，反应速率不再增加。

（3）催化 Wolff-Kishmer 反应（W-K 反应）　W-K 反应在无相转移催化剂时，反应几乎不能进行。使用带冠醚 18C6 的聚合物、以 KOH 作催化剂，还原产物产率可达 70%。

（4）催化加成反应　在氯仿加成烯烃过程中需要加入氢氧化钠活化氯仿，因此加入相转移催化剂如季铵树脂，使反应能定量进行。

$$R_1R_2C{=}CH_2 + CHCl_3 \xrightarrow[\text{NaOH(水相)}]{\text{Ⓟ}-C_6H_4-CH_2N^+Me_3\ OH^-} R_1R_2C\underset{\diagdown\ \diagup}{-}CH_2\ (CCl_2)$$

（5）催化固液相反应　固液相反应的反应速率慢、产率不高。加入接有季鏻盐的 SiO_2 或含有 18C6 的聚合物作相转移催化剂，产物收率可以达到 95%。

4.6.3　固定化酶

1. 酶的固定方法

酶的固定方法可以分为化学方法和物理方法两类。化学方法是将酶通过化学键连接到合成的或天然的高分子载体上，物理方法是通过载体结合法、包埋法和交联法将酶固定在高分子载体上。

（1）化学方法　用化学方法固定酶时，需要选择反应条件，即避免高温、高压、强酸和强碱，尽量减小酶活性的降低量；同时，应选择酶结构中非催化活性官能团。

在用化学方法固定酶时，作为载体的高分子必须含有与酶中的氨基、羟基、硫醇、咪唑基和苯基等发生反应的基团，如羧基、酸酐、醛基、氨基、异氰酸酯基等，很多时候还需要将这些基团转化为更活泼的酰氯、磺酰氯、叠氮官能团。

下面是几个用化学方法固定酶的示例。

使用聚丙烯酸为高分子载体，先将聚丙烯酸活化为酰氯，再与酶反应。

$$\mathrm{+\!\!\!\!-CH_2-\underset{\displaystyle COOH}{\underset{|}{CH}}-\!\!\!\!+_n \xrightarrow{SOCl_2} +\!\!\!\!-CH_2-\underset{\displaystyle C(=O)Cl}{\underset{|}{CH}}-\!\!\!\!+_n \xrightarrow{E\text{-}NH_2} +\!\!\!\!-CH_2-\underset{\displaystyle C(=O)NH-E}{\underset{|}{CH}}-\!\!\!\!+_n}$$

也可以用 Woodward 试剂活化载体上的羧基，然后再与酶反应。

$$-\!\!\left[CH_2-\underset{COOH}{CH}\right]\!\!_n- \xrightarrow{\text{Woodward 试剂}(C_2H_5-N^+\text{异噁唑}-C_6H_4-SO_3^-)} C_2H_5-NH-\underset{O}{\overset{\|}{C}}-CH=\underset{O-C(=O)-[CH_2-CH]_n}{C}-C_6H_4-SO_3^- \xrightarrow{E\text{-}NH_2} -\!\!\left[CH_2-\underset{C(=O)NH-E}{CH}\right]\!\!_n-$$

聚丙烯酰胺及其共聚物作为高分子载体时，用酰胺的氨基生成比较活泼的叠氮官能团，才能在温和条件下与酶反应。

$$-\!\!\left[CH_2-\underset{C(=O)NH_2}{CH}\right]\!\!_n- \xrightarrow{NH_2-NH_2} -\!\!\left[CH_2-\underset{C(=O)NH-NH_2}{CH}\right]\!\!_n- \xrightarrow{HNO_2} -\!\!\left[CH_2-\underset{C(=O)N_3}{CH}\right]\!\!_n- \xrightarrow{E\text{-}NH_2} -\!\!\left[CH_2-\underset{C(=O)NH-E}{CH}\right]\!\!_n-$$

聚苯乙烯及其共聚物作为高分子载体时，首先在苯基上引入氨基，再将氨基转化为重氮基，含重氮基的聚苯乙烯可以与淀粉糖化酶、胃蛋白酶、核糖核酸酶反应。

$$-\!\!\left[CH_2-\underset{C_6H_4-NH_2}{CH}\right]\!\!_n- \xrightarrow[HCl]{NaNO_2} -\!\!\left[CH_2-\underset{C_6H_4-N_2^+X^-}{CH}\right]\!\!_n- \xrightarrow{E\text{-}NH_2} -\!\!\left[CH_2-\underset{C_6H_4-NH-E}{CH}\right]\!\!_n-$$

使用天然高分子作为固定化酶的载体时，也是利用羟基、氨基等官能团，如在纤维素上固定酶，使用重氮法；或将羧甲基纤维素首先叠氮，再与酶反应；或将多糖的羟基与溴化氰反应后再与酶反应。

（2）*物理方法*　固定化酶的调制法如图 4-12 所示，大致可分为载体结合法、包埋法和交联法。

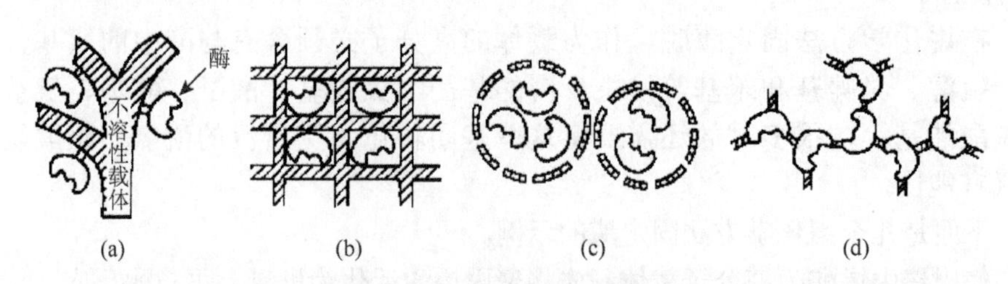

图 4-12　固定化酶的调制法

（a）载体结合法；（b）方格型包埋法；（c）微囊型包埋法；（d）交联法

1）载体结合法：载体结合法中载体的选择很重要。首先，酶的结合量受载体表面积大小的影响。要达到充分的结合量，也就是要使酶结合量提高到载体质量的 5%以上，每克载体应有 100m^2 左右的表面积。因此，载体只能是多孔的。此外，为使 10～15nm 的酶能自由扩散，细孔径必须为 50～100nm。像这种多孔性载体，细孔的深度越深，产生的扩散阻力越大，所以载体的粒度也受到限制，一般应在 50 目以下，最好在 100 目以下。能满足上述要求的载体有玻璃珠、离子交换树脂和纤维素球等。其次，将酶结合在载体上的方法，最近多用双官能性试剂——戊二醛或甲苯二异氰酸酯，使酶与载体结合。这是一种将酶表面上存在的—NH_2 用双官能性试剂夹住并固定在载体表面的—NH_2 或—OH 上的方法。例如，玻璃珠经与末端有—NH_2 的硅烷偶联剂反应，导入—NH_2；离子交换树脂最好采用伯胺型的；纤维素球则是纤维素的—OH 直接参与结合。还有一种结合力虽然弱，但可以很简便地与酶结合，并且可以反复多次使用载体的方法，即用离子吸附的固定化法。这是利用酶在多数情况下为酸性蛋白质的特性，使离子吸附在阴离子交换树脂上的方法。阴离子交换树脂采用季胺型或叔胺型树脂。日本田边制药株式会社在世界上首先开发了酰化氨基酸水解酶的固定方法，采用了二乙氨基乙酯衍生物。预计今后高分子材料作为这些载体的基体材料将日趋重要。

2）包埋法：包埋法又称凝胶固定法，是用丙烯酰胺单体及亚甲基二丙烯酰胺进行凝胶固定化的方法。最近则采用如图 4-13（a）所示的交联剂进行光固化性凝胶固定化法，或从食品卫生上考虑，用 2-羟乙基丙烯酸酯及如图 4-13（b）所示的交联剂固定化的方法。此外，还可对聚乙烯醇或聚乙烯吡咯烷酮水溶液用射线照射，引起交联，从而使酶固定化。

3）交联法：交联法是用具有两个或两个以上官能团的试剂，将酶与酶或酶与白蛋白一类非活性蛋白质，通过交联达到固定化的方法。近来又有在酶、含酶菌体及胶原蛋白的混合液中加入戊二醛进行包埋固定化的方法。

2. 固定化酶的应用

在抗生素生产过程中，适于使用固定化酶的最好实例是青霉素酰基转移酶，国内外已有若干实例报道。固定化青霉素酰基转移酶在青霉素 G 制取 6-氨基青霉烷酸或从苯乙酰-7-ADCA（氨基脱乙酰氧基头孢霉烷酸）制取 7-ADCA 时使用。前者是使用大肠杆菌提取的酶，后者是使用巨大芽孢杆菌提取的酶。

L-天冬氨酸盐在医药上用于心脏病及其他疾病的治疗，其钠盐可当作食品添加剂用来改善果汁等饮料的风味。另外，它也是一种工业原料，用作各种肽，特别是用作带甜味的肽及医药品生产的原料。L-天冬氨酸是用富马酸和氨，加一种叫天冬酶的酶，经过以下化学反应制成的。

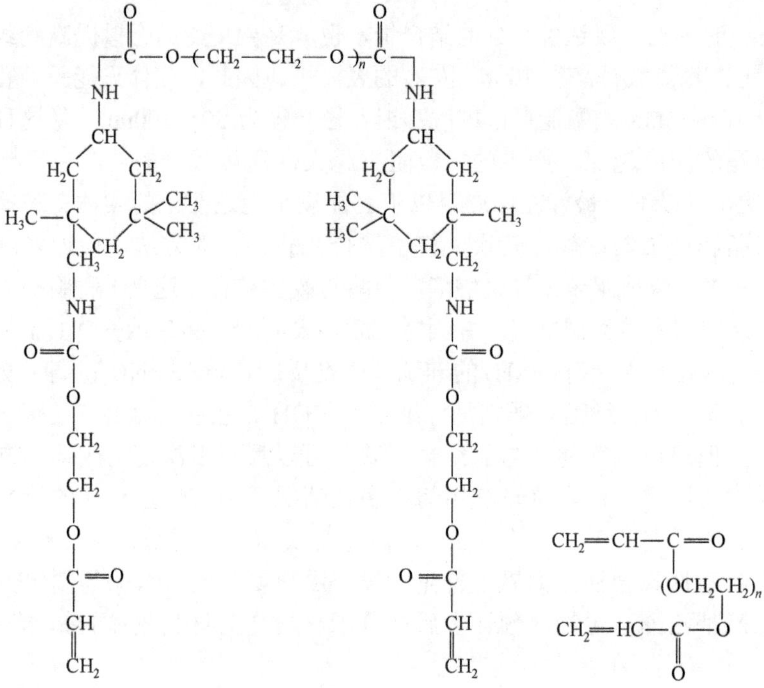

(a)　　(b)

图 4-13　凝胶包埋用交联剂

$$HOOC—CH═CH—COOH + NH_3 \rightleftharpoons HOOC—CH_2—CH(NH_2)—COOH$$

这种酶是大肠杆菌产生的菌体酶，与菌体结合得很牢固。因此，多采用丙烯酰胺将菌体用凝胶包埋法加以固定。现在也有使用藻朊酸或角叉胶等物质的。

L-苹果酸在生物体代谢方面发挥着重要的作用，在医药上用于治疗高血压症及肝功能不全，或用作氨基酸输液的成分之一。在工业规模的生产工艺上，也是将富马酸和水用富马酸酶转换成 L-苹果酸。富马酸酶是从产氨短杆菌（*Brevibacterium ammoniagenes*）中提取的，采用的也是用丙烯酰胺或角叉胶将菌体包埋的方法，有人认为这种固定化方法能提高苹果酸的生产率。

在有色人种的成年人当中，由于不能吸收和消化牛奶中的乳糖而引起腹泻的乳糖不适症，是常见的病症。如果将这种病原物——乳糖用酶水解转换成葡萄糖和半乳糖，加工成容易消化的牛奶则便于饮用。在此情况下，如从微生物中提取活性最高的中性 β-半乳糖苷酶（乳糖分解酶），然后在乙酰纤维素中包埋固定化，就可以连续分解牛奶中的乳糖。

在医疗方面，可利用固定化酶进行诊断。这种酶可以被用于诊断用分析检测器和编入连续自动分析系统。诊断用分析检测器用于定量分析血和尿中的葡萄糖、尿酸和尿素，近来已经改进为小型而且每检体使用时间仅 30s 的高灵敏性检测器。

3. 人工酶

在生物体内，酶是化学反应的催化剂，具有高催化活性和高选择性及无公害等特点。这种催化剂如果能应用在化学工业上，一直需要的高温、高压的生产过程，就可以改在常温、常压下进行，并且可以实现无公害工艺。但是，在反应过程中经常采用有机溶剂类的化工工艺，如果直接使用酶，是很难使其发挥功能作用的，而且耐久性也差，多数场合效果不大。因此，需要合成一种功能与酶类似，在非水相里又能表现出活性，并具有耐久性的化合物——人工酶。人工酶的研究并不单纯是用人工方法重现生物酶的功能，其意义在于要生产出具有超越生物酶功能的人工酶。

对所研究的人工酶，如按其功能进行分类，则如表 4-5 所示。酶在生物体内不仅进行物质的合成和转换，还能参与物质的输送和电子传递等。对人工酶的研究，首先是以用人工方法重现这些酶的功能作为目标，因此要在酶以外的生物体中寻找具有酶的功能或者间接与产生酶的功能有关的物质，这些都会成为研究的对象。因此，具有这些功能的酶，不仅可作为化学反应的催化剂使用，还可用来开发各种功能性材料。例如，作为典型输氧体的血红蛋白，除用于人造血液之外，还可用于酶富集膜，而电子输送体的细胞色素 c 的典型化合物，可用作超导材料。

表 4-5　人工酶的功能与应用

功能		应用
物质输送	氧、一氧化碳、二氧化碳、离子和有机物	人造血液、气体、离子及有机物的分离膜、分离用吸附体
物质转换与合成	水解、氧化、脱氢、氢氧化、还原、加成、异构化、固氮、固定碳酸	各种有机合成催化剂、敏感元件、医药、人工脏器
电子输送	能量转换、光化学反应、电导性	生产氢、光催化、超导材料、分子元件

对天然酶的修饰，如果修饰幅度很大，就会使之成为与原来的酶截然不同的物质。根据所用修饰方法，既可以克服酶原来的缺点，也可以改性为比原来活性更高的酶。其研究的顺序也与人工酶的情况相同，修饰天然酶也可以看成是制取人工酶的方法之一。

在开发人工酶时，首先应该厘清准备开发的酶的结构及作用机理，但人工酶的开发方法因使用目的的不同而异，并不一定要求具备酶的所有功能。对人工酶的开发，有以下三种方法。

（1）重现酶的活性中心结构　首先要弄清天然酶活性中心的立体结构，再以此结构为基础，寻找有活性且具有经过长时间应用仍能继续保持其必要的最低限度结构的化合物，就可以作为人工酶加以合成。但是实际上，想把某种酶的所有功能用一种人工酶来重现，是一件极为困难的事。例如，我们知道血红蛋白是一种输氧体，人们对其血红素的结构、珠蛋白的氨基酸排列及立体结构都做了充分的研究，与氧的结合状态也基本弄清。因此就合成了多种和血红蛋白相比具有同等与氧结合能力的模型化合物。然而，尽管它们在与氧的结合上相同，但在与一氧化碳的结合上却与血红蛋白完全不同。因此就算是弄清了结构，也很难同时重现几种功能。更何况对一般的酶而言，多数连一级结构也未弄清楚，若想重现其所有功能就更加困难。但是，根据使用目的，也有只重现一种功能就可满足需要的情况。例如，上述血红蛋白的模型化合物，如果用作富氧膜的载体，只要有与氧的结合功能即可，甚至对载体的适应性问题都可另作考虑。

（2）利用与酶作用机理相同，而结构不同的化合物　如果能找到结构与酶完全不同，而作用机理与酶相同的化合物，这种化合物可以当作人工酶使用。当前多从现有化合物中寻找与酶具有相同功能的化合物，把这种化合物作为人工酶来进行研究。例如，正在用双（水杨醛）乙二亚胺钴（Ⅱ）配位化合物及四亚乙基五胺铜（Ⅰ）配位化合物取代上述血红蛋白作输氧体。但是，预计将来在弄清楚酶与基体间相互作用的机理之后，结合催化化学，就会合成出具有与酶的功能类似的新化合物。这种人工酶有可能比天然酶的功能还要好。

（3）利用与酶的作用机理不同的化合物　某种化合物即使作用机理与酶完全不同，如果所要求的反应（现象）能与天然酶相同，则这种化合物也可当作人工酶来使用。例如，在人造血液上已经用氟碳化物取代血红蛋白作输氧体。血液中氧的输送机理是利用血红蛋白与氧的结合作用，而氟碳化物则是利用对氧的溶解性。这是因为血液本身即使不用血红蛋白来输氧，正如在高压氧气疗法时所看到的一样，只要能提高氧的溶解性，也可以起到与血红蛋白相同的输氧作用。氟碳化物正是着眼于这一点而开发出来的。但是，若将这种与生物体完全无关的化合物应用于人体，在输氧功能之外，还必须探讨该化合物对人体的毒性和体外排出性等与人体的适应性问题。

第5章　物理功能高分子材料

目前，现代技术对物理功能高分子材料的需求较多，因此物理功能高分子材料发展最快，品种多，功能新，商品化率和实用化率高，在已实用的功能材料中占了绝大部分。

5.1　电功能高分子材料

电功能高分子材料是具有导电性、电活性或热电及压电性的高分子材料。同金属相比，它具有密度低、价格低、可加工性强等优点。电功能高分子材料已经成为功能高分子中的一类重要材料。

5.1.1　结构型导电高分子材料

根据导电载流子的不同，结构型导电高分子材料有两种导电形式：电子导电和离子传导。

1. 电子导电型高分子材料

（1）电子导电型高分子的结构　　目前已知的电子导电聚合物，除了早期发现的聚乙炔外，大多为芳香单环、多环及杂环的共聚或均聚物。部分常见的电子导电聚合物的分子结构见表5-1。

表5-1　典型的结构型导电高分子的结构与室温电导率

高分子名称	缩写	结构式	室温电导率/(S/m)	发现年份
聚乙炔	PA	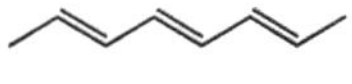	10^5～10^{10}	1977
聚吡咯	PPy	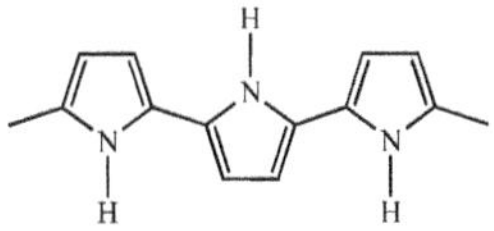	10^{-8}～10^2	1978
聚噻吩	PTH	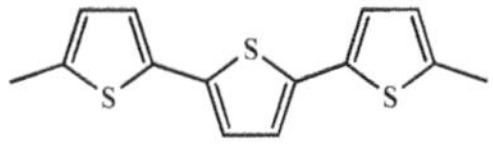	10^{-8}～10^2	1981

续表

高分子名称	缩写	结构式	室温电导率/(S/m)	发现年份
聚对亚苯	PPP		10^{-15}～10^{2}	1979
聚对苯乙炔	PPV	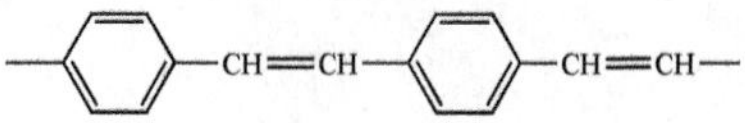 —CH═CH— —CH═CH—	10^{-8}～10^{2}	1979
聚苯胺	PANI	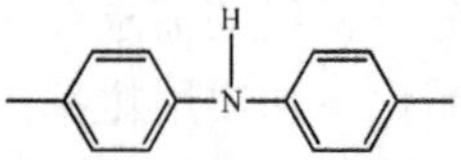 H N	10^{-10}～10^{2}	1985

（2）电子导电聚合物的掺杂　为了提高电子导电聚合物的导电性，往往需要在电子导电聚合物中进行掺杂。掺杂的化学过程和机制如下。

1）电荷转移络合物机制。按这种机制掺杂时，高分子链给出或接受电子，掺杂剂将被还原或氧化，所形成的掺杂剂离子与高分子链形成络合物以保持电中性。

对于掺杂后的掺杂剂进行的结构研究可以表明高分子链与掺杂剂之间的相互作用。聚乙炔的光谱显示，在碘掺杂后，是以阴离子I_3^-或I_5^-的形式存在。在10%的掺杂浓度之前，两种离子的数量几乎相等，但超过10%掺杂浓度后，I_5^-含量增加。在用碘掺杂聚噻吩时，不同方法产生的阴离子的形态不同。在化学法合成的聚噻吩中，阴离子为I_3^-，同时也有游离的I_2存在。而用电化学法制备的聚噻吩用碘掺杂时，则几乎全部以I_5^-的形式存在，I_3^-的含量极少。

2）质子酸机制。质子酸机制是指高分子链与掺杂剂之间并无电子的迁移，而是掺杂剂的质子附加于主链的碳原子上，而质子所带电荷在一般共轭链上延展开来，如图5-1所示。

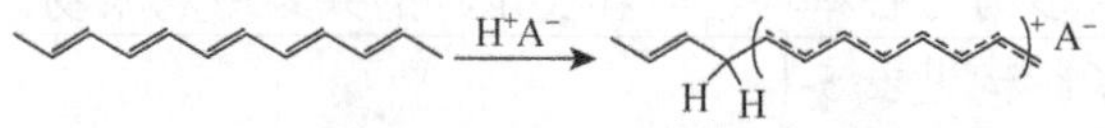

H^+A^-　H H　A^-

图5-1　掺杂聚合物的质子酸导电机制

（3）共轭聚合物的电子导电　尽管共轭聚合物有较强的导电倾向，但电导率并不高。随掺杂量的增加，电导率可由半导体区增至金属区。

能带模型可较直观地说明掺杂导致金属性的原因（图5-2）。当用电子受体掺杂时［图5-2（b）］，受体从共轭聚合物的最高占有能级获得电子，随掺杂的进行在价带顶部出现没有电子的区域而导致金属性。同样，在用电子给体掺杂时［图5-2（c）］，从给体的导带向共轭聚合物的最低空轨道能级注入电子，因而随掺杂的进行形成未填满的能带，结果导致金属性。

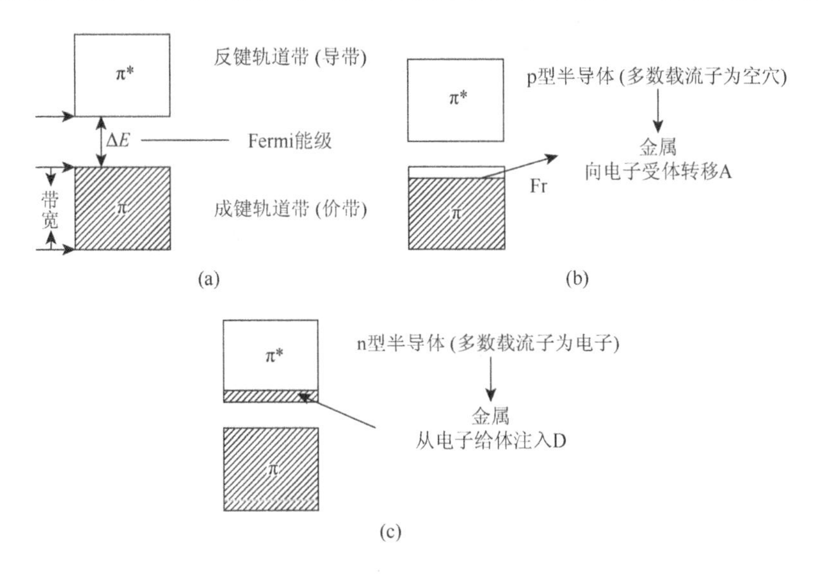

图 5-2　掺杂引起能带变化模式图

（a）掺杂前；（b）电子受体掺杂；（c）电子给体掺杂

从以上模型可以预料，只有能隙小、带宽大的共轭聚合物，才有可能具有较高的导电性。因为能隙小时，离子化电位低，电子亲和力大，容易进行掺杂；带宽大则有利于掺杂后电子的迁移。

掺杂剂的作用有时并不仅仅是上述的电荷转移。对有些本来非共轭性的聚合物，经掺杂后可转变为导电材料，如用五氟化砷（AsF_5）对聚对苯硫醚进行掺杂，研究发现，当掺杂剂浓度较低时，可形成简单的电荷转移络合物，结构式如下。

而当掺杂程度高时，则形成共轭结构的聚苯并噻吩。

显然，这两种结构都有利于导电。

此外，用氯和溴等卤素对聚乙炔掺杂，在掺杂剂浓度较高时，除发生电荷转移反应外，还可能发生取代反应和亲电子加成等不可逆反应，对提高电导率不利。表 5-2 总结了对聚合物进行掺杂时可能发生的各种反应。

表 5-2　共轭聚合物中掺杂剂引起的反应

反应类型		举例	特征
可逆	电子转移	$3AsF_5 + 2e^- \longrightarrow 2AsF_6^- + AsF_3$	电导率增加
	分子间交联		电导率增加
不可逆	分子内交联	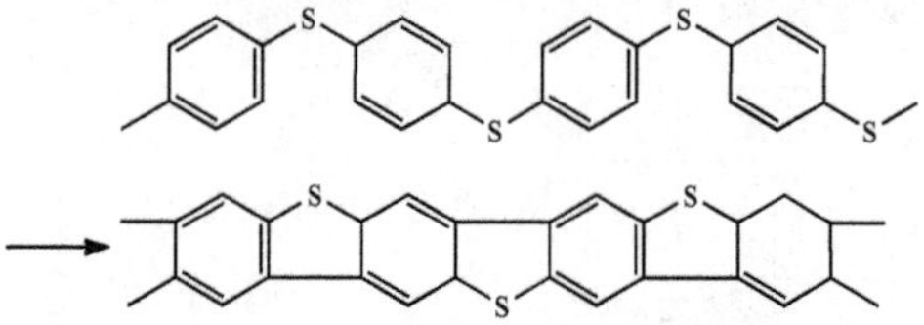	共轭作用增加，电导率增加
	亲电子加成	$—CH{=}CH— + X_2 \longrightarrow —\underset{H}{\overset{X}{C}}—\underset{X}{\overset{H}{C}}—$	共轭体系消失，电导率下降
	取代反应	$—CH = CH— + X_2 \longrightarrow —CH = CX—$	共轭受阻，电导率下降

（4）**电荷转移型聚合物导电材料**　　高分子电荷转移络合物又分为两类：一类是由主链或侧链含有 π 电子体系的聚合物与小分子电子给体或受体所组成的非离子型或离子型电荷转移络合物，又称为中性高分子电荷转移络合物；另一类则是由侧链或主链含有正离子自由基或正离子的聚合物与小分子电子受体所组成的高分子离子自由基盐型络合物。

1）中性高分子电荷转移络合物：一般的中性高分子电荷转移络合物的电导率都非常小，比相应的低分子的电导率要小得多，这些络合物的电导率一般都低于 10^{-2}S/m，这是由于高分子较难与低分子电子受体堆砌成有利于 π 电子交叠的规则型紧密结构。其原因可归结为高分子链的结构与链排列的高层次结构存在不同的无序性及取代基的位阻效应。

2）高分子离子自由基盐型络合物：高分子离子自由基盐型络合物可以分为以下两种类型：一种是电子给体型聚合物与卤素、Lewis 酸等形成的正离子自由基盐型络合物；另一种是正离子型聚合物与四氰代对二亚甲基苯醌（TCNQ）等低分子电子受体的负离子自由基所形成的负离子自由基盐型络合物。

正离子自由基盐型络合物中由卤素或 Lewis 酸等比较小的电子受体掺杂剂所得的络合物导电性大都良好，高分子电子给体向卤素发生电子转移，形成了正离子自由基与卤素离子。一般来说是部分电子给体变成了正离子自由基，处于部分氧化状态（混合原子价态），这样的材料会出现高导电性。由于聚合物是非晶的，结构的无序所引起的电导率下降是不可避免的。络合后的聚合物不熔、不溶、难以成膜，但其优点是可以在成膜的状态下提高电导率，并可以由通过的电量来控制掺杂量。

负离子自由基盐型络合物中一般选 TCNQ，其为负离子自由基，研究工作集中在能使 TCNQ 负离子自由基在其中可排列成柱的正离子主链聚合物。这类络合物可以制成薄膜，作为电容、电阻材料使用。这种由薄膜制成的电容有很高的储能容量，也可以成膜或作为导电涂料。

（5）金属有机聚合物的导电性　金属有机聚合物的导电性很早就受到了人们的注意和研究，现已成为很有特色的一大类导电高分子。根据它们的结构形式和导电机理，可将其分为三种类型，下面分别介绍。

1）主链型高分子金属络合物：由含共轭体系的高分子配位体与金属构成的主链型络合物，是金属有机聚合物中导电性较好的一类。它们是通过金属自由电子的传导性导致高分子链本身导电的，因此是一种真正意义上的导电高分子。以下是几个较为典型的例子。

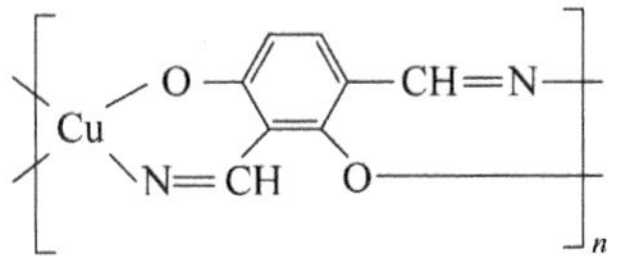

$$\sigma = 10^{-5}\text{S/cm}$$

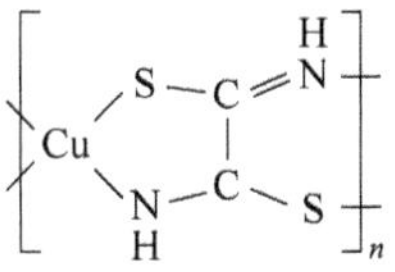

$$\sigma = 4\times10^{-6}\text{S/cm}$$

它们的导电性往往与金属种类有较大关系。例如：

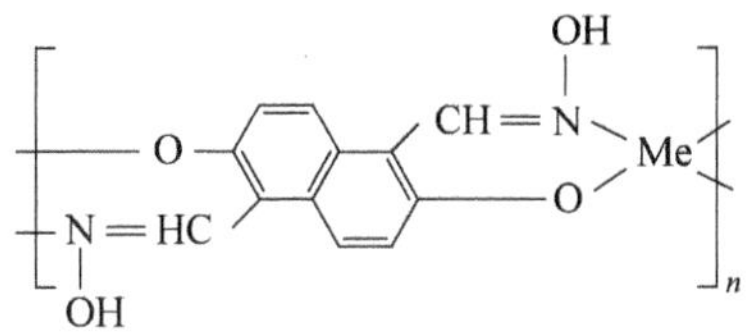

$$\text{Me} = \text{Cu}, \sigma = 4\times10^{-5}\text{S/cm}$$

$$\text{Me} = \text{Ni}, \sigma = 4\times10^{-5}\text{S/cm}$$

$$\text{Me} = \text{Pd}, \sigma = 4\times10^{-6}\text{S/cm}$$

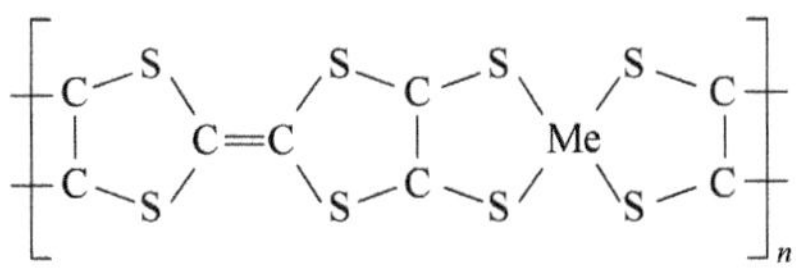

$$Me = Cu, \sigma = 1\times10^{-1} S/cm$$
$$Me = Ni, \sigma = 3\times10^{-1} S/cm$$
$$Me = Pd, \sigma = 9\times10^{-2} S/cm$$
$$Me = Fe, \sigma = 1\times10^{-5} S/cm$$

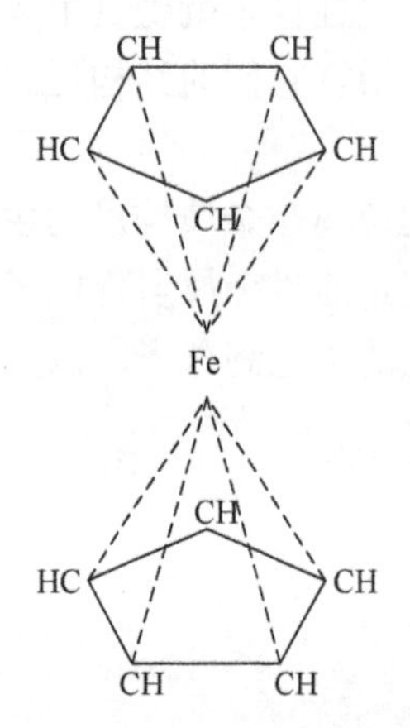

图 5-3 二茂铁结构示意图

主链型高分子金属络合物都是梯形结构，其分子链十分僵硬，因此成型加工十分困难。这是近年来这类导电高分子发展比较缓慢的主要原因。

2）二茂铁型金属有机聚合物：二茂铁是环戊二烯与亚铁的络合物，结构如图 5-3 所示。将二茂铁以各种形式引入各种聚合物链中，就得到一系列的二茂铁型金属有机聚合物。

二茂铁型金属有机聚合物本身的导电性并不好，电导率为 10^{-14}～10^{-10}S/cm。但若用 Ag^{+}、苯醌、HBF_4、二氯二氧基对苯醌（DDQ）等温和的氧化剂部分氧化后，电导率可增加 5～7 个数量级。例如，聚乙烯基二茂铁和聚乙炔基二茂铁的电导率分别为 4×10^{-14}S/cm 和 10^{-10}S/cm，经部分氧化后，电导率分别上升为 4×10^{-8}S/cm 和 10^{-5}S/cm。

二茂铁型金属有机聚合物的电导率随氧化程度的提高而迅速上升，但通常以氧化度为 70%左右时电导率最高，见表 5-3。

表 5-3 氧化度对二茂铁型金属有机聚合物电导率的影响

氧化度*/%	氧化剂/聚合物结构单元	电导率/（S/cm）
0	—	5×10^{-12}
59	苯醌：0.125　HBF_4：0.25	6×10^{-8}
68	苯醌：0.25　HBF_4：0.5	2×10^{-7}
73	苯醌：0.5　HBF_4：2	2×10^{-6}
98	苯醌：0.5　HBF_4：10	5×10^{-8}

注：*指二茂铁型金属有机聚合物中被氧化的 Fe 的百分比

分子链中二茂铁基密度明显影响导电性。例如，聚-(3-乙烯双富瓦烯二铁)用 TCNQ 氧化，得到电导率为 6×10^{-3}S/cm 的导电高分子，用 36%的苯乙烯与之共聚，电导率降低两个数量级，即 2.5×10^{-5}S/cm。

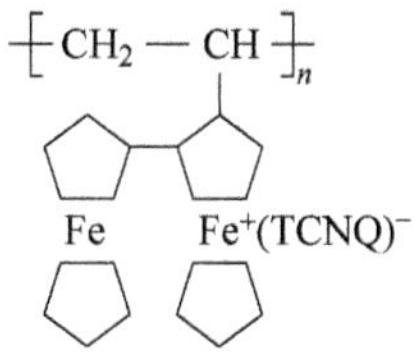

$\sigma = 6\times10^{-3}$S/cm

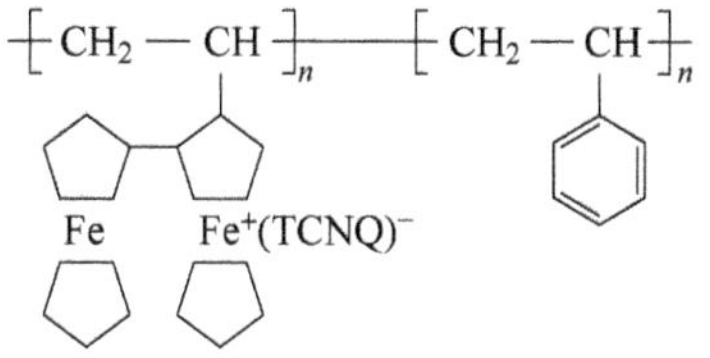

$\sigma = 2.5\times10^{-5}$S/cm

主链型二茂铁型金属有机聚合物通常具有较好的导电性，若将电子受体 TCNQ 引入分子主链中，更可提高电导率。但主链型二茂铁型金属有机聚合物的加工性不好，限制了它们的发展。

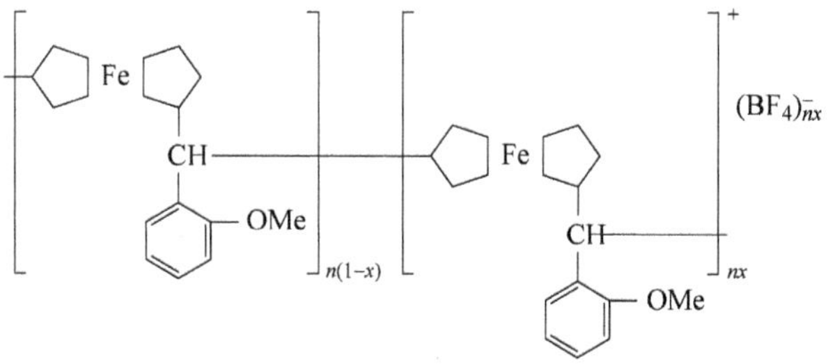

$\sigma = 2\times10^{-4}$S/cm$(x = 0.73)$

$\sigma = 2.5\times10^{-5}S/cm(x = 0)$

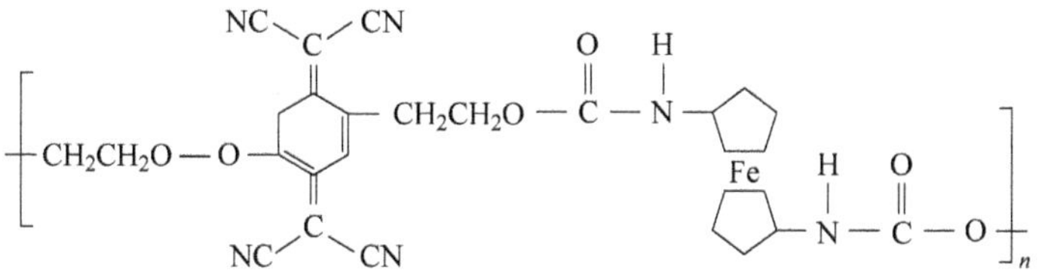

$\sigma = 3.3\times10^{-3}$S/cm

二茂铁型金属有机聚合物的价格低廉，来源丰富，有较好的加工性和良好的导电性，因此是一类有发展前途的导电高分子。

3）金属酞菁聚合物：金属酞菁聚合物的导电性是 1958 年由沃夫特（Woft）等发现的。几十年来，人们对这个结构庞大的杂卟吩型聚合物进行了极为深入的研究，已经得到了一系列导电金属酞菁聚合物。

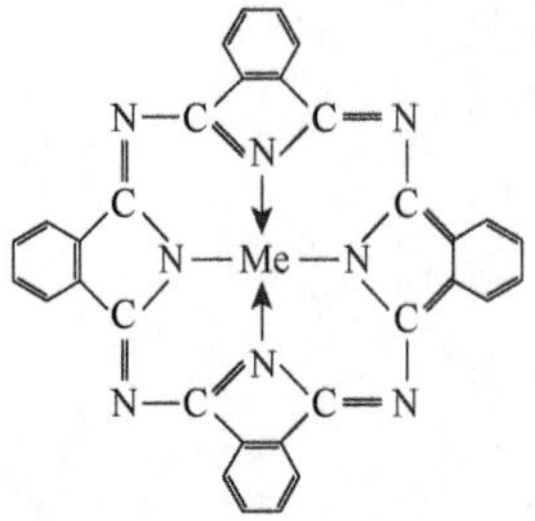

图 5-4　酞菁基团的结构图

金属酞菁聚合物的共同特点是分子中含有庞大的酞菁基团，它们具有平面状的 π 体系结构。中心金属的 d 轨道与酞菁基团中 π 轨道相互重叠，使整个体系形成一个硕大的大共轭体系。这种大共轭体系的相互重叠则导致了电子的流通。酞菁基团的结构如图 5-4 所示。常见的中心金属有 Cu、Ni、Mg、Al、Ga、Cr、Sn 等。

由于共轭体系的导电性与分子质量有密切关系。分子质量大，π 电子数量多，导电性就较好。因此，通过不同方法合成的同一结构金属酞菁聚合物，由于分子质量不同，电导率可差别很大。例如，由四氰基苯聚合得到的金属酞菁聚合物的分子质量比由均苯四酸酐聚合得到的高，且共平面性较理想，故电导率大 4～5 个数量级。

四氰基苯酞菁聚合物：相对分子质量(M) = 5000～10 000，$\sigma = 10^{-3}$～10^{-1}S/cm。均苯四酸酐酞菁聚合物：$M = 3000$～6000，$\sigma = 10^{-8}$～10^{-6}S/cm。

2. 离子导电型高分子材料

（1）固体电解质导电机理　莫特（Mort）和古尔纳（Gurney）等在对大量固体电解质研究的基础上，提出了晶体裂缝引起离子导电的机理。他们认为，晶体裂缝是引起离子导电的原因。裂缝有两种形式，即 Frenkel 裂缝和 Schottky 裂缝（图 5-5）。

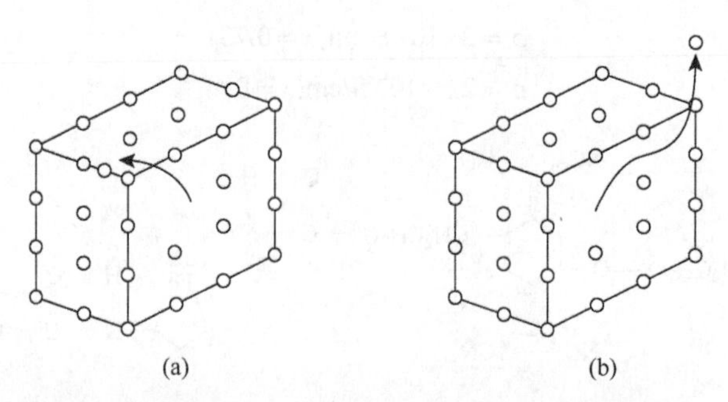

图 5-5　晶体中 Frenkel 裂缝（a）和 Schottky 裂缝（b）

在 Frenkel 裂缝的形成过程中，处于电场中的离子从其晶格点阵中跃迁到晶格点阵的间隙上。裂缝数目（n）可用式（5-1）表示。

$$n=(N_0-N')^{\frac{1}{2}}\exp\left(-\frac{1}{2}\frac{W_F}{kT}\right) \tag{5-1}$$

式中，N_0为原子总数；N'为填入裂缝的原子数；W_F为一个原子进入间隙状态的内能；k为 Boltzman 常量；T为热力学温度。

Schottky 裂缝则是由离子从晶格点阵中跃出形成空穴造成的。裂缝数目表达式为

$$n=(N_0-N')^{\frac{1}{2}}\exp\left(-\frac{1}{2}\frac{W_S}{kT}\right) \tag{5-2}$$

式中，W_S为离子跃出晶格点阵的内能。

在上述两种裂缝中，两种效应往往同时对材料的导电性发生影响，但以一种为主。如果外电场的势垒为U_0，频率为ν，则电导率为

$$\sigma=\left(\frac{Kn\nu e^2\alpha^2}{kT}\right)\exp\left(-\frac{1}{2}W_0-\frac{U_0}{kT}\right) \tag{5-3}$$

式中，K为平衡常数；n为裂缝数目；e为离子所带的电荷；α为电场势垒的宽度；W_0为热力学温度为零时的内能。

电解质的电离是平衡反应，可用下式表示。

$$\underset{(1-f)n_0}{\text{AB}} \rightleftharpoons \underset{fn_0}{\text{A}^+} + \underset{fn_0}{\text{B}^-}$$

式中，n_0为电解质起始状态的数目；f为解离程度。

平衡常数为

$$K=\frac{[\text{A}^+][\text{B}^-]}{[\text{AB}]}=\frac{f^2n_0}{1-f} \tag{5-4}$$

当离解度很小时，$1-f\approx 1$，则

$$f=\left(\frac{K}{n_0}\right)^{\frac{1}{2}} \tag{5-5}$$

如果用μ_+和μ_-分别表示正、负离子的迁移率，e表示离子的电荷量，则电导率为

$$\sigma=fn_0e(\mu_++\mu_-) \tag{5-6}$$

将式（5-5）代入式（5-6），则得

$$\sigma=(Kn_0)^{\frac{1}{2}}e(\mu_++\mu_-) \tag{5-7}$$

式（5-3）和式（5-7）分别表明了裂缝数目和载流子迁移率对电导率的影响。同时，外电场强度、频率及环境温度都对电导率有影响。

（2）高分子电解质及其导电性　　高分子电解质的导电性主要体现在高分子离子的对应反离子作为载流子而显示离子传导性。

在纯粹的高分子电解质固体中，由于离子的数目和迁移率都比较小，因此导电性一般不大，通常电导率为 10^{-12}～10^{-9}S/cm。但环境湿度对高分子电解质的导电性影响很大。相对湿度越大，高分子电解质越易解离，载流子数目越多，电导率就越大。图 5-6 为不同的高分子电解质的表面电阻与相对湿度的关系。不难看出，随相对湿度的增加，材料的导电性也随之增加，高分子电解质的这种电学特性，被用作电子照相、静电记录等纸张的静电处理剂，具有重要的工业意义。

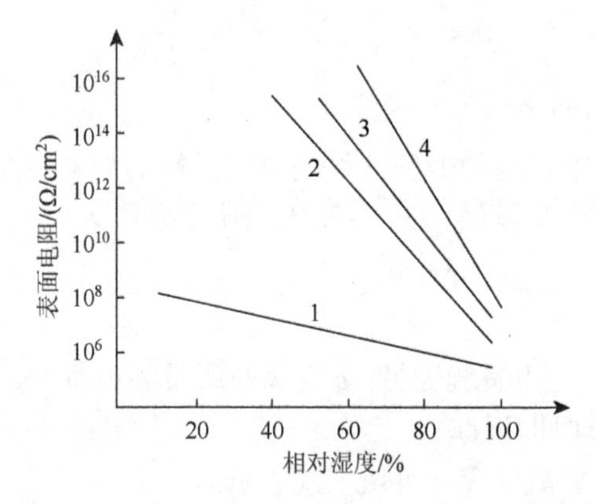

图 5-6　不同的高分子电解质的表面电阻与相对湿度的关系

1. 聚氯化 *N*, *N'*-二甲基二丙烯基胺；2. 聚丙烯酸钠；3. 聚丙烯酸铵；4. 聚丙烯酸

由于高分子电解质的电导率不高，工业上主要用作纸张、纤维、塑料、橡胶、录音录像带、仪表壳体等的抗静电剂。例如，在涤纶、丙纶中混入少量聚氧乙烯后（0.1%～1%）进行纺丝，可制得抗静电纤维。用这种纤维制成服装，对电磁波有良好的屏蔽作用；制成地毯，具有不易沾污的优点。在塑料中加入高分子电解质制成的抗静电塑料，抗静电剂不易迁移，耐久性好。

5.1.2　复合型导电高分子材料

复合型导电高分子材料是在通用树脂中加入导电性填料、添加剂，采用一定的成型方法而制得的。其具有质量轻、易成型、导电性与制品可一次完成、电阻率可调节（10^{-3}～10^{10}Ω·cm）、总成本低等优点，在能源、纺织、轻工、电子等领域应用广泛。

1. 复合型导电高分子材料的导电原理

复合型导电高分子内部的结构有以下三种情况（图 5-7）。

1）一部分导电颗粒完全连续地相互接触形成导电回路，相当于电流通过一个电阻。

2）部分导电颗粒不完全连续接触，其中互不接触的导电颗粒之间由于隧道效应而形成电流通路，相当于一个电阻与一个电容并联后再与电阻串联。

3）部分导电颗粒完全不连续，导电颗粒间的聚合物隔离层较厚，是电的绝缘层，相当于电容。

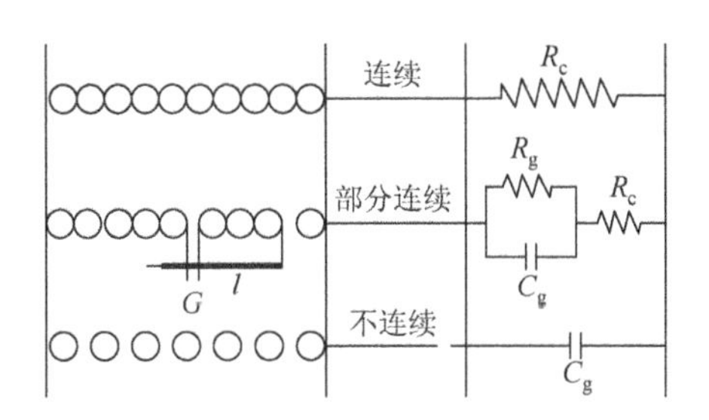

图 5-7　复合型导电高分子的导电原理

从导电原理可以看出，在保证其他性能符合要求时，为了提高导电性，就应增加填料用量。但这种用量与导电性的关系并不呈线性，而是按指数规律变化，这种规律可用下式表示。

$$R = \exp(a / W)^p$$

式中，R 为材料的体积电阻；W 为填料的质量分数；a、p 分别为由填料和橡胶种类决定的常数。

2. 添加炭黑型导电聚合物

如果把炭黑的结构、用量看成是实现材料导电化的主观因素，那么复合技术就是实现材料导电化的客观条件。复合技术主要有以下几个方面。

（1）炭黑的表面处理　　为提高炭黑的分散性及其与树脂的亲和力，需要采用适当的助剂进行表面处理。

（2）混炼　　在选用的高聚物与炭黑及其用量确定以后，材料的导电性就取决于炭黑的分散状态及链锁的形成情况。在进行混炼时往往最容易破坏炭黑的结构而影响导电性。这就需要选择适当的加工设备和手段。

混炼的目的，除了保证后续加工的顺利进行外，从导电性来看，还应保证炭黑在聚合物中得到充分的分散。一般的混炼都是用密炼机进行，而为达到充分分散的目的，往往容易随意延长混炼时间和转数。因此，应认识到混炼时间与分散程度对导电性的影响，使用一个最佳混炼时间，以保证良好的分散性，从而也就得到良好的导电性。

图 5-8 为丁苯橡胶中加入导电炭黑后，其混炼时间与分散性和导电性的关系。

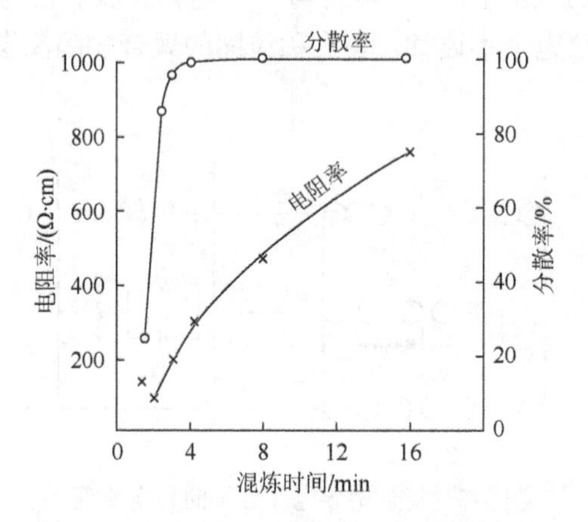

图 5-8　混炼时间与分散性和导电性的关系

（3）熟化　　经混炼后的半成品一般并不立即成型制成制品，而是要经过一定时间存放或高温处理后才能成型，这种混炼后的处理过程称为熟化。不同的熟化条件对导电性的影响显著不同。即经过熟化以后体积电阻上升，而且这种上升是随着时间的延长而不断增加，温度的影响则不太大。

（4）成型时间　　成型时间不仅是决定导电高分子材料物理性能的重要工艺因素，也是决定其导电性的因素。添加乙炔炭黑的氯丁橡胶随着硫化时间的延长，导电性增加。

（5）成型温度　　在高分子材料成型工艺中，成型温度往往与成型时间一起综合考虑。一般升高温度就相应缩短时间，而降低温度则应延长时间。那么当时间一定时，随着温度的升高，导电性变好。

5.1.3　典型的导电高分子材料及应用

1. 抗静电材料

利用导电高分子的半导体性质，可以将其与高分子母体结合制成表面吸附或填充型等形式的抗静电材料。

以导电高分子为抗静电剂的高分子抗静电材料从根本上解决了以小分子抗静电剂制成的高分子抗静电材料相容性差导致的力学性能下降和抗静电性能不稳定的问题，

同时，材料的颜色、抗静电剂的用量等都优于以小分子抗静电剂制成的高分子抗静电材料，特别是聚苯胺在制备抗静电纤维和抗静电涂料方面有很好的开发应用前景。

2. 发光电化学池

发光电化学池（light-emitting electrochemical cell，LEC）与常规的高分子发光二极管（PLED）相比，具有下列特点和优点：①不需要使用氧化铟锡（ITO）和活泼金属电极，不要求电极功函数与材料能级的匹配，因而器件制备工艺简单、成本低；②它的有效发光方向与施加的外电场垂直；③启动电压很低，基本上对应于导电聚合物的能隙；④发光效率高；⑤发光行为与电场方向无关，正负偏压都同样发光；⑥器件寿命相对较长。

LEC 的发光材料是电子聚合物与高分子电解质的复合体系。电子聚合物一般是非极性的，高分子电解质一般是强极性的，两者复合，有很复杂的相行为。与 PLED 中的多功能材料相似，在 LEC 研究中，也有人试图合成兼具导电/发光和电解质功能的材料，以消除两者相分离带来的影响。

3. 金属防腐与防污

导电高分子聚苯胺和聚吡咯等在钢铁或铝表面形成均匀致密的聚合物膜，通过电化学防腐、隔离环境中的氧和水分的化学防腐共同作用，可有效地防止各种合金钢和合金铝的腐蚀，膜下金属得到有效的保护。

5.2　光功能高分子材料

光功能高分子材料是指在光的作用下能够产生某些特殊物理或化学性能变化的高分子材料。光功能高分子材料是功能高分子中一类重要的材料，包括的范围很广，如光致抗蚀剂、光导电高分子、光致变色高分子、高分子光导纤维、高分子光稳定剂和高分子光能转换材料等。

近年来，对光功能高分子材料的研究有了快速发展，成为光化学和光物理科学的重要组成部分，在功能材料领域占有越来越重要的地位。

5.2.1　感光高分子材料

所谓感光功能，是指材料吸收光能之后，在分子内或分子间迅速发生化学或物理变化而显示出的功能。

1. 感光高分子的分类

感光高分子品种繁多，应用很广。目前常用的分类方法有以下几种。

1）根据光反应的类型分为光交联型、光聚合型、光氧化还原型等。

2）根据感光基团的种类分为重氮型、叠氮型、肉桂酰型等。

3）根据物性变化分为光致不溶型、光致溶解型、光降解型等。

4）根据聚合物骨架种类分为聚乙烯醇型（PVA）、尼龙型、氨基甲酸酯型等。

5）根据聚合物组分可分为感光性化合物和聚合物混合型、具有感光基团的聚合物型、光聚合组成型等。

2. 光化学反应

在实际材料中，把光吸收时直接参与吸收的单元——发挥作用的原子团，称为光发色团（chromophore）。光发色团一方面是吸收光能的窗口，同时在多数情况下，也可以说是参与下一步光反应的光功能材料的核心部分，在这种场合，也称为光感应基或感光基。在感光高分子材料中，光感应基的导入大致可以分为主链导入型、侧链导入型和混合型，如图 5-9 所示。

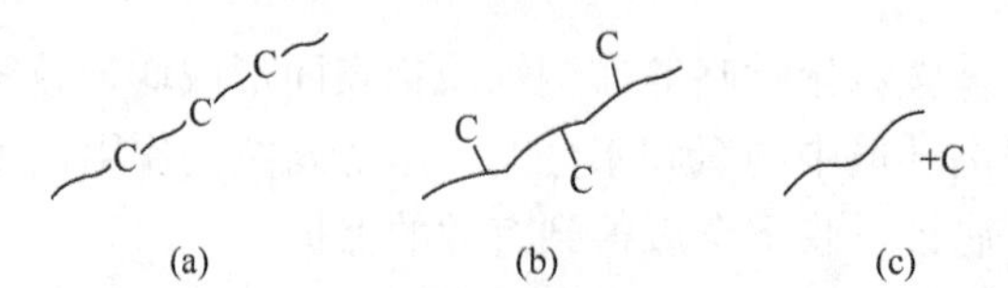

图 5-9　光敏高分子材料中光感应基的导入方式

（a）主链导入型；（b）侧链导入型；（c）混合型

开展光功能材料的研究，当然应该首先掌握有机光化学反应。典型的光化学反应如图 5-10 所示，重要的感光基团见表 5-4。

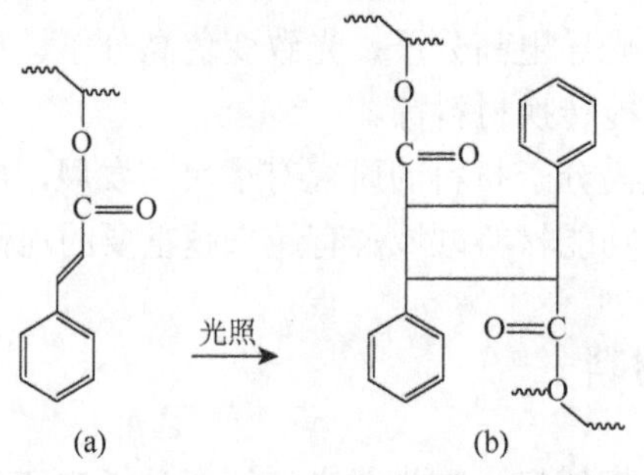

图 5-10　光刻胶的环化加成二聚反应

（a）可溶性胶；（b）不溶性胶

表 5-4　重要的感光基团

基团名称	结构式
烯基	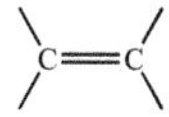 $>C=C<$
丙桂酰基	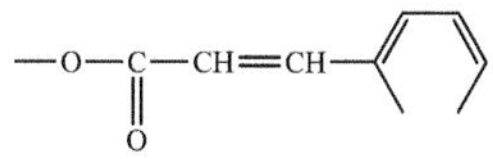 $-O-\overset{\overset{O}{\parallel}}{C}-CH=CH-C_6H_5$
肉桂叉乙酰基	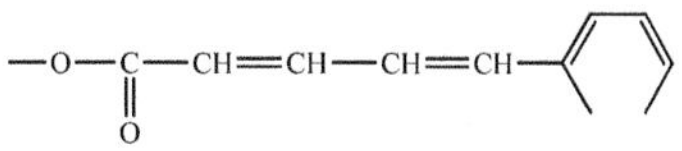 $-O-\overset{\overset{O}{\parallel}}{C}-CH=CH-CH=CH-C_6H_5$
苄叉苯乙酮基	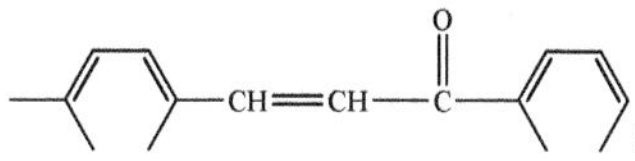 $-C_6H_4-CH=CH-\overset{\overset{O}{\parallel}}{C}-C_6H_5$ 或 $-C_6H_4-\overset{\overset{O}{\parallel}}{C}-CH=CH-C_6H_5$ 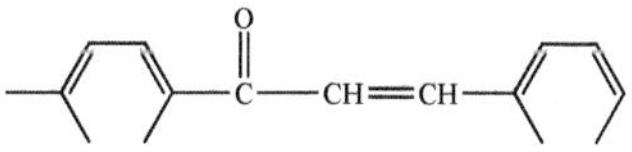
苯乙烯基吡啶基	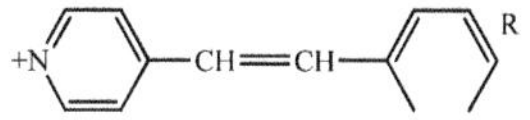 $^{+}N{\langle}C_5H_4{\rangle}-CH=CH-C_6H_4-R$
α-苯基马来酰亚氨基	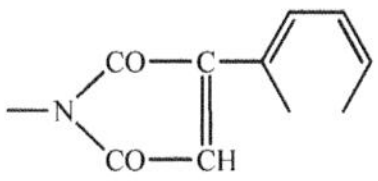 $-N<\begin{matrix}CO-C-C_6H_5\\ \quad\ \ \parallel\\ CO-CH\end{matrix}$
叠氮基	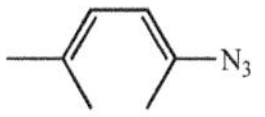 $-C_6H_4-N_3$
重氮基	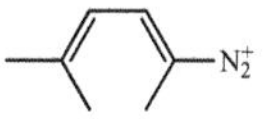 $-C_6H_4-N_2^+$

（1）环化加成二聚反应

$$4\ C_6H_5-CH=CH-\overset{\overset{O}{\parallel}}{C}-OH \xrightarrow{h\nu} \begin{matrix}C_6H_5-CH-CH-COOH\\ \qquad\ \ |\quad\ \ |\\ HOOC-CH-CH-C_6H_5\end{matrix} + \begin{matrix}C_6H_5-CH-CH-COOH\\ \qquad\ \ |\quad\ \ |\\ C_6H_5-CH-CH-COOH\end{matrix}$$

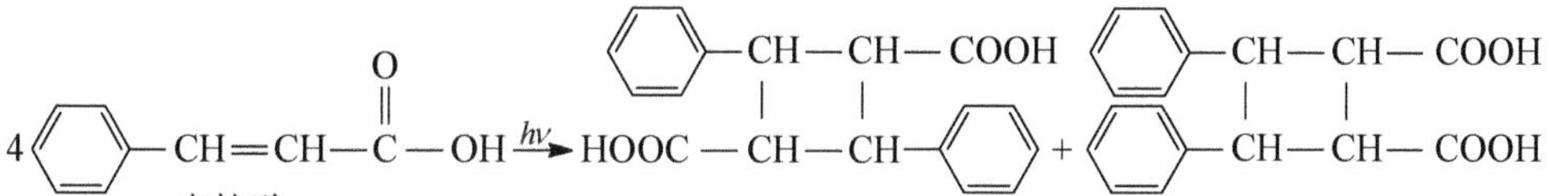

肉桂酸

用光照射肉桂酸结晶则生成二聚物，将肉桂酸导入可溶性线型高聚物（如聚乙烯醇）的侧链。将生成的聚乙烯醇肉桂酸酯用光照射，则向不同主链导入的肉桂酰基的二聚反应，引起高聚物交联化，使其溶解度下降。经光照射使得特定图像成像，再用溶剂显像，就可以形成有高分子被膜的图像。因此，在集成电路或印刷电路线路板等精细加工技术上，光敏高分子材料担任了重要的角色，对其后许多光敏高分子材料的开发起了推动作用。

（2）消去反应　　由于重氮盐是离子型的，这类感光高分子具有水溶性。受光照后，重氮盐基分解，生成以极性较小的共价键相连的基团，从而使这类高分子变成水不溶的。例如，聚丙烯酰胺重氨树脂的光化反应过程如下。

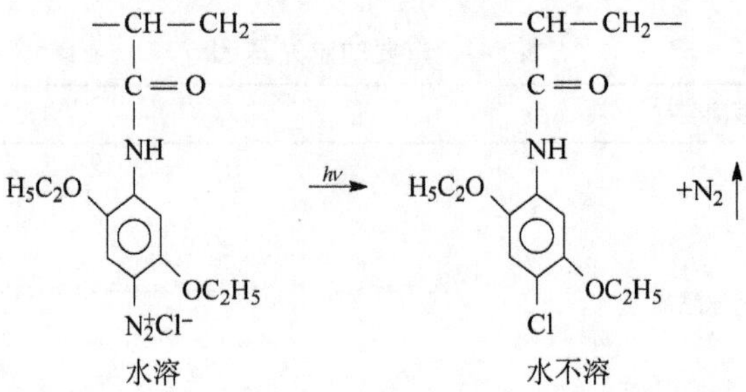

—CH—CH₂—　　—CH—CH₂—
C＝O　　C＝O
NH　　NH
H_5C_2O　$\xrightarrow{h\nu}$　H_5C_2O　$+N_2\uparrow$
OC_2H_5　　OC_2H_5
$N_2^+Cl^-$　　Cl
水溶　　水不溶

用光照射高分子侧链上导入重氮醌的化合物，则重氮醌基与水反应最后生成羧酸基，可溶于碱性水溶液，这一产品目前已进入实际应用阶段。

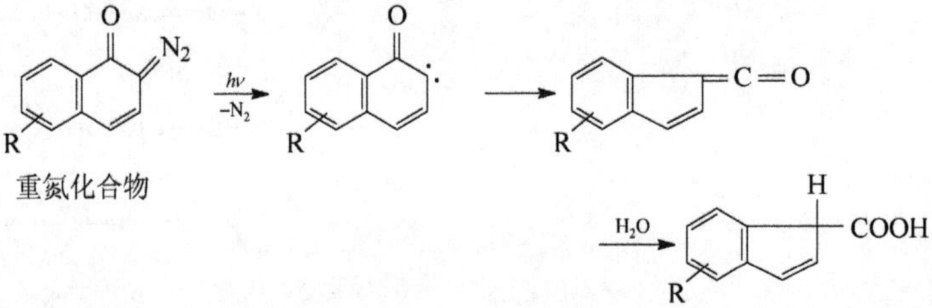

O　N_2　$\xrightarrow[-N_2]{h\nu}$　O　$\longrightarrow$　C＝O
R　　R　　R
重氮化合物
$\xrightarrow{H_2O}$　H　COOH
R

在可溶性高聚物中加入双叠氮化合物，经过光照射使叠氮基（—N_3）分解，产生的活泼中间体氮烯与高聚物反应并交联化，则成为与聚乙烯醇肉桂酸酯相同的感光性树脂。卡宾可以发生重结合、插入 C—H 键等反应。

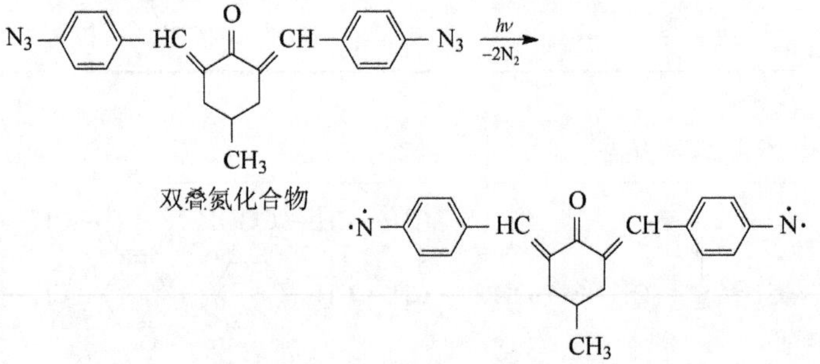

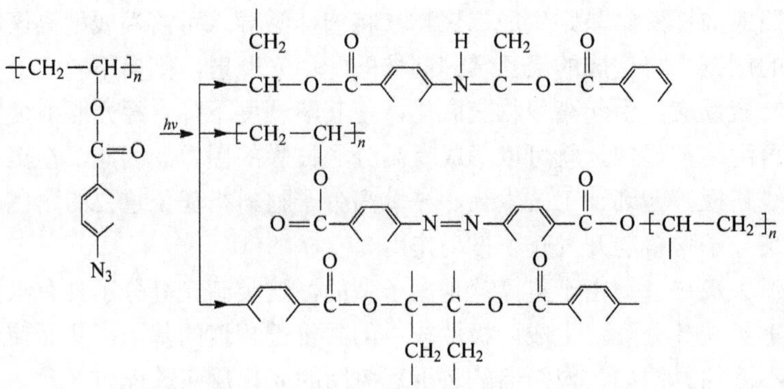

N_3—HC　O　CH—N_3　$\xrightarrow[-2N_2]{h\nu}$
CH_3
双叠氮化合物
·N̈—HC　O　CH—N̈·
CH_3

$\text{+}CH_2—CH\text{+}_n$
O
C＝O
N_3
$\xrightarrow{h\nu}$
CH_2　O　H　CH_2　O
—CH—O—C—N—C—O—C—
$\text{+}CH_2—CH\text{+}_n$
O　O
O＝C—N＝N—C—O$\text{+}CH—CH_2\text{+}_n$
O　O
—C—O—C—C—O—C—
CH_2 CH_2

（3）断链反应

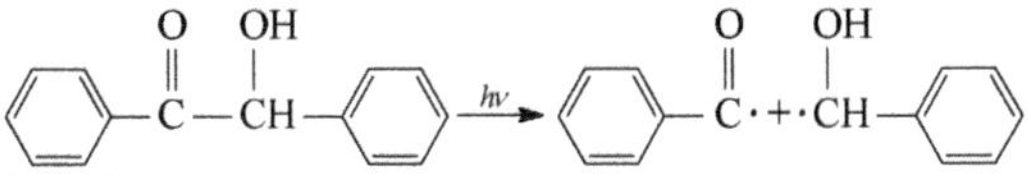

安息香

安息香是经光照射能生成游离基而被称为光聚合引发剂的一例，是在带不饱和基的高分子或光聚合性单体中混入低聚物，从而引起光聚合的物质。除感光树脂之外，安息香还应用于光固化性油墨和涂料等。

（4）异构化反应

1）顺反异构体：

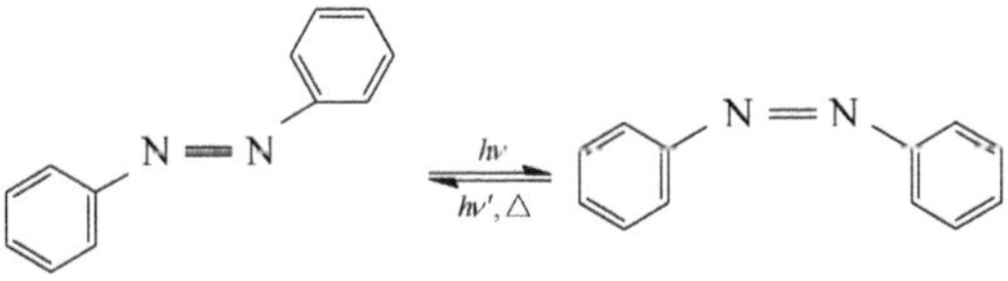

反式偶氮苯　　顺式

2）离子化反应：

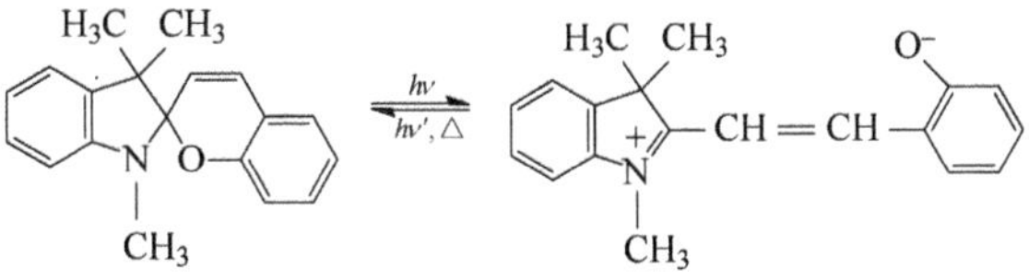

螺吡喃化合物

3）氢的移位：

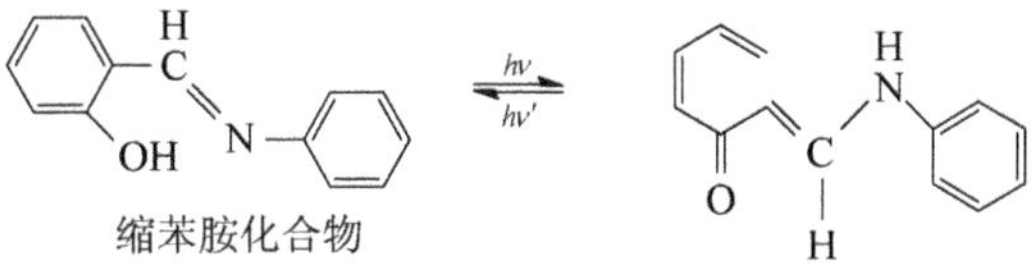

缩苯胺化合物

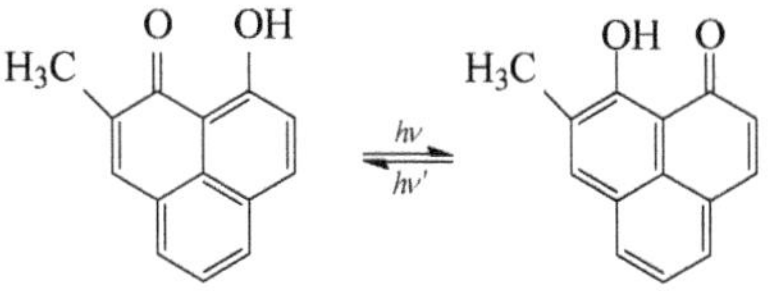

苯萘酮化合物

4）环化、开环：

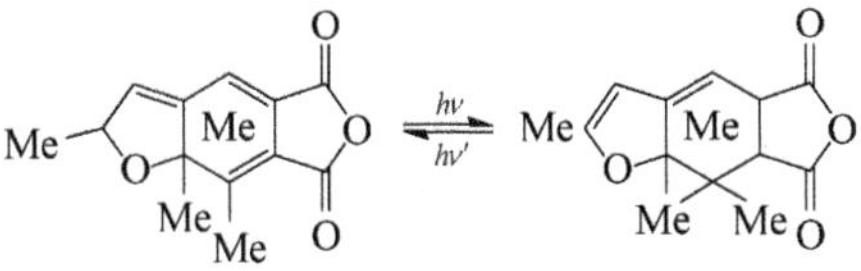

俘精酸酐化合物

3. 光功能材料的分子设计

如图 5-11 所示，偶氮苯的顺反式结构异构化，是有机光化学的基本反应实例，包括多种衍生物在内，人们正对这些光化学机理进行仔细的研究。有关这种光反应的化学和物理变化的主要内容，可列出以下几种。

1）顺式体内能只比反式体内能大 48.9kJ/mol。

2）吸收光谱不同，如图 5-11 所示。

3）键角和分子的长度等构象明显不同，如图 5-12 所示。

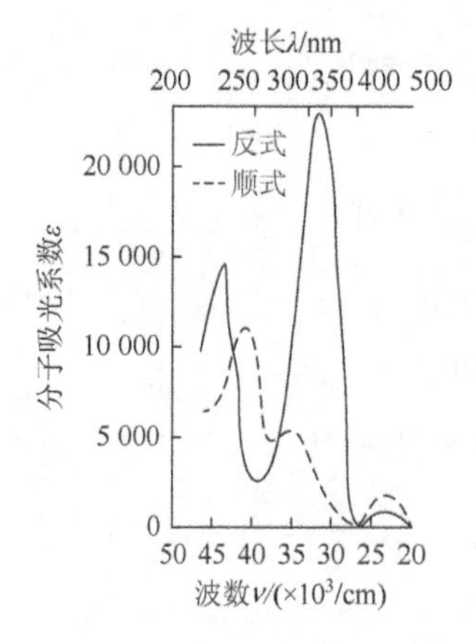

图 5-11　偶氮苯的吸收光谱

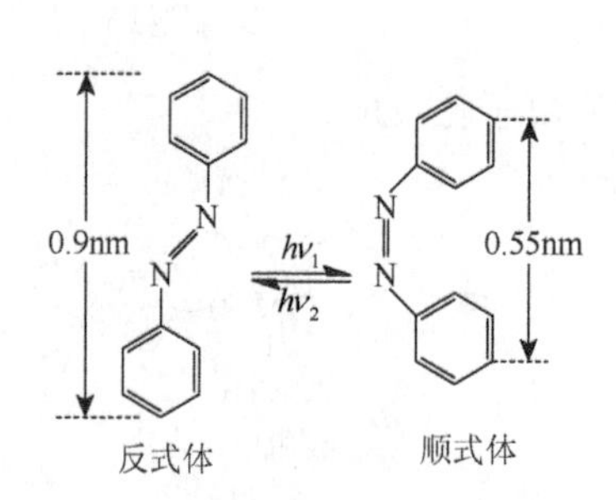

图 5-12　偶氮苯的构象

4）偶极矩顺式为 0，而反式则为 3.0D。

针对以上特性变化，人们探讨了发展下述光功能材料的问题。

1）太阳能存储（蓄热）材料：常温下使稳定的反式体吸收阳光，转换成蓄积内能的顺式体，在添加催化剂之后，使顺式结构体发生逆反应并放出热能。

2）从吸收光谱考虑，则有光致变色材料。偶氮苯本身虽然未显示出明显的着色变化，但在高分子链上导入偶氮苯，就能合成出光致变色高聚物。

3）将具有各种离子形式或分子识别功能的冠醚与偶氮苯的不同构型相结合，如图 5-13 所示。以这种化合物作为光敏性分离和分析用功能材料的研究正在进行中。

4）以偶氮苯为交联剂合成的聚丙烯酸乙酯如图 5-14 所示，制成膜后用紫外线照射则收缩；相反如用可见光照射，则伸长。

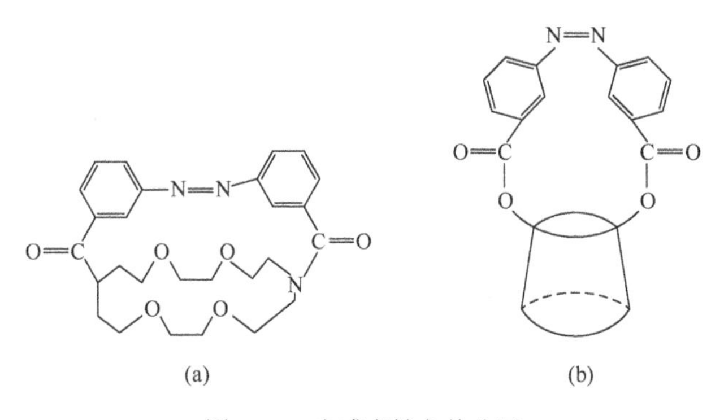

图 5-13　光感应性主体分子

（a）冠醚；（b）环糊精

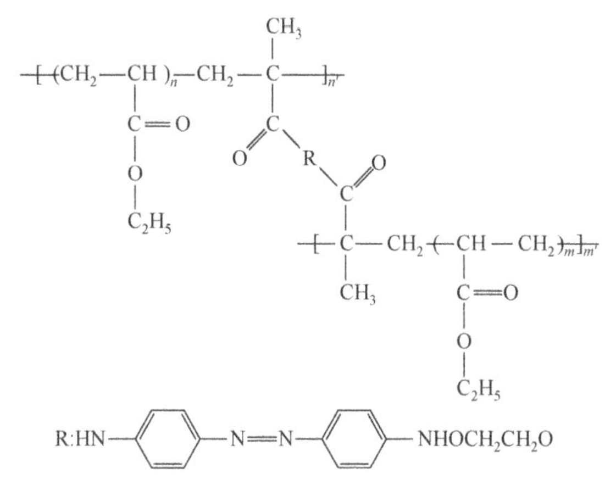

图 5-14　光力学高聚物

5）将偶氮苯导入高分子主链，如图 5-15 所示，在溶液中用紫外线照射，可将此高聚物异构化为顺式结构，溶液的黏度减小 60%～70%。根据受光感应所引起的黏度变化，可考虑将此化合物用作控制材料。

6）从偶极矩变化的角度考虑，目前正在高分子侧链上导入偶氮苯的高聚物，如图 5-16 所示。薄膜表面上可进行亲水性光控制的研究。

人们通过从不同角度对光化学反应进行多方面的观察，萌生了创造新功能材料的设想。光感应性是在生物体中的光合成系统或视觉系统中发现的，通过人工的重现可产生新材料。例如，希望能开发出分子敏感元件等新材料。光功能材料的另外一个特点是光最容易控制，即光的点熄、强度大小和波长（能量）选择等都容易掌握。从光源来看，预计今后各种激光装置将会迅速发展，对开发高效光功能材料的要求将更加迫切。

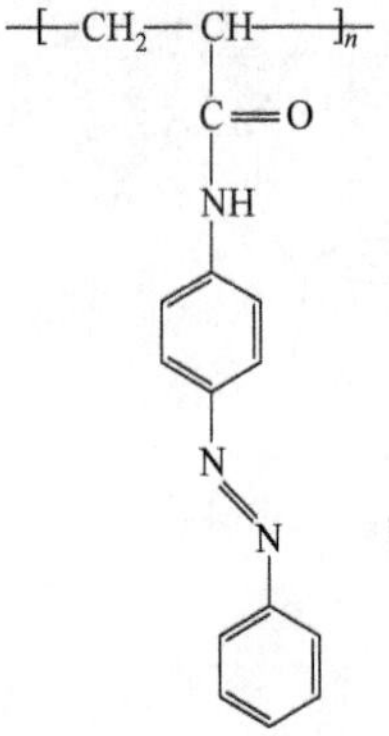

图 5-15　光感应性-黏性效应聚合物 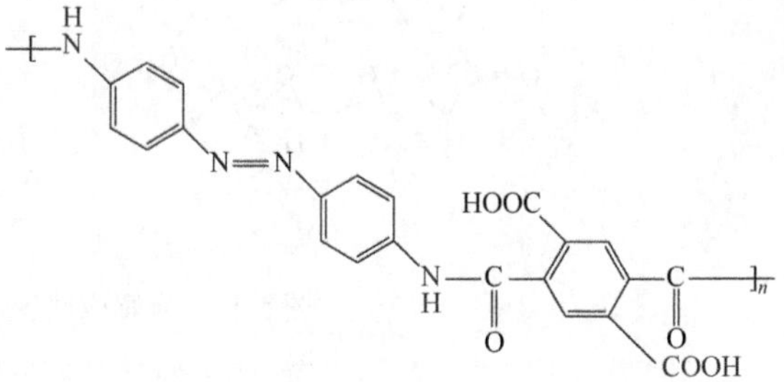　　　图 5-16　亲水性控制光感应性聚合物

5.2.2　光致变色高分子材料

在光作用下能够可逆地发生颜色变化的化合物叫作光致变色化合物或光致变色体。光致变色高分子材料是指高分子材料在光的作用下，化学结构会发生某种可逆性变化，因而对可见光的吸收波长也发生变化，从外观上看是相应地产生颜色变化。表 5-5 是典型的光致变色聚合物的类型。

表 5-5　典型的光致变色聚合物的类型

类型	代表物结构式
聚甲亚胺类（光色基团在主链上）	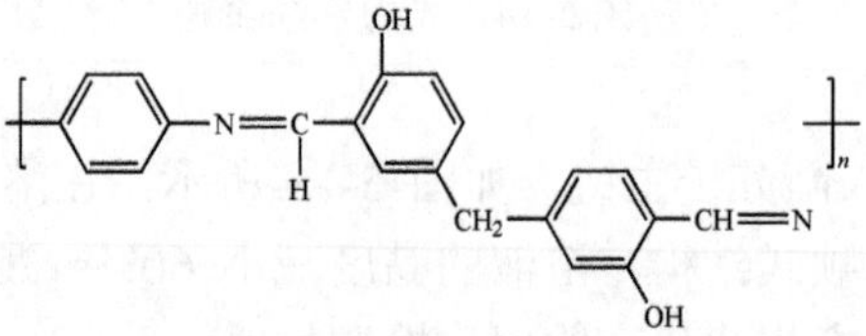
三苯基甲烷类	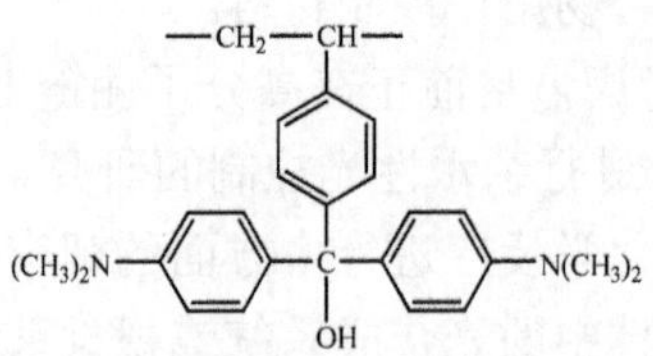
偶氮苯类	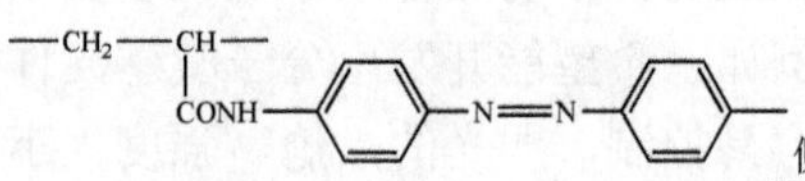 侧链上带偶氮基团 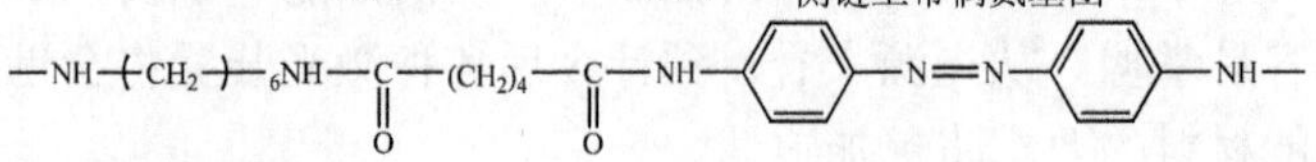 主链上带偶氮基团

续表

类型	代表物结构式
螺吡喃类	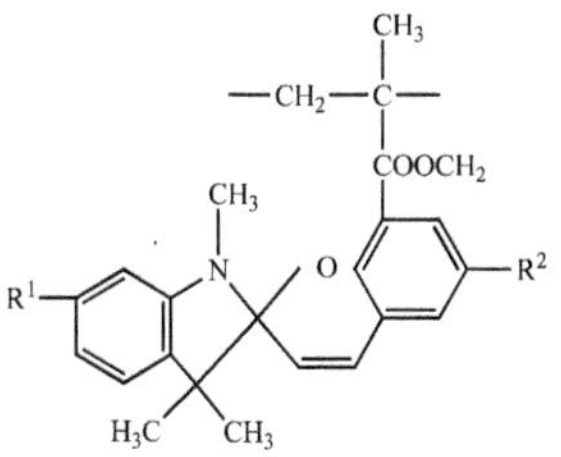
双硫腙类	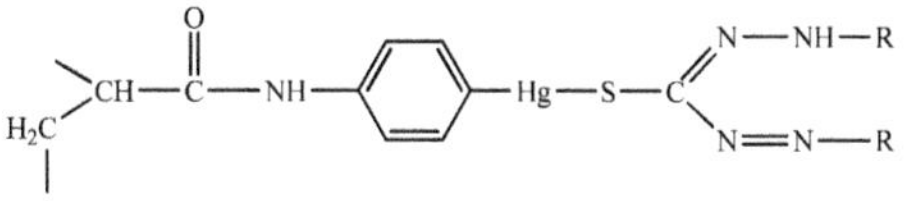
聚噻嗪类	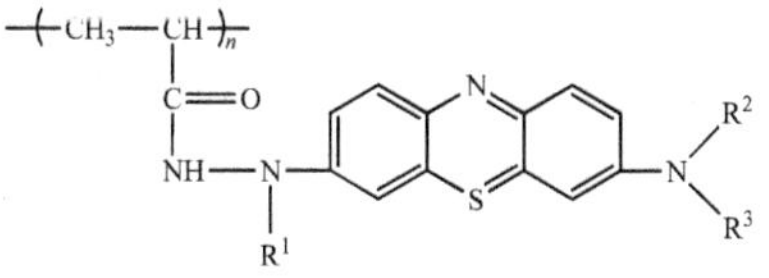

光致变色高分子的光致变色过程可分成两步，即成色和消色。成色是指材料经一定波长的光照射后显色相变色的过程；消色则是指已变色的材料经加热或用另一波长光照射，恢复原来颜色的过程。

光致变色高分子的变色机理一般可归纳为 7 种类型：键的异裂、键的均裂、顺反互变异构、氢转移互变异构、价键互变异构、氧化还原反应、三线态-三线态吸收。其中主要包括：①含甲亚胺结构类型的光致变色高分子；②含硫卡巴腙结构型的光致变色高分子；③含偶氮苯型的光致变色高分子；④含螺旋结构的光致变色高分子；⑤苯氧基萘并萘醌类光致变色高分子；⑥含二芳基乙烯型的光致变色高分子。

光致变色高分子材料同光致变色无机物和小分子有机物相比，具有低褪色速率常数、易成型等优点，其应用范围可归纳为以下几个主要方面。

1）感光材料：这类材料可应用于印刷工业，如制版。

2）信息储存元件：光致变色材料的显色和消色的循环变换可用来建立信息储存元件。

3）光的控制和调变：用这种材料制成的光色玻璃可以自动控制建筑物及汽车内的光线。

4）信号显示系统：用作宇航指挥控制的显示屏、计算机末端输出的大显示屏。

5.2.3 高分子光导纤维

光导纤维是一种能够传导光波和各种光信号的纤维。光导纤维是由高度透明且折射率较大的芯材及其周围被覆着的折射率较低的皮层材料两部分组成的。利用光纤构成的光缆通信可以大幅度提高信息传输容量，且保密性好、体积小、质量轻、能节省大量有色金属和能源，目前发展得非常快。

光导纤维按其芯材不同可分为石英光纤、多组分玻璃光纤、塑料光纤三类。各种光纤的比较见表 5-6。

表 5-6 各种光纤的比较

种类	性能				
	传输损耗/(dB/km)	光波范围	机械特性	加工性	价格
石英光纤	0.2	可见至红外	弯曲及冲击时易折	需特殊设备	高
多组分玻璃光纤	20	可见至红外	弯曲及冲击时易折	需特殊设备	较低
塑料光纤	100	可见至部分近红外	柔软，耐弯曲及冲击	切断及断面研磨容易	低

实芯光纤是依靠全内反射机理进行的，传输损耗一般都大于（至少等于）构成光纤芯区材料的损耗，无法解决某些波长及运用塑料来制作低损耗同时又低成本的光纤的问题。空芯光纤包层应具有很强的束缚导波横向漏泄的能力。至今文献报道的空芯光纤大体可以分成如下几类。

1）包层折射率大于芯区折射率的光纤。在这种光纤中通过掠入射实现光的传输，伴随着辐射损耗，所以是一种漏泄波导。其实这种光纤就是一种毛细管，因此大多数场合采用具有大内径和短长度的空芯光纤。

2）由金属、玻璃或塑料管内表面淀积具有高反射涂层，且内壁涂层材料折射率小于 1 的空芯光纤。

3）空芯光子带隙光纤。它由许多石英玻璃（或有机玻璃等）毛细管以一定的周期结构排列成束，在其中心去掉 1 根、7 根或 19 根毛细管形成纤芯（空芯），然后拉制成所需尺寸的光纤。周期包层形成光子带隙，空芯中传输的光波如果正好落入包层光子带隙中，则它被包层束缚，只能沿着光纤轴向传输。在这种空芯光子带隙光纤中，包层不仅要求微结构有严格的周期排列，还要求有相当大的空气填充分数。

5.3　液晶高分子材料

液晶高分子（liquid crystals polymer，LCP）是在一定条件下能以液晶相态存在的高分子。与其他高分子相比，它具有液晶相物质所特有的分子取向序和位置序；与小分子液晶相比，它又有高分子化合物的特性。液晶高分子材料目前已经成为功能高分子材料中一类重要的材料。

5.3.1　液晶高分子的化学结构特征

液晶态的形成与分子结构有着内在的关系，液晶的分子结构决定着液晶的相结构和物理化学性质。液晶分子中通常具有近似棒状或片状的刚性部分，这是液晶分子在液态下维持某种有序排列所必需的结构因素，在液晶高分子中，这些刚性部分被柔性链以各种方式连接在一起。

表 5-7 是一些液晶化合物的典型结构。由表 5-7 可见，这些刚性结构中通常由两个苯环或芳香杂环通过刚性部件连接组成。这个刚性连接部件形成连接芳环的中心桥键，它与两侧芳环形成共轭体系或部分共轭体系。

表 5-7　一些液晶化合物的典型结构

结构	注释
Ⓟ—C_6H_4—N═CH—C_6H_3(R′)—R	R = CN, OC_nH_{2n+1}; R′ = H R = OC_nH_{2n+1}; R′ = OH
Ⓟ—C(═O)O—C_6H_4—N═N—C_6H_4—OR	R = Me, Et, *n*-Bu
Ⓟ—C(═O)O—C_6H_4—N(→O)═N—C_6H_4—R	R = H, Me, Et, *n*-Bu, OMe, OEt, OBu
Ⓟ—$COO(CH_2)_mO$—C_6H_4—CH—CH—C_6H_4—CN	m = 5, 6, 11
Ⓢⓘ—$(CH_2)_m$—O—C_6H_4—C_6H_4—CN	m = 3～6

中心桥键是构成液晶分子的重要组成部分，主要包括常见的偶氮基、氧化偶氮基、酯基和反式乙烯基、亚氨基，而苯环或其他环状基团对形成液晶态则起了重要的作用，两者相结合形成的有一定刚性的中心骨架称为液晶基元。末端基团

是构成液晶分子所不可缺少的柔软、易弯曲的基团。表 5-8 是常见液晶分子的环状结构、桥键和端基。

表 5-8　常见液晶分子的环状结构、桥键和端基

名称	常用基团
环状结构	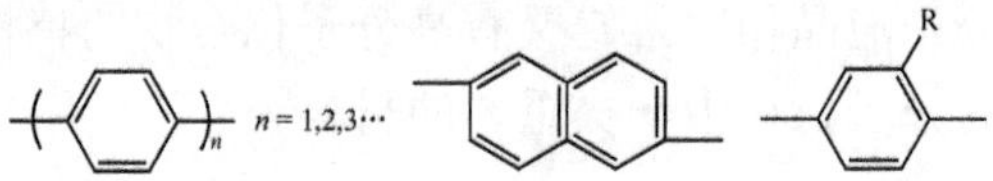 $n=1,2,3\cdots$　R
桥键	N　H；N　N；N　N　O；C　O；H　N　C　O
桥键	—C≡C—；H　C=C　H；—HC=CH—CH=CH—
端基	—R，—OR，—COOR，—CN，—OOCR，—Cl 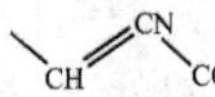 CH=C(CN)COOR，$—NO_2$，—COR

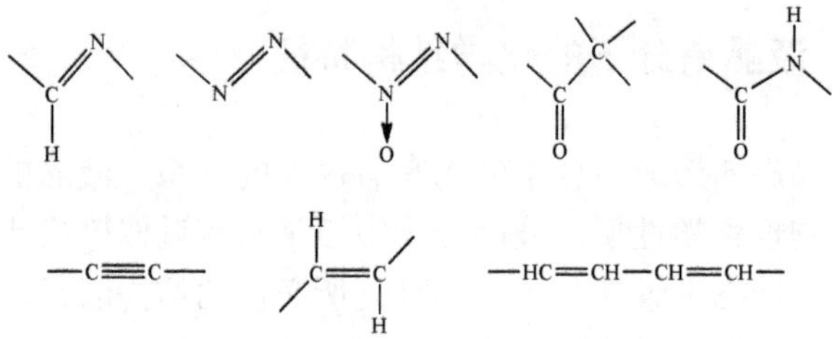

液晶分子中往往引入极性基团或高度可极化的基团来增大分子间的作用力，如芳香基、双键和三键等。增强分子间的作用力与分子成线性的要求常常发生矛盾。氢键在液晶形成中有相反的两种作用。它在羧酸存在的情况下，通过二聚反应使分子单元变长，从而诱发液晶行为。另外，氢键导致非线性分子的缔合，破坏分子间的平行性，固体可以直接成为各向同性的液体。

5.3.2　液晶高分子的分类

1. 按照分子在空间的排列顺序分类

（1）近晶型液晶　　近晶型液晶在结构上最接近固体晶相结构，分子排列成层，层内分子长轴互相平行，但分子重心在层内无序，分子长轴与层面垂直或倾斜排列，分子可在层内前后、左右滑动，但不能在上下层间移动。由于分子运动相当缓慢，近晶型中间相非常黏滞，通常用符号 S 表示，是二维有序的排列，在黏度性质上仍然存在着各向异性。

（2）向列型液晶　　向列型液晶结构中分子相互间沿着长轴方向保持平行，但其重心位置是无序的，不能构成层片，是近晶型、向列型、胆甾型这三种液晶中流动性最好的一种液晶。

（3）胆甾型液晶　胆甾型液晶是向列型液晶的一种特殊形式。其分子基本是扁平型的，依靠端基的相互作用彼此平行排列成层状结构，在每一个平面层内分子长轴平行排列的情况和向列型液晶相像，层与层之间的分子长轴逐渐偏转，形成螺旋状。

以上液晶分子的刚性部分均呈现长棒形，也有的液晶分子刚性部分呈盘形，多个盘形结构叠在一起，形成柱状结构，这些柱状结构再进行一定有序排列形成类似于近晶型的液晶。液晶的物理结构如图 5-17 所示。

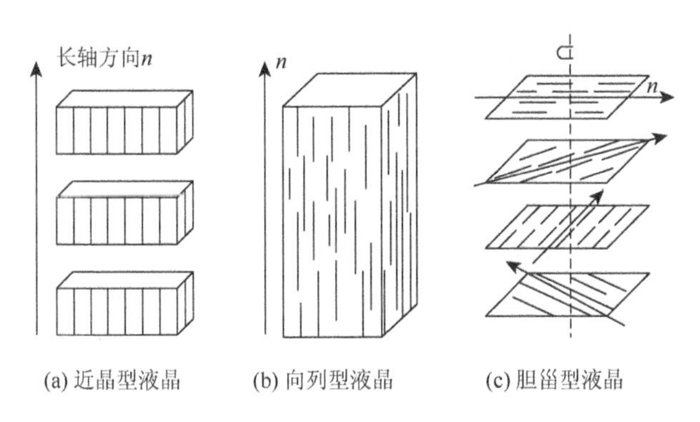

图 5-17　液晶的物理结构

2. 按照液晶形成的条件分类

液晶还可以按照其形成的条件分为热致型液晶和溶致型液晶。热致型液晶是固体熔融后在某一温度范围内形成的。在液晶到达熔融温度后成为浑浊的流体，继续升高温度至清亮点时则变成透明的液体，在熔点与清亮点间的温度区间内呈现液晶相。溶致型液晶只能在临界浓度以上形成，是液晶分子在溶解过程中达到一定浓度时形成的有序排列，产生各向异性特征，从而构成液晶。

3. 根据刚性部分的形状及所处位置分类

液晶高分子根据刚性部分的形状及所处位置可以进行以下分类。

1）α 型液晶：它又称为纵向型液晶，其刚性部分位于分子的主链上，其长轴与分子主链平行。

2）β 型液晶：它又称为垂直型液晶，其刚性部分位于分子的主链上，其长轴与分子主链垂直。

3）γ 型液晶：它又称为星型液晶，分子的刚性部分呈“十”字形并位于分子的主链上，常带有旋光性。

4）ε 型液晶：它又称为梳状或 E 型液晶，液晶分子的刚性部分处于分子的侧链上，主链和刚性部分之间由柔性链相连接。

5）ζ 型液晶：它是盘状液晶，即主链的刚性部分呈圆盘状。

6）ψ 型液晶：它是盘梳型液晶。

7）κ 型液晶：它是反梳型液晶，其分子主链为刚性链段，而侧链由柔性链段构成，与梳状液晶的分子结构相反。

8）θ 型液晶：它又称为平行型液晶，刚性链段位于分子的侧链上，且长轴与分子的主链保持平行。

9）λ 型液晶：它是混合液晶。

液晶分子的分类见表 5-9。

表 5-9 液晶分子的分类

分类符号	结构形式	名称
α		纵向型（longitudinal）
β	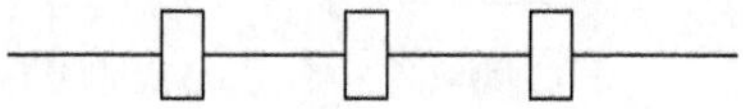	垂直型（orthogonal）
γ		星型（star）
ζ_s		软盘型（soft disc）
ζ_r		硬盘型（rigid disc）
ζ_m	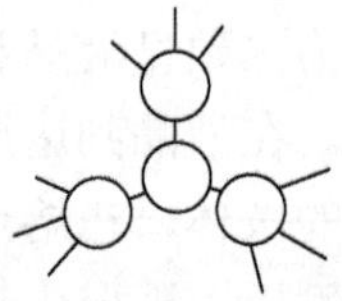	多盘型（multiple disc）
ε_0	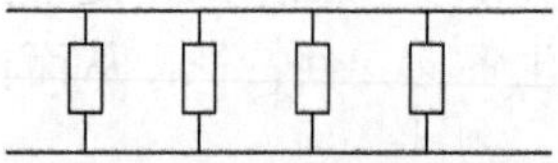	单梳型（one comb）
ε_p	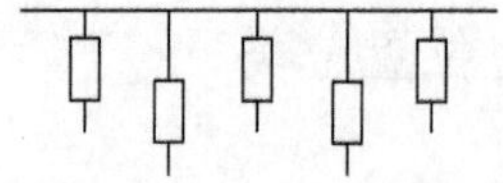	栅状梳型（palisade comb）
ε_d	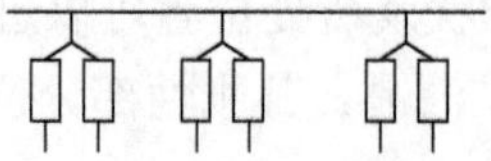	多重梳型（multiple comb）
ψ	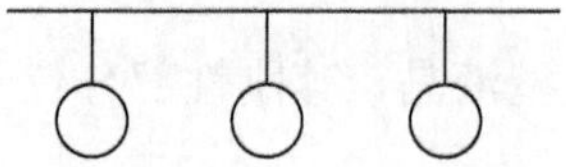	盘梳型（disc comb）
κ	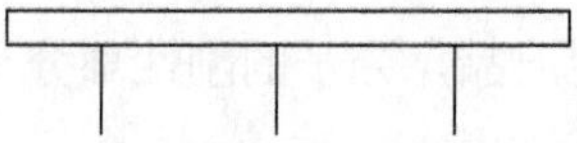	反梳型（inverse comb）

续表

分类符号	结构形式	名称
θ_1	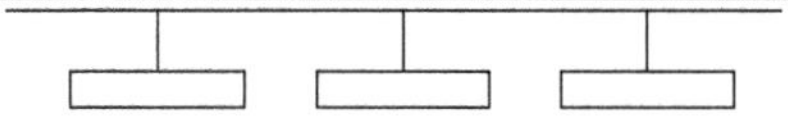	平行型（parallel）
θ_2	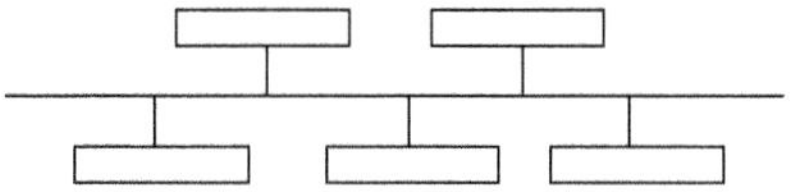	双平行型（biparallel）
λ_1	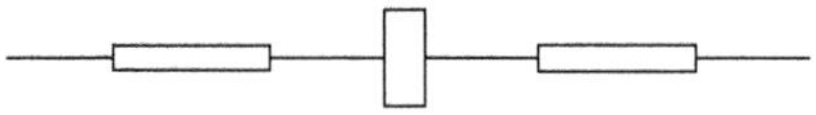	混合型（mixed）
λ_2	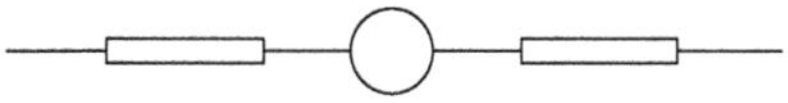	混合型（mixed）
λ_3	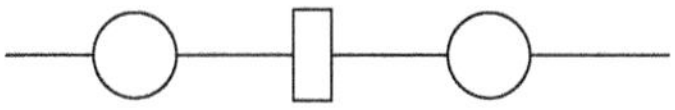	混合型（mixed）
ψ_1	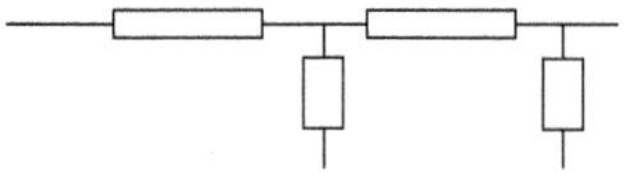	结合型（double）
ψ_2	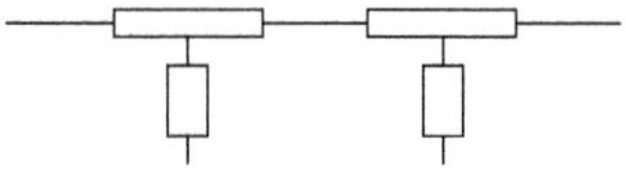	结合型（double）
σ	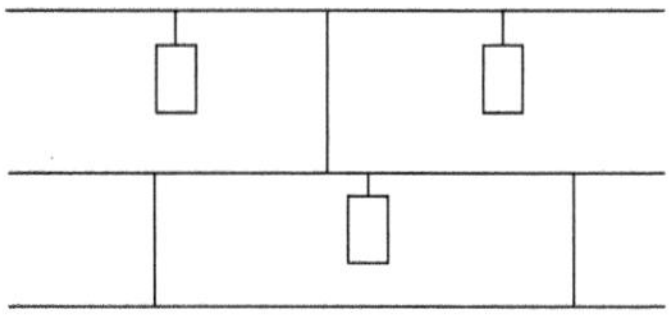	网型（network）
ω	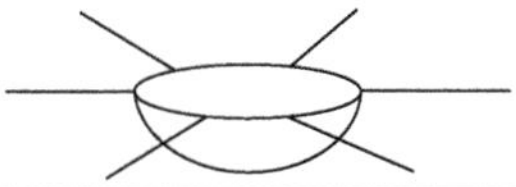	二次曲线型（conic）

5.3.3　主链型液晶高分子

主链型液晶高分子（main chain liquid crystal polymer）是苯环、杂环和非环状共轭双键等刚性液晶基元位于分子主链的大分子。

与小分子液晶一样，按形成液晶态的物理条件，主链型液晶高分子也可分为溶致型和热致型两类。

1. 热致型主链液晶高分子

热致型主链液晶高分子的主要代表是聚酯液晶。1963 年，人们首先制备了对羟基甲酸的均聚物 PHB，希望这种刚性结构的高分子会呈现出良好的液晶性。但 PHB 的熔融温度太高，分子尚未熔融就降解了，没有实用价值。20 世纪 70 年代，人们对 PHB 与聚对苯二甲酸乙二醇酯（PET）进行共聚，成功地获得了热致型液晶高分子。PET/PHB 共聚酯相当于在刚性分子链中嵌段或无规地接入柔性间隔基团，因此改变共聚组成或改变间隔基团的嵌入方式，可以形成系列产品。

PET/PHB 共聚酯的制备包含以下步骤。

1）对乙酰氧基苯甲酸（PABA）的制备：

$$HB + CH_3COOH \longrightarrow PABA + H_2O$$

2）PET 在惰性气氛中于 275℃在 PABA 作用下酸解，然后与 PABA 缩合成共聚酯。

3）PABA 的自缩聚。

以上反应的产物是各种均聚物、共聚物和混合物，此后又成功开发了第二代、第三代热致型主链液晶高分子，除聚酯外，聚甲亚胺、聚芳醚砜、聚氨酯等都有报道。

2. 溶致型主链液晶高分子

溶致型主链液晶高分子主要有芳香族聚酰胺、聚酰胺酰肼、聚苯并噻唑、纤维素等，其分子具有典型的刚性主链结构，见表 5-10。溶致型液晶高分子的分子链段除了要求有一定的刚性之外，还要有良好的溶解性。刚性好的分子结构往往导致溶解性较差，因此这两个条件是对立的。

表 5-10　溶致型主链液晶高分子的刚性主链结构

液晶	结构
聚对氨基苯甲酰胺（PPBA）	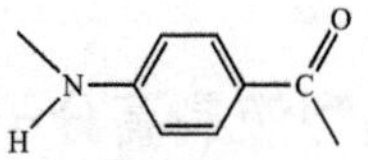
顺式聚双苯并噁唑苯（*cis*-PBO）	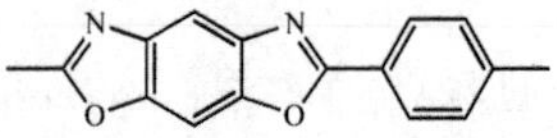
反式聚双苯并噁唑苯（*trans*-PBO）	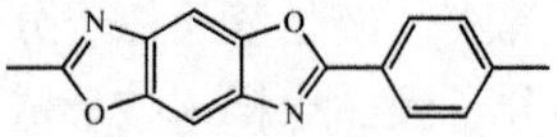
顺式聚双苯并噻唑苯（*cis*-PBT）	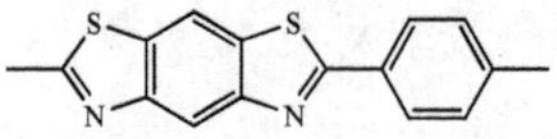
反式聚双苯并噻唑苯（*trans*-PBT）	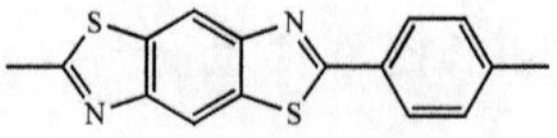
聚均苯四甲内酰胺	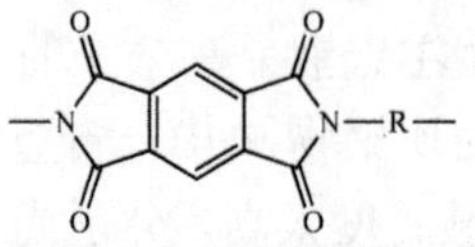

芳香族聚酰胺中最重要的是聚对苯酰胺（PBA）和聚对苯二甲酰对苯二胺（PPTA），这类液晶是通过酰胺键将单体连接为聚合物的，因此，所有能够形成酰胺键的方法都有可能用于此类液晶的合成。

芳香杂环主链液晶高分子的合成主要是为了开发高温稳定性材料而研制的，此类聚合物在液晶相下处理可以得到高性能的纤维。其中，反式、顺式聚双苯并噻唑苯的合成是用对苯二胺与硫氰胺反应生成对二硫脲基苯，在冰醋酸的存在下与溴反应生成苯并杂环衍生物，经碱性开环和中和反应得到 2, 5-二巯基-1, 4-苯二胺，最后通过与对苯二酸缩合达到预期目标。顺式、反式 PBO 可以采用对/间苯二酚二乙酯为原料，通过类似的过程制备。另一条更为经济的顺式 PBO 的合成路线是采用 1, 2, 3-三氯苯为原料，通过硝化、碱性水解、氢化、缩合反应制备。

5.3.4　侧链型液晶高分子

侧链型液晶高分子（side chain liquid crystalline polymer，SCLCP）是指液晶基元处于高分子侧链上的一类液晶高分子。大多数侧链型液晶高分子是由高分子主链、液晶基元和间隔基三部分组成，没有间隔基的为数较少。这三部分的连接方式如图 5-18 所示。

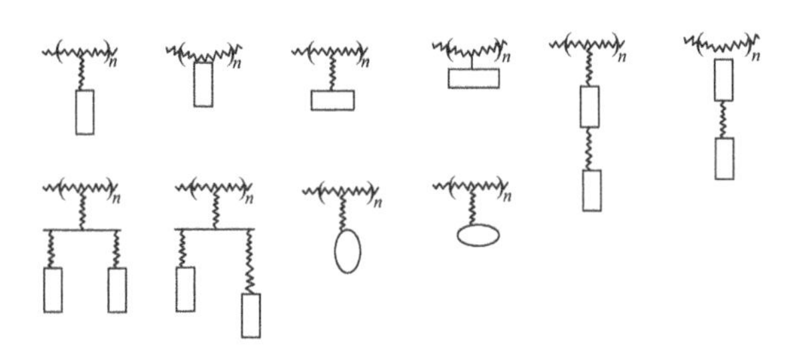

图 5-18　侧链型液晶高分子的连接方式

▭和⬭代表棒状和盘状液晶基元，〰〰代表间隔基

侧链型液晶高分子可以通过加聚、缩聚和聚合物侧基官能团反应（接枝共聚）等途径合成。用带有液晶基元侧基的烯烃经加工聚合成侧链液晶高分子是常用的方法，主要有聚丙烯酸酯类、聚甲基丙烯酸酯类和聚苯乙烯衍生物。利用大分子的化学反应将低分子液晶结构单元连接到主链上也是一种重要的制备方法，如常见的聚硅氧烷类液晶分子。

侧链型液晶高分子大都由柔性主链、刚性侧链和间隔基团等部分组成，主链多为碳链，也有杂链。影响侧链型液晶高分子相行为的因素有侧链结构、主链结构、聚合度、化学交联等。侧链结构包括致晶单元的结构、末端基和间隔基团。

要制备有序程度较高的近晶型液晶，末端基必须达到一定的长度。间隔基团的作用是用于消除或减少主链与侧链间链段运动的耦合性。侧链是由刚性液晶基元构成的，侧链与主链相互作用，侧链力图保持液晶的有序结构，主链的热运动将阻止液晶单元的有序排列，这种作用称为耦合作用。

分子质量对侧链型液晶高分子相行为的影响与对主链型液晶的影响基本相同。随着分子质量的增大，液晶的相区间温度升高，清亮点也移向高温，最后趋于极值。化学交联使大分子运动受到限制，当交联程度不高时，链段运动基本上不受限制，对液晶行为基本无影响；但当交联程度较高时，致晶基团难以定向排列，会抑制液晶的形成。

第6章　纳 米 材 料

纳米材料是纳米科技发展的基础。其本质在于：当材料进入纳米尺度时，材料的物性由几个与尺度效应、边界效应等直接相关的特征物理尺度所决定。在这些特征尺度内，原子间相互位置或分子构型的变化，都会引起纳米尺度物质的物理、生化性能的变化。

6.1　纳米材料概述

纳米科技领域是多元的，而其核心来自“纳米”，纳米是一个长度单位，1 纳米（nm）= 10^{-3} 微米（μm）= 10^{-6} 毫米（mm）= 10^{-9} 米（m）= 10 埃（Å）。1nm^3 空间大约可容纳 100 个原子，此空间尺度恰恰是 DNA 基因片段的大小，可视为构筑生命的单位空间。近年来，纳米材料层出不穷，因此，我国在国际上率先制定了《纳米材料术语》（GB/T 19619—2004），从纳米尺度、纳米结构单元及纳米材料三个层次对纳米材料做了定义。从纳米尺度上来讲，维度为 1～100nm 的颗粒称为纳米微（颗）粒（nanopartical），也称超微粒（ultrafine partical）或超微（细）粉（ultrafine powder）。从纳米结构单元来讲，纳米材料是指具有纳米尺度结构特征的物质单元，像纳米微粒、纳米晶、纳米管等。从纳米材料来看，纳米材料是指物质结构在三维空间中至少有一维处于纳米尺度范围或由它们作为基本单元构成的物质。

超微粒作为胶体的研究可追溯到 20 世纪中期。1981 年，日本科技厅提出“超微粒计划”，对超微粒的结构、制备、性质和应用进行了全面研究，进展很快，不久发展成世界研究热点之一。纳米纤维在一维方向上的线度为 1～100nm，纳米膜在二维方向上的线度为 1～100nm，纳米块体是在三维方向上的线度均为 1～100nm。在纳米膜中，载流子在一个空间方向上受限制，只能在两个空间方向上自由运动。在纳米纤维中，载流子在两个空间方向上受限制，只能在一个空间方向上运动。在纳米块体中，载流子在三个空间方向受限制，只能在 1～100nm 见方的小空间内运动。这些限制带来了量子化效应。因此，在纳米电子学中又把纳米膜、纳米纤维和纳米块体的结构分别称为量子阱、量子线、量子盒（点）。图 6-1 为不同维度材料的结构和能态密度 $\rho(E)$ 分布。由纳米单元作结构单元的材料包括块体材料、膜材料、纤维材料和其他种类的材料。纳米材料有金属、无机非金属和有机高分子。它可以是单质，也可以是复合体。

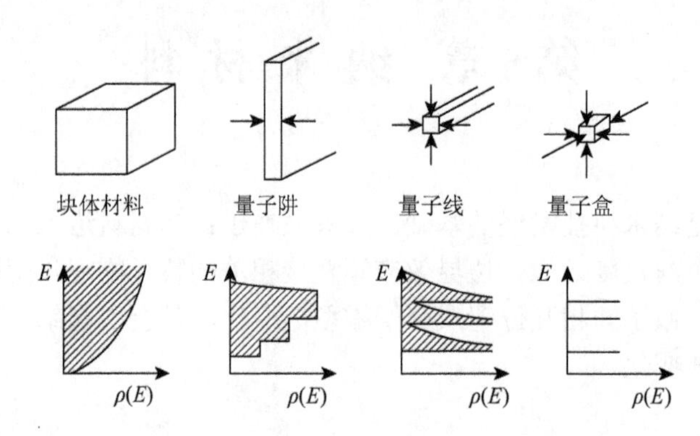

图 6-1　不同维度材料的结构和能态密度分布[E-$\rho(E)$]

纳米材料大致可分为纳米块体（三维）、纳米膜（二维）、纳米纤维（一维）、纳米粉末（零维）、纳米结构和纳米复合材料 6 类。其中，纳米粉末研究时间最长、技术最为成熟，是制备其他纳米材料的基础。

纳米材料正在开启一个新的技术时代，但是纳米材料并不是万能的，它只是一个尺度单位，没有必要将其神话。对于纳米材料来讲，人们更注重的应该是探索、发现和利用材料在纳米尺度上表现出来的优异性能。

6.1.1　纳米材料发展史

虽然纳米材料的概念才出现了 20 多年，但是人类使用纳米材料的历史可追溯到 2000 年以前。我国古代的字画可以历经千年而不褪色，是因为所用材料实际上是纳米级的炭黑；我国古代制造的铜镜之所以不生锈，实则是其表面有一层纳米氧化锡薄膜起到了防锈的作用。1857 年，法拉第成功地制备出了红色的纳米金溶胶。20 世纪中期，人们制备出多种金属及氧化物超细粒子。1962 年，日本东京大学久保亮五教授提出了超细粒子的量子限域理论。1963 年，日本的上田良二在纯净惰性气体中通过蒸发冷凝法制备了直径为几纳米到几百纳米的金属颗粒。20 世纪 70 年代末到 80 年代初，美国的 Gleiter 等首次提出了“纳米材料”的概念。1987 年，美国阿贡国家实验室的 Siegel 等制备出了纳米 TiO_2 粉体及陶瓷，以纳米粉体为原料可以提高块体材料的性能，是纳米材料研究史上一个突破性进展，使纳米材料研究成为材料科学中一个备受关注的热点领域。20 世纪 80 年代末，人们探索了制备各种不同类型纳米微粒、纳米块体与纳米薄膜的方法，而且纳米材料的结构、性能及表征方法等也得到了广泛的研究，纳米材料逐渐成为材料科学与工程领域一个重要的组成部分。

6.1.2 纳米材料的分类

纳米材料的种类非常丰富，从材料的成分与性能来看，纳米材料涵盖了所有已知的材料类型。纳米材料的主要特征在于其三维外观尺度上，纳米有序结构、纳米复合材料和纳米固体材料的组成单元为二维纳米、一维纳米和零维纳米。前面也介绍过了，除此之外，还有三维纳米材料。纳米材料的主要分类如表 6-1 所示。

表 6-1 纳米材料的分类

基本类型	尺度、形貌与结构特征	实例
三维纳米类型	包含纳米结构单元、三维尺寸均超过纳米尺度的固体	纳米陶瓷（nanoceramic）、纳米金属（nanometal）、纳米孔材料（nanoporous material）、气凝胶（aerogel）、纳米结构阵列（nanocomposite array）
	由不同类型低维纳米结构单元或其与常规材料复合形成的固体	纳米复合材料（nanocomposite material）
二维纳米类型	一维尺度为纳米级，面状分布	纳米片（nanoflake）、纳米板（nanoplate）、纳米薄膜（nanofilm）、纳米涂层（nanocoating）、单层膜（monolayer）、纳米多层膜（nano multilayer）
	面状分布，厚度大于 100nm，具有纳米结构	纳米结构薄膜（nanostructured film）、纳米结构涂层（nanostructured coating）
一维纳米类型	单向延伸，二维尺度为纳米级，第三维尺度不限	纳米棒（nanorod）、纳米线（nanowire）、纳米管（nanotube）、纳米晶须（nano whisker）、纳米纤维（nanofiber）、纳米卷轴（nanoscroll）、纳米带（nanobelt）
	单向延伸，直径大于 100nm，具有纳米结构	纳米结构纤维（nanostructured fiber）
零维纳米类型	三维尺度均为纳米级，没有明显的取向性，近等轴状	原子团簇（atomic cluster）、量子点（quantum dot）、纳米微粒（nanoparticle）

原子团簇是 20 世纪 80 年代才发现的一类化学新品种，一般指包含几个至几百个原子的粒子（粒径通常小于 1nm）。原子团簇可分为一元原子团簇、二元原子团簇、多元原子团簇和原子簇化合物。中文中纳米微粒、纳米颗粒、纳米粒子是几个比较常见的用语，纳米微粒的尺度大于原子团簇，小于通常的微粉，通常用电子显微镜进行观察，肉眼和普通显微镜无法分辨。纳米微粒常具有量子尺寸效应、宏观量子隧道效应、表面效应及小尺寸效应，表现出许多独特的性质，故而其在医药、光吸收、磁介质、滤光、催化及新材料等方面有着广阔的应用前景。

6.1.3 纳米材料的特性

由于纳米颗粒的线度介于微观的原子、分子和宏观的物体之间，其结构和特性既不同于微观的原子和分子，也不同于宏观物体，具有独特的特征，有其他一般材料所没有的优越性，可广泛应用于军事、航空、医药、化工、电子等众多领域。纳米材料的一些特性及其应用如表 6-2 所示。

表 6-2　纳米材料的一些特性及其应用

分类	纳米材料的特性	应用
热学	低熔点、高比热容、高热膨胀系数	低温烧结、高效光热转换
电学	高电阻、库仑堵塞效应、量子隧道效应	纳米电子器件、导电浆料、量子器件、超导体、电极、非线性电阻和压敏
光学	吸收率大、反射率低、吸收光谱蓝移	红外传感器件、红外隐身技术、光电转换、高效光热、光开关、光通信、光滤波、光吸收、光存储、光致发光、光折变材料、非线性光学元件
磁学	超顺磁性、高矫顽力、强软磁性、巨磁电阻效应	磁光元件、磁存储、磁流体、磁光记录、永磁材料、磁记录、磁流体、磁制冷材料、磁探测器
化学	高活性、高吸附性、光催化活性、高扩散性	空气净化、废水处理、抗菌、自清洁、催化剂载体、汽车尾气净化、催化剂
力学	高强度、高韧性、高硬度、高塑性、低密度、低弹性模量	纳米金属陶瓷高性能刀具，用于高压、真空、腐蚀等极端环境的纳米陶瓷
生物	高度仿生、高表面积、高渗透性	纳米孔基因测序、药物筛选、人工骨、靶向给药、芯片实验室、药物载体、抗癌

纳米材料的表面积会随着线度的减小而增大，颗粒表面的原子数与其总电子数也会随着粒径的变大而增大，如表 6-3 所示。

表 6-3　表面原子数与总原子数之比和粒经的关系

粒径/nm	总原子数/个	表面原子数/总原子数
1	30	90%
2	250	80%
5	4000	40%
10	3×10^4	20%
20	25×10^4	10%
100	3×10^7	2%

表面原子核内部原子不同，它的配位数减少，非键轨道增加，内部结合能降低，故其活性增加。纳米颗粒还有其体积效应，主要表现为宏观量子隧道（macroscopic quantum tunneling）效应、量子化效应和小尺寸效应。宏观量子隧道效应是指宏观参数通过系统的两个能量最小状态之间势垒发生变化，使系统处于更低的能量状态。量子化效应是指当颗粒尺寸减小时，其连续的能带将分裂为分立的能级。随着颗粒尺寸的纳米化，颗粒中电子数显著减小，能隙值显著增加，当其数值达到 kT 的数量级时，连续的能带就分裂为分立的能级。小尺寸效应是指随着颗粒尺寸的减小，所引起的宏观理化性质的变化。当粒径为 1nm 时，其原子数目会比其他任何时候少得多，此时其宏观理化性质如热、力、光、电、磁及反应活性等都将发生变化，其中一些纳米颗粒与宏观块体材料性质的比较如表 6-4 所示。

表 6-4　纳米颗粒的特性

性质	纳米颗粒：粒径/nm	块体材料
磁场强度/(A/m)	Fe(5)：8.20×10^4	3.74×10^4
烧结温度/℃	Bi(20)：200	＞700
超导转变温度/K	Au(9)：5.3	3.4
相对催化活性	Ni(1)：约 6	约 3
吸光率×100（$\lambda=6.6\sim10.0\mu m$）	Au(10)：95	2～5
熔点/K	Au(3)：900	1300

纳米晶粒往往是具有 5 次对称轴的准晶（quasicrystal）构型，最为常见的为体心二十面体和五角十面体，如图 6-2 所示。

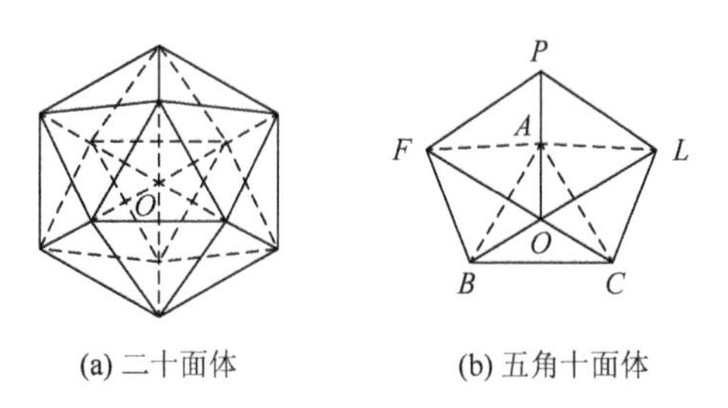

图 6-2　二十面体和五角十面体的构型

原子团簇的构型随原子的种类和粒径而变化，而二十面体是原子簇中比较稳定的一种结构，特别是原子簇所含的原子数不大时，它是最稳定的结构。纳米技术的快速发展，使得其在人们的日常生活中也越来越常见。但是早在几十年之前，人们就认识到吸入微粒会损耗到人们的心血管系统及动脉内壁，因此纳米材料的安全性问题在国际上受到了广泛的关注。因此，我国 973 专项中的研究内容包括了纳米微粒穿越生物屏障进入体内的能力和机制，纳米微粒产生的特殊的毒理学效应及其靶器官选择性等 7 个子项，力求较全面地认识、解决纳米材料存在的安全性问题。

6.2 纳米材料的制备方法

6.2.1 纳米材料制备方法概述

纳米材料的研究和应用已经涉及材料领域的各个方面。但是由于纳米的表面活性高，容易发生团聚，人工合成制备纳米微粒的条件都比较苛刻。通常情况下，纳米材料的制备包括颗粒、薄膜、块体及复合材料的制备，制备的关键是控制颗粒的大小和获得较窄的粒度分布。到目前为止，人们已经有很多种制备纳米微粒的方法，这些方法可大致归类为两步过程和一步过程。两步过程是将预先制备的孤立纳米颗粒固结成块体材料。一步过程则是将外部能量引入或作用于母体材料，使其产生相或结构转变，直接制备出块体纳米材料。例如，快速凝固、滑动磨损、高能粒子辐照、高能机械球磨、非晶材料晶化、火花蚀刻和严重塑性形变等。根据制备纳米微粒过程中反应所处的介质环境不同，可以简单地将纳米微粒的制备方法分为气相法、液相法和固相法三种。

气相法是指制备纳米微粒的原料为气态物质，或者是利用具有挥发性的金属化合物蒸气，通过化学反应生成所需要的化合物。物理气相沉积法是利用高频电场、电弧或等离子体等高温热源将原料加热使之气化，然后降温冷却，将蒸气凝聚成纳米微粒。该方法比较适用于制备由液相法和固相法难以直接得到的纳米微粒。化学气相法是以有机金属化合物、挥发性金属卤化物、金属或氢化物等蒸气为原料，发生化学反应，然后经过凝聚得到纳米微粒。该方法具有很多优点，如粒度小、纯度高、分散性好、颗粒均匀、过程连续、化学反应活性高和工艺可控等，该方法适合于制备高熔点碳化物、氧化物、氮化物等的纳米微粒，广泛应用于刀具、微电子材料、原子反应堆材料和特殊复合材料等多个领域，是一种常用的制备纳米微粒的方法。液相法主要用于工业或者实验室制备纳米粉体。一般是在一种或多种离子的可溶性盐溶液中加入沉淀剂后，经一系列反应和操作之后，经热解或脱水即得到所需的氧化物粉料。其优点是制备的纳米微粒的大小、形状和组成较易控制等。固相法是指制备纳米微粒的原材料、中间产物及最终产物都是固态的。气相法和液相法制备的微粉大多数情况下都需要进一步处理，大部分的处理是把盐转变成氧化物等，使其更容易烧结，这都属于固相范围。固相法工艺简单、适合大规模生成，所以仍是制备纳米微粒常用的方法之一，但是它有效率低、纯度差、能耗大、粉体不够细等缺点。

6.2.2　典型的气相制备方法

气相法是一类常用的制备纳米微粒的方法，该方法简单、便捷，可以直接利用气体或通过各种手段将物质变为气体，使之在气体状态下发生物理或化学反应，最后在冷却过程中凝聚长大形成纳米微粒的方法。气相法制备纳米微粒最早可以追溯到我国古代利用蜡烛火焰收集炭黑制黑，这就属于气相法制备纳米微粒。

1. 化学气相反应法

1）气相分解法：气相分解法也称单一化合物热分解法，一般是对待分解的化合物或经前期预处理的中间化合物进行加热、蒸发、分解，从而得到目标纳米微粒的方法。热分解过程中一般都具有下列反应式。

$$A(g) \longrightarrow B(s)+C(g)\uparrow$$

气相分解的原料通常是 $Fe(CO)_5$、SiH_4、$Si(NH)_2$、$Si(OH)_4$ 等金属氯化物、有机硅或者其他化合物，它们的化学反应式如下。

$$Fe(CO)_5(g) \longrightarrow Fe(s)+5CO(g)\uparrow$$

$$SiH_4(g) \longrightarrow Si(s)+2H_2(g)\uparrow$$

$$3Si(NH)_2(g) \longrightarrow Si_3N_4(s)+2NH_3(g)\uparrow$$

$$Si(OH)_4(g) \longrightarrow SiO_2(s)+2H_2O(g)\uparrow$$

如果采用金属氯化物气相热解制备相应金属微粒时，通常还要在反应体系中加入 H_2 或 NH_3 还原性气体。这类反应一般都是多元反应。

2）气相合成法：气相合成法通常是利用两种或两种以上物质在高温下合成出相应的化合物，之后经过快速冷凝，来制备出所需要的纳米微粒。其反应式如下。

$$A(g)+B(g) \longrightarrow C(s)+D(g)\uparrow$$

下面列举几个比较典型的气相合成反应。

$$3SiH_4(g)+4NH_3(g) \longrightarrow Si_3N_4(s)+12H_2(g)\uparrow$$

$$3SiCl_4(g)+4NH_3(g) \longrightarrow Si_3N_4(s)+12HCl(g)\uparrow$$

$$2SiH_4(g)+C_2H_4(g) \longrightarrow 2SiC(s)+6H_2(g)\uparrow$$

$$3SiH_4(g)+4NH_3(g) \longrightarrow Si_3N_4(s)+12H_2(g)\uparrow$$

依靠气相化学反应合成微粒，是由于气相下均匀核生产及核生长而产生的，反应器需要形成较高的过饱和度，反应体系要有较大的平衡常数。此外，需要考虑反应体系在高温条件下各种副反应发生的可能性，并在制备过程中尽可能加以抑制。表 6-5 给出了几种典型反应体系的平衡常数。

表 6-5　几种典型反应体系的平衡常数

化学反应方程	平衡常数（$\lg K_p$）		产物粒径/nm
	1000℃	1500℃	
$(CH_3)_4Si \longrightarrow SiC+3CH_4$	11.1	10.8	10～200
$TiI_4+1/2C_2H_4+H_2 \longrightarrow TiC+4HI$	1.6	3.8	10～200
$CH_3SiCl_3 \longrightarrow SiC+3HCl$	4.5	6.3	<30
$SiH_4+4/3NH_3 \longrightarrow 1/3Si_3N_4+4H_2$	15.7	13.3	<200
$TiI_4+CH_4 \longrightarrow TiC+4HI$	0.8	4.2	10～150
$SiCl_4+4/3NH_3 \longrightarrow 1/3Si_3N_4+4HCl$	6.3	7.5	10～100
$WCl_6+CH_4+H_2 \longrightarrow WC+6HCl$	22.5	22.0	20～300
$ZrCl_4+NH_3+1/2H_2 \longrightarrow ZrN+4HCl$	1.2	3.3	<100
$MoO_3+1/2CH_4+2H_2 \longrightarrow 1/2Mo_2C+3H_2O$	11.0	8.0	10～30
$TiCl_4+CH_4 \longrightarrow TiC+4HCl$	0.7	4.1	10～100
$SiH_4+CH_4 \longrightarrow SiC+4H_2$	10.7	10.7	10～100
$TiCl_4+NH_3+1/2H_2 \longrightarrow TiN+4HCl$	4.5	5.8	10～400
$SiCl_4+CH_4 \longrightarrow SiC+4HCl$	1.3	4.7	5～50

2. 惰性气体蒸发法

惰性气体蒸发法是在低压惰性气体气氛中将金属、合金、氧化物等蒸发气化，气化分子与惰性气体分子发生碰撞，然后冷却、凝结而形成纳米微粒。该方法的优点是可以通过改变载气压力来调节微粒大小，微粒表面光洁，粒度均匀；不足之处在于粒子形状难以控制，最佳工艺条件较难掌握。

纳米铜材料能在温室下延伸 50 多倍而不断裂，因其超塑延展性等特异物理化学性质而广泛应用于催化、导电涂料等领域，以及作为自修复高档润滑油的添加剂，显示了广阔的应用前景。低压气体中蒸发法可以制备铜的纳米微粒。在图 6-3 所示装置中，首先将高纯度的原料铜片或铜粉放入钨制加热舟中，关闭真空室。利用抽气泵对系统进行真空抽气达到本底真空度，并利用惰性气体进行置换，惰性气体为高纯 Ar 或 He。通过抽气流量和进气流量的调节，将真空室内气压控制在所需的参数范围内（通常为 0.1～10kPa）。然后给钨加热舟通电，随着加热功率的增加，钨加热舟逐渐发红变亮，当温度达到铜的熔点时铜片熔化，继续加热，可观察到钨加热舟上方产生烟雾，同时收集器表面变黑，表明蒸发已经开始。随着蒸发的进行，钨加热舟内铜液不断减少；停止加热待蒸发舟冷却后，打开真空室，轻轻刮下收集器表面的粉末，就是低压气体中蒸发法制备的铜纳米微粒。

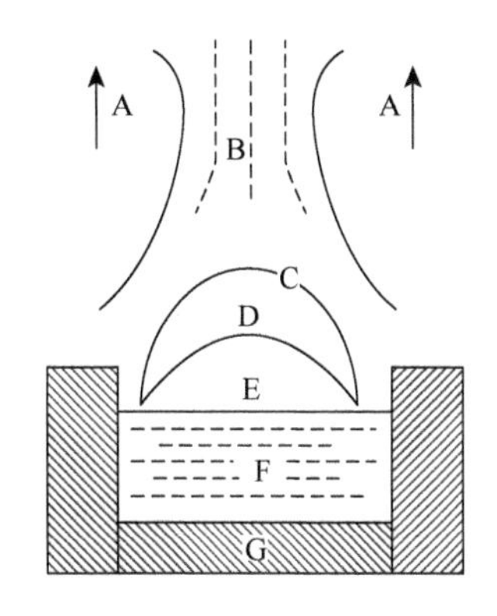

图 6-3　低压气体中蒸发法制备纳米微粒的原理

A. 惰性气体（Ar、He 等）；B. 连成链状的纳米微粒；C. 成长的纳米微粒；D. 刚生成的纳米微粒；E. 蒸气；F. 熔化的金属、合金或离子化合物；G. 坩埚

在蒸发的过程中，铜原子由钨加热舟向上移动，和惰性气体原子碰撞，释放能量而冷却。冷却过程在铜原子蒸气中形成很高的局域过饱和，导致均匀的成核过程。铜原子蒸气在气体冷却过程中形成温度梯度场，如图 6-4 所示。离开钨加热舟的铜原子在 B 区域（区域温度低于临界核形成温度）凝聚成核，临界核从形成到进入 D 区域前是处于高温区域，铜原子蒸气和临界核都具有较高能量，相互碰撞会使临界核长大形成纳米微粒。纳米微粒在进入 D 区域前不断长大，进入 D 区域后，铜原子蒸气的密度和能量较低，微粒基本不再长大，纳米微粒间的碰撞主要是连成链状微粒团。当凝聚发生在铜原子蒸气密度较高的区域时，颗粒会急速长大，影响纳米微粒的制备。

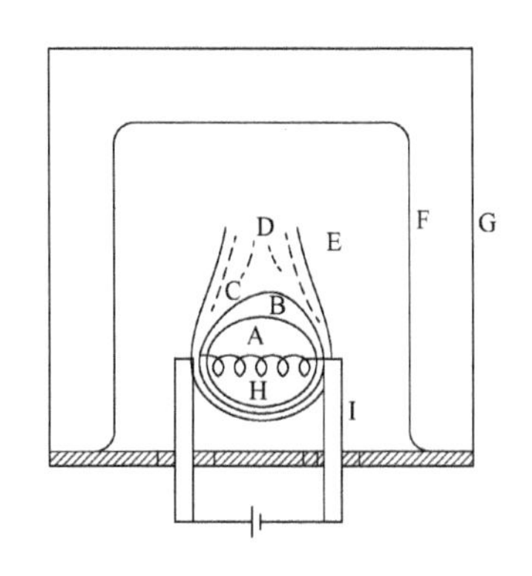

图 6-4　低压气体中蒸发法的原理

A. 原材料蒸气；B. 初始成核；C. 形成的微晶；D. 长大了的纳米微粒；E.惰性气体；F. 纳米微粒收集器；G. 真空罩；H. 加热丝；I. 电极

成核速率随过饱和度的变化及总自由能随核生长的变化分别如图 6-5 和图 6-6 所示。

由图 6-5 和图 6-6 可知，成核与生长过程都是在极短的时间内发生的，而总自由能一开始是随核生长半径的增大而变大，但当核的尺寸超过临界半径（r_n）的时候，它将迅速减小。低压气体中蒸发可以通过改变气体压力、蒸发源与冷阱

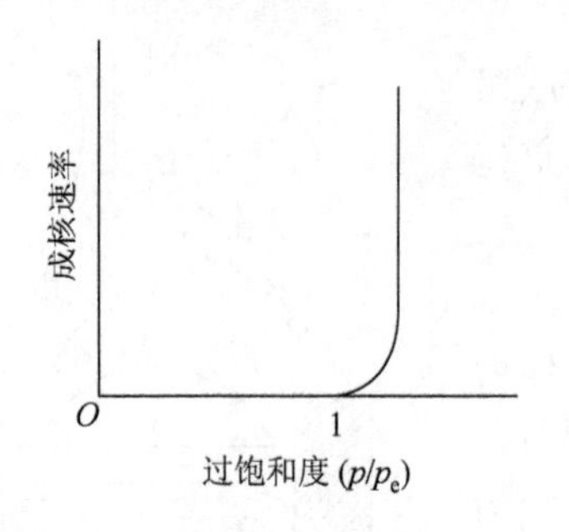

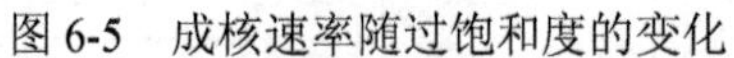

图 6-5　成核速率随过饱和度的变化

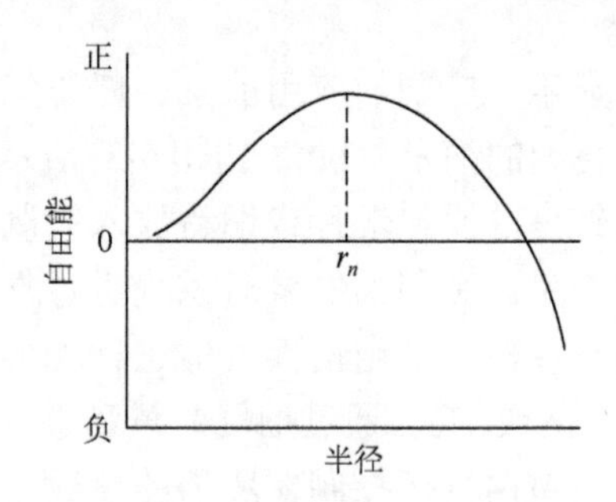

图 6-6　总自由能随核生长的变化

的距离、蒸发速率及惰性气体的种类来调节纳米微粒的粒径。当气体压力很高时，原料蒸气分子与惰性气体分子碰撞频率增加，凝聚、成核过程主要发生在蒸发源附近的区域，并且凝聚核在被冷阱收集之前有足够的时间长大，形成较大的微粒。当气体压力较低时，凝聚、成核过程发生在远离蒸发源的区域，这里原料的饱和蒸气压较高，成核速率快，成核数目多，因此形成的纳米微粒粒径较小。蒸发源与冷阱的距离决定了金属原子成核、成长到被捕捉所需要的时间。距离越长，所需时间越长，则纳米微粒相互碰撞的概率增加，纳米微粒的平均粒径就会变大，且粒径分布变宽。而蒸发速率越快，微粒就越大，因此，当要获得较小粒径的微粒时，应该注意控制蒸发速率。在相同的压力下，氦气最有利于获得粒径较小的纳米微粒，因此，目前大部分低压气体蒸发法中使用的气体都是氦气。图 6-7 为 Al、Cu 的超微粒平均直径与 He、Ar、Xe 惰性气体压力的关系。

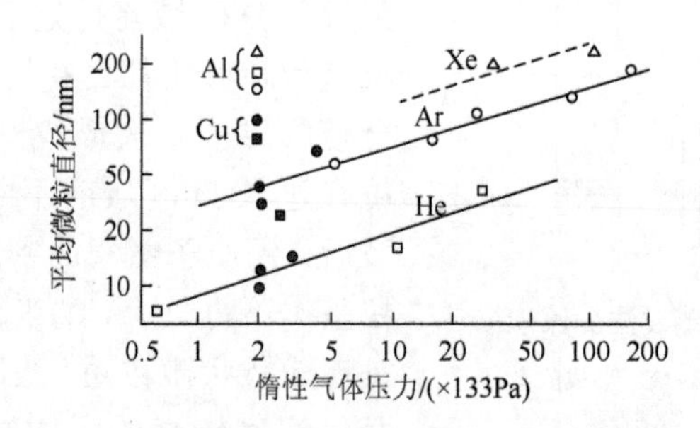

图 6-7　Al、Cu 的超微粒平均直径与 He、Ar、Xe 惰性气体压力的关系

用该方法制备的纳米微粒粒度均匀，粒径分布窄，表面洁净，且易扩大制备纳米微粒的范围。

（1）**电阻加热法**　　电阻加热所需设备在实验室里最容易组装，其蒸发源采用的是真空蒸发通常采用的舟状电阻发热体或螺旋纤维，它的模型如图 6-8 所示。

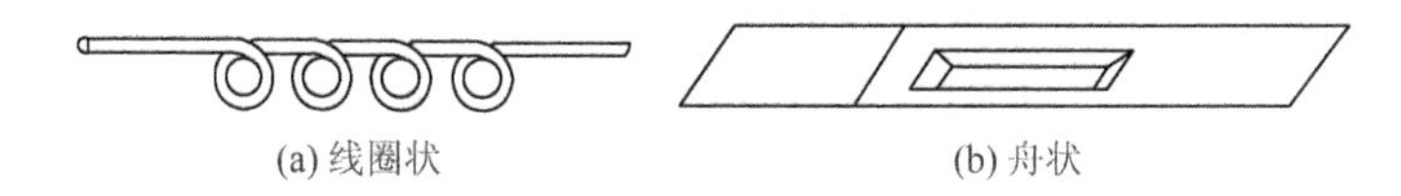

图 6-8 蒸发电阻加热的发热体

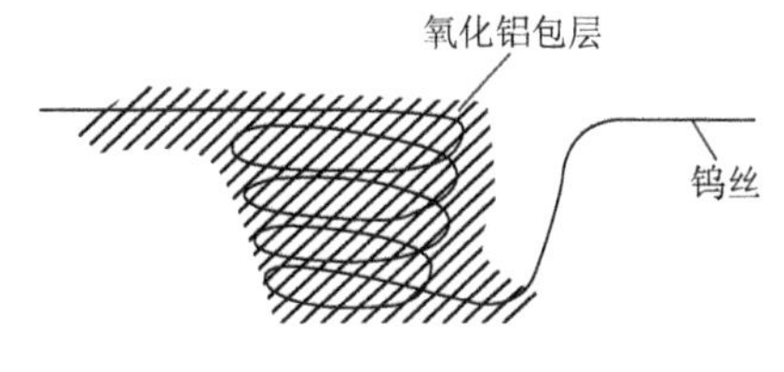

图 6-9 氧化铝包覆钨丝发热体

当蒸发原料的蒸发温度高于发热体的软化温度，或者发热体与蒸发原料在高温熔融后会形成合金的情况下，不能使用该方法进行加热和蒸发。这种方法目前主要是进行 Au、Al、Cu、Ag 等低熔点金属的蒸发。图 6-9 是用 Al_2O_3 等耐火材料包裹了的钨丝作为电阻发热体的，用该方法可以避免蒸发材料熔化后与上述 Au、Al、Cu、Ag 等金属发生接触。

该方法只是一种应用于实验研究的纳米微粒制备方法，由于其设备简单，因此对于一些刚刚开展纳米微粒研究的工作人员来说，仍不失为一个好方法。而且该方法的设备使用方便，价格便宜，提取的纳米微粒结晶好，纯度高，还可以调整气体的温度、加热速率和气体分压来控制纳米微粒的粒径大小。但是其在加热原材料的同时，舟自身也会有所蒸发，这一缺陷可能会带来比较严重的杂质污染。电阻加热制备纳米微粒的装置如图 6-10 所示。

（2）*等离子体加热*　利用等离子体的高温使原料蒸发是一种十分有效的加热手段，由于等离子体中存在大量的高活性物质微粒，这样的微粒可以与反应物微粒迅速交换能量，有助于反应的正向进行。用该方法制备的纳米微粒产品收率大，特别适合制备高熔点的各类纳米微粒。但是该方法的缺点也是显而易见的，也是工业生产中难以克服的技术难点，就是该方法中的熔融原料容易被等离子体吹飞。其制备示意图如图 6-11 所示。

图 6-11 中，金属原料置于水冷铜坩埚上，部分 He、Ar 等惰性气体流过等离子体枪形成等离子火焰，等离子体尾焰区的温度较高，离开尾焰区温度急剧下降，反应物微粒在尾焰区处于动态平衡的饱和状态，该状态中的反应物迅速解离并形成核结晶，脱离尾焰后温度骤然下降而处于过饱和态，成核结晶瞬时淬灭形成纳米微粒。微粒的大小可由真空室的压力、抽气速度和载气流量来调节。

（3）*高频感应加热法*　高频感应加热法是将耐火坩埚内的蒸发原料进行高频感应加热蒸发而制得纳米微粒的一种方法。利用该方法可以制备各种金属、合金的纳米微粒。高频感应加热法可以长时间内以恒定的功率运转，还可以将熔体的蒸发温度保持恒定，使熔体的合金保持良好的均匀性，而且在工业化的生产规模中，加热源的功率可以达到兆瓦级。图 6-12 为高频感应加热制备磁性纳米微粒的中试炉。

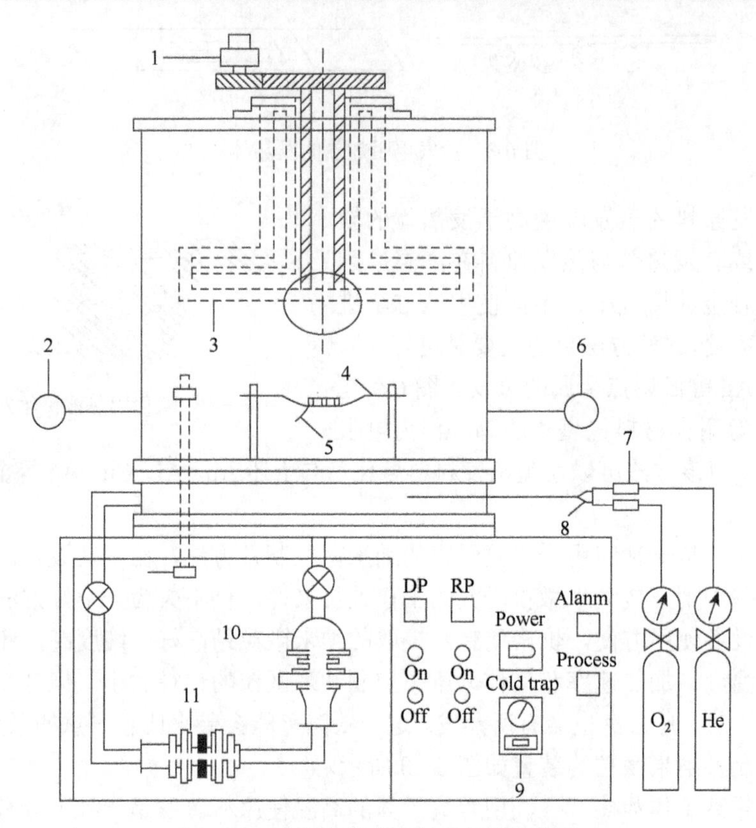

图 6-10　电阻加热制备纳米微粒的装置

1. 电动机；2. 高真空计；3. 冷阱；4. 加热舟；5. 热电偶；6. 低真空针；7 流量控制计；8. 混合器；9. 功率控制器；10. 扩散真空泵；11. 回旋真空泵；DP. 指定端口；RP. 根端口；Alanm. 警告；Power. 电源；Process. 处理；Cold trap. 冷凝器；On. 开；Off. 关

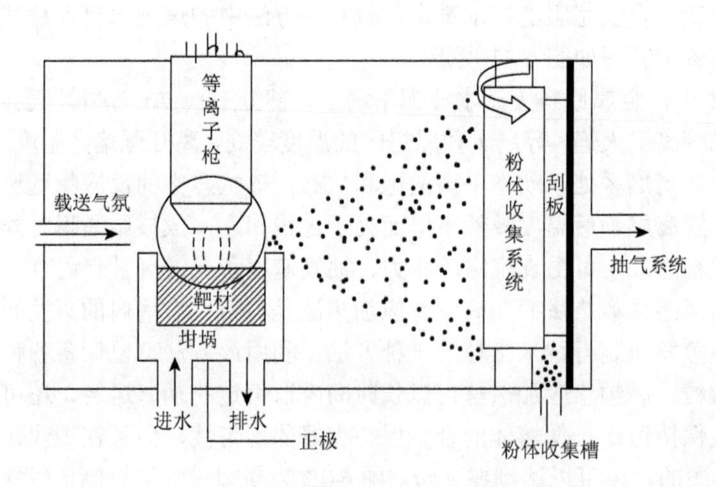

图 6-11　等离子体加热制备纳米微粒

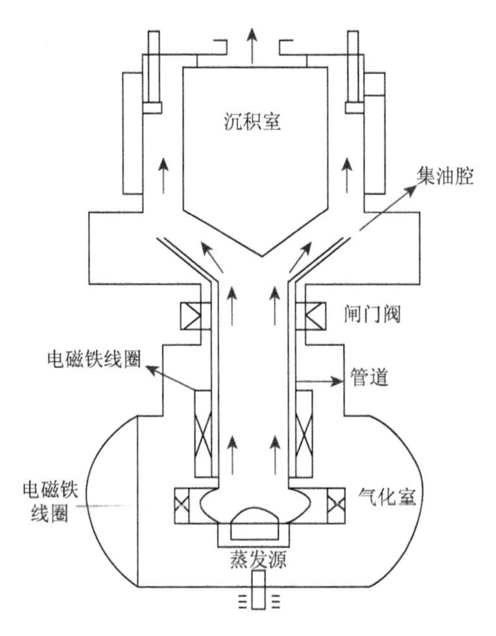

图 6-12 高频感应加热制备磁性纳米微粒的中试炉

高频感应加热中，熔体会发生由坩埚中心部向上、向下及向边缘流动，其缺点就是对于高熔点低蒸发的物质如 W、Ta、Mo 等的纳米微粒制备相当困难。使用该方法制备纳米微粒，规模越大，纳米微粒越均匀。

（4）电子束加热法　电子束加热法通常是在高真空中使用，主要用于溅射、焊接、熔融及微加工等方面。为了防止压力升高，发生放电异常，致使电子束不能有效地到达所需要的地方，电子在电子枪内由阴极放射出来时，电子枪内都要保持真空（0.1kPa）。为了能使其保持真空，一般都安装了排气速度很高的真空泵。安装该设备可以有效地消除电子枪及电子束系统的污染，从而使设备长时间运转，防止生成的微粒被吸入电子系统。图 6-13 为电子束加热制备纳米微粒示意图。

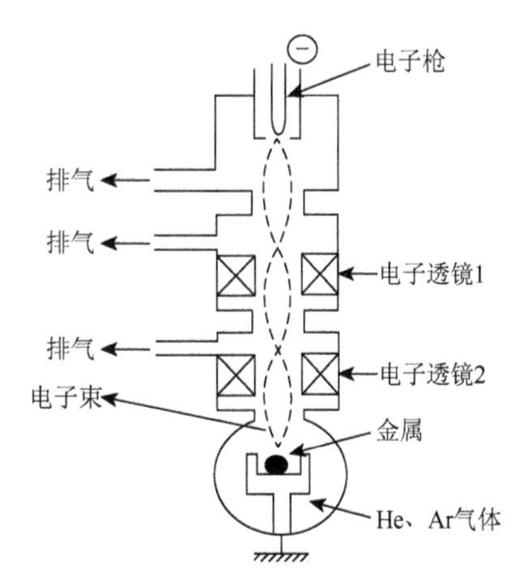

图 6-13 电子束加热制备纳米微粒示意图

电子束加热仅在很小范围内对原料加热，总功率不高，但加热能量密度高，蒸发速率与靶材温度关系很小。高密度能量加热形成的蒸发烟区域较小，冷却区域温度梯度大，纳米微粒生长时间短，有利于形成粒径较小的纳米微粒。对于 W、Ta、

Mo 等高熔点金属及 Zr、Ti 等高活性金属的蒸发（等离子体喷雾加热中使用），除等离子体加热外，目前其他方法还无法避免这些熔融金属与坩埚间的反应。对于上述线性原料的供给法，研究了将钨丝直径在 0.2～0.7nm 改变时蒸发量的变化情况，如图 6-14 所示。

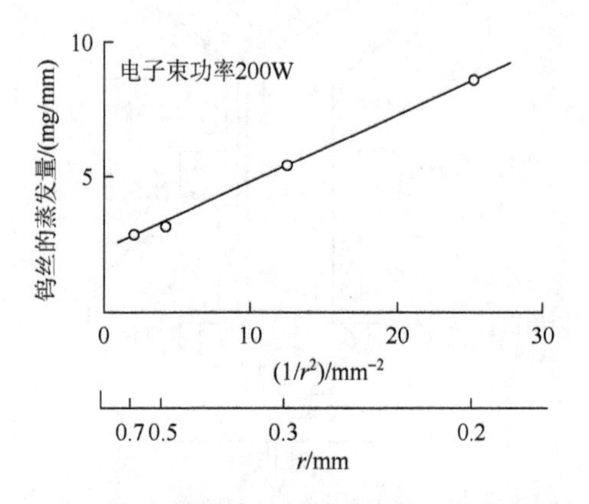

图 6-14　电子束照射钨丝时钨丝直径与蒸发量的关系

（5）电弧放电加热　　电弧放电加热是利用电弧放电所产生的高温来加热原料的，原料经蒸发、气化，然后得到纳米微粒。其装置如图 6-15 所示。

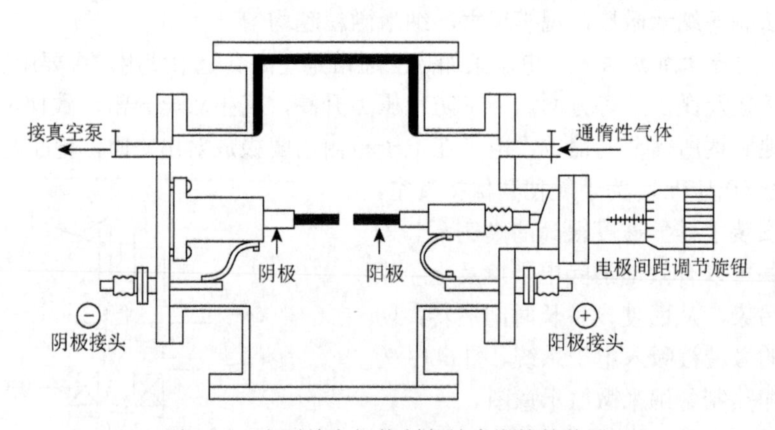

图 6-15　电弧放电加热制备纳米微粒的装置

该方法是在不锈钢制的真空室内，使用直径为 9mm 的石墨碳棒为阳极，直径为 6mm 的石墨碳棒为阴极，两极的间距可调整。实验时，首先添加过渡金属元素（如 Fe、Co、Ni、Fe/Ni、Co/Ni 等）催化剂于阳极石墨碳棒的中心，并将反应腔体抽真空，再通入流动的惰性气体（He 或 Ar），并保持稳定的压力（59 850Pa）。启动直流电压源，调整电压为 30～35V，然后以一定速度缓慢地将阳极石墨棒移往固定的阴极石墨棒，当两电极距离足够小（小于1mm）时，两电极间产生稳定的电弧。电弧的电流与电极间距、气体压力及电极棒的尺寸等相关，一般控制在50～100A。此时，阳极石墨棒尖端因瞬间电弧放电所产生的高温而气化，气态碳原子将在冷却的阳极石墨端沉淀，得到非晶碳、石墨等纳米微粒和碳纳米管。

（6）激光加热　激光加热是一种制备纳米微粒独特的加热方式，由于其加热源在系统之外，因此它不会受蒸发室的影响。加热源也不会受蒸发物质的污染。更重要的是它可以对金属、化合物及矿物等进行熔融和蒸发。其原理是采用大功率激光束直接照射各种靶材，通过原料对激光能量的有效吸收使物料加热蒸发，然后冷却、凝聚得到纳米微粒，其原理如图6-16所示。

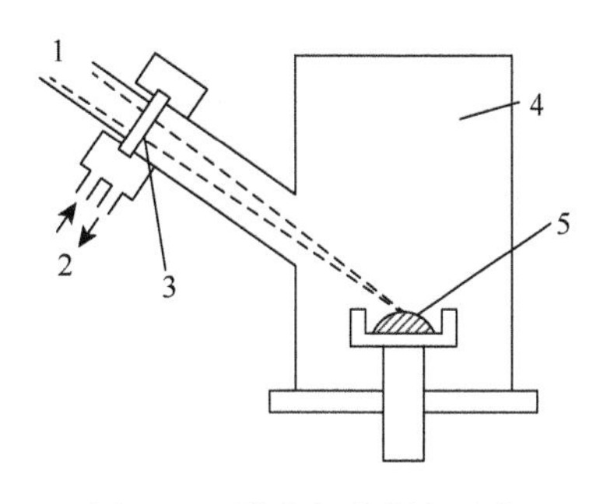

图6-16　激光加热制备纳米微粒的原理

1. 激光；2. 冷却水；3. Ge透镜；4. He、Ar气体；5. 原料

激光加热制备纳米微粒的装置与采用电阻加热时相似，只是激光需要通过Ge或NaCl单晶窗照射到蒸发原料表面。原料一般是由耐火坩埚或水冷坩埚承载。当激光照射在物体上，特别是金属上时，物体能否有效地吸收激光是一个非常重要的问题。如果改在活泼气氛中进行同样的激光照射，可以制备出氧化物及氮化物等陶瓷纳米微粒。调节蒸发的气氛压力，可以控制所制备的纳米微粒粒径的大小。当激光束的输出功率较大时，原料连续蒸发，蒸气压力上升，纳米微粒的粒径增大；当激光束输出功率减小时，所得纳米微粒的粒径较小。由于激光加热的激光光源在蒸发系统之外，故而不受蒸发室的影响，且有利于纳米微粒的快速凝聚等。

将不同的加热方式归纳成表6-6，可以比较不同加热方式下用低压气体蒸发法制备纳米微粒的特点。

表6-6　不同加热方式下用低压气体蒸发法制备纳米微粒的特点

加热方式	真空气体	加热特色	特征
电阻加热	非活性气体、还原性气体133～13 300Pa	电阻加热器的形状有篮状、灯丝状、舟状，温度最高达2000℃	实验室规模最容易组成，但一次的生成量仅数微克
等离子体加热	非活性气体 26 600～101 325Pa	原料位于水冷铜坩埚内，以等离子体喷射加热，温度可达2000℃，加热功率大	可用于研究室规模，量产（20～30克/次），几乎所有的金属都适用
高频感应加热	非活性气体 133～6 650Pa	原料为金属或合金，高频感应加热耐火坩埚内的原料，坩埚内有搅拌效果，加热功率大	粒径控制十分容易，而且粒度集中，可用于大量制备，设备可长时间连续运转

续表

加热方式	真空气体	加热特色	特征
电子束加热	非活性气体、反应性气体 133Pa	原料为粉末或线状，电子束加热温度可达3000℃，温度梯度大，有利于小粒径微粒制备	可用于制作 Ta、W 等高熔点金属及 TiN、AlN 等高熔点化合物
电弧放电加热	惰性气体（He 或 Ar）10 000～60 000Pa	原料为金属棒或石墨，因瞬间电弧放电产生高温蒸气	可用于制备非晶碳、金属、石墨等纳米微粒和碳纳米管
激光加热	非活性气体 1 330～13 300Pa	适合各种原料，激光焦点温度高，环境温度梯度大	蒸发容器构造简单，金属以外的化合物、矿物也可蒸发

（7）爆炸丝法　当高密度脉冲电流通过金属导体时所发生的导体爆炸性破坏称为导电体爆炸。该方法适用于工业上连续性生产纳米金属、合金和金属氧化物纳米粉体。该方法中导电体爆炸的产物是金属蒸气，这种金属气体在导体周围的气氛中高速飞溅，在分散过程中，爆炸产物被冷却并形成高分散纳米微粒。最简单的爆炸丝法制备纳米微粒的装置如图 6-17 所示。

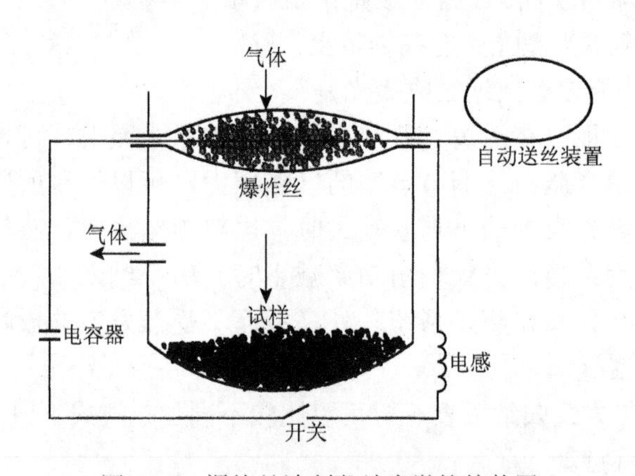

图 6-17　爆炸丝法制备纳米微粒的装置

将已获得的金属纳米粉进行水热氧化或事先在惰性气体中充入一些氧气，可以制备某些易氧化的氧化物纳米粉体。但是所得的纳米氧化物有时会呈现不同的形状。研究还发现，当金属丝爆炸能量 $E>0.6E_c$（E_c为金属的生化能）时，首先是液体金属表面形成大小约为 10nm 的纳米微粒，然后纳米微粒会进一步长大，但长大的程度取决于凝结和凝聚过程。设置不同的工作参数和气氛，用爆炸丝法可以制备高纯度、粒度分布均匀的各种纳米微粒。在一般要求下用爆炸丝法制备纳米微粒的技术参数见表 6-7。

表 6-7 爆炸丝法制备纳米微粒的技术参数

参数	条件
工作电压	≥35kV
爆炸电流	≥60kA
电流密度	$\geq 10^5$A/mm^2
爆炸时间	$\leq 10^{-5}$s
爆炸能量	≥5kJ
爆炸波形	符合理论波形

气体蒸发法主要是以金属的纳米微粒为对象，但是也可以使用爆炸丝法制备无机化合物、有机化合物及复合金属的纳米微粒。利用爆炸丝法原则上可以制备任何可制成丝状的金属或氧化物的纳米微粒。

（8）*流动液面上真空沉积法* 流动液面上真空沉积法制备纳米微粒是将物质在真空中连续地蒸发到流动着的液面上，然后回收含有纳米微粒的油并存储于储存器内，再经过真空蒸馏、浓缩的过程，可在短时间内制备大量纳米微粒。将含有纳米微粒的油回收后，经过真空蒸馏，将其浓缩，从而成为混有纳米微粒的油浆。该方法可直接制备 Au、Ag、Cu、Al、Pb、Co、In、Ni 及 Fe 等的纳米微粒，而且制备的微粒平均粒径为 3nm，比其他方法简单容易得多。纳米微粒一开始在油中分散，处于孤立状态，因而所制备的微粒粒度整齐。在制备粒径较大的微粒时可使圆盘的转速调小，增大油的黏稠度等，反之则可制备粒径较小的微粒。但是不管怎样制备，其平均粒径均为 3～8nm。用该方法制备纳米微粒的原理如图 6-18 所示。

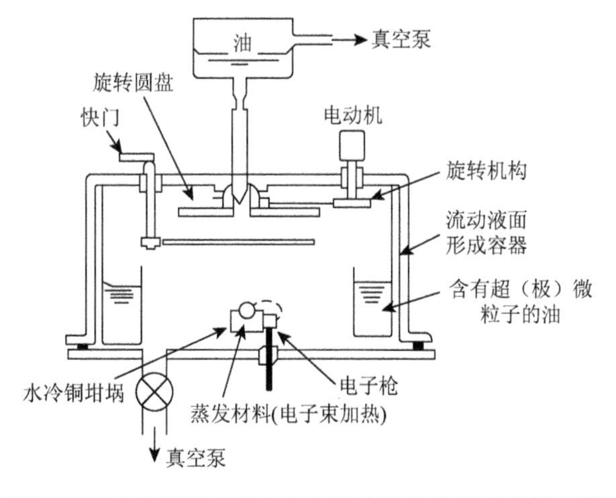

图 6-18 流动液面上真空沉积法制备纳米微粒的原理图

6.2.3　典型的液相制备方法

1. 沉淀法

沉淀法是在原料溶液中添加适当的沉淀剂，如 OH^-、$C_2O_4^{2-}$、CO_3^{2-} 等，使原料溶液中的阳离子形成各种形式的沉淀物，将溶剂和溶液中原有的阴离子洗去，经热解或脱水即可得到所需的氧化物粉料。沉淀法有共沉淀法、均匀沉淀法和水解沉淀法等。

（1）共沉淀法　　共沉淀法是指在含有两种或多种阳离子且它们以均相存在的溶液中，加入沉淀剂经沉淀反应得到各种成分均一的沉淀。该方法目前已被广泛应用于制备钙钛矿型化合物、尖晶石型化合物、铁氧体、敏感材料、锆钛酸铅压电陶瓷（PZT）、$BaTiO_3$ 系列材料及荧光材料的纳米微粒。该方法可以降低反应温度、提高反应速率。下面是用该方法制备复合氧化物的两个例子。

1）制备荧光材料 $(YEu)_2O_3$ 的化学反应式为

$$2YEu^{3+}+3(COOH)_2 \longrightarrow (YEu)_2[(COO)_2]_3+6H^+$$

$$(YEu)_2[(COO)_2]_3 \longrightarrow (YEu)_2O_3+3CO_2\uparrow+3CO\uparrow \text{(加热)}$$

2）制备磁性材料 $ZnFe_2O_4$ 的化学反应方程式为

$$Zn^{2+}+2Fe^{3+}+4(COOH)_2 = ZnFe_2[(COO)_2]_4\downarrow+8H^+$$

$$ZnFe_2[(COO)_2]_4 = ZnFe_2O_4+4CO_2\uparrow+4CO\uparrow$$

在制备过程中，通常采用调节 pH、加入过量沉淀剂和高速搅拌来达到多种离子同时均匀沉淀的目的。沉淀法又可分为单相共沉淀和混合共沉淀两种。

单相共沉淀的沉淀物为单一化合物或单相固溶体，一般是两种或多种金属离子经过进一步沉淀所得，以利用草酸盐进行单相共沉淀为例，其装置如图 6-19 所示。

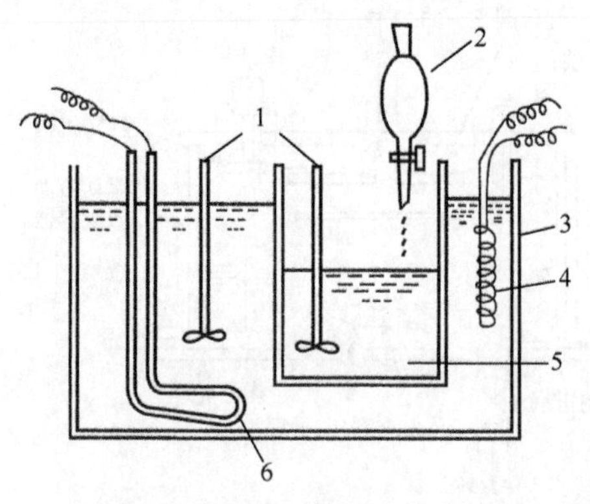

图 6-19　利用草酸盐共沉淀法制备复合氧化物纳米微粒的装置

1. 搅拌棒；2. 盐的混合溶液；3. 恒温槽；4. 恒温器；5. 草酸溶液；6. 加热器

单相共沉淀法具有能够得到性能优良且组成均匀的纳米微粒的优点。如果是利用形成固溶体的方法，则可靠化合物沉淀法来分散微量成分，达到原子尺度上的均匀性。但是形成固溶体的体系是有限的，想要得到产物微粉，还须注重溶液的组成控制和沉淀组成的管理。例如，在 $BaCl_2$ 和 $TiCl_4$ 的混合溶液中加入草酸后得到单相化合物 $BaTiO(C_2O_4)_2 \cdot 4H_2O$ 沉淀，在 Ba、Ti 的硝酸盐溶液中加入草酸沉淀剂后也形成 $BaTiO(C_2O_4)_2 \cdot 4H_2O$ 沉淀。将 $BaTiO(C_2O_4)_2 \cdot 4H_2O$ 沉淀进行高温煅烧，发生热分解和合成反应，可以得到 $BaTiO_3$ 纳米微粒。

$$BaTiO(C_2O_4)_2 \cdot 4H_2O \longrightarrow BaTiO(C_2O_4)_2+4H_2O$$

$$BaTiO(C_2O_4)_2 \longrightarrow BaCO_3+TiO_2+2CO+CO_2$$

$$BaCO_3+TiO_2 \longrightarrow BaTiO_3+CO_2\uparrow$$

如果沉淀物为混合物，那么此种共沉淀法就属于混合共沉淀法，其过程非常复杂，本质上为分别沉淀。溶液中不同种类的阳离子不能同时沉淀，各种离子沉淀的先后与溶液的 pH 密切相关，如图 6-20 所示。

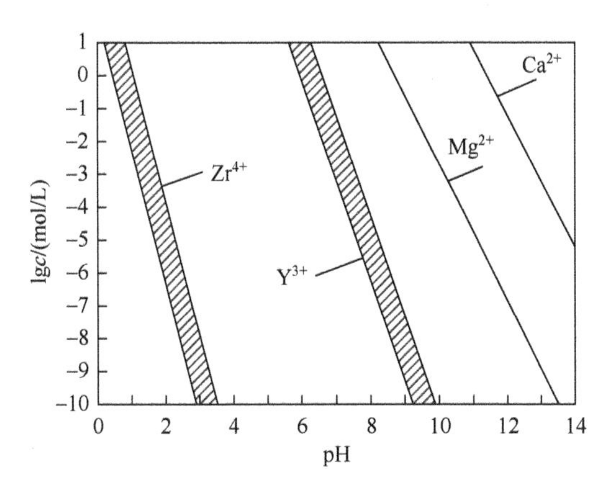

图 6-20 不同金属离子沉淀的 pH 范围

如果用 $ZrOCl_2 \cdot 8H_2O$ 和 YCl_3（化学纯）为原料来制备 ZrO_2-Y_2O_3 纳米微粒，其反应化学方程式为

$$ZrOCl_2+2NH_4OH+H_2O \longrightarrow Zr(OH)_4\downarrow+2NH_4Cl$$

$$YCl_3+3NH_4OH \longrightarrow Y(OH)_3\downarrow+3NH_4Cl$$

$$Zr(OH)_4 \longrightarrow ZrO_2+2H_2O$$

$$2Y(OH)_3 \longrightarrow Y_2O_3+3H_2O$$

（2）均匀沉淀法　在一般沉淀法的操作过程中，一般是向金属盐溶液中直接滴加沉淀剂，这样就会造成沉淀剂的局部浓度过高，使沉淀中极其容易夹带其

他杂质，并且会出现粒度不均匀等情况。但如要控制溶液中的沉淀剂浓度，使之缓慢增加，则使溶液中的沉淀处于平衡状态，且沉淀能在整个溶液中均匀出现，这就是均匀沉淀法。常用的均匀沉淀试剂为尿素，它的水溶液在70℃左右会发生下列分解反应。

$$(NH_2)_2CO+3H_2O \longrightarrow 2NH_4OH+CO_2\uparrow$$

该反应中生成的 NH_4OH 有沉淀剂的功能，可以用来制备金属氢氧化物或碱式盐沉淀。

$$CoCl_2+2NH_4OH = Co(OH)_2\downarrow +2NH_4Cl$$

$$PbAc_2+NH_4OH = Pb(OH)Ac\downarrow +NH_4Ac$$

（3）*水解沉淀法*　水解沉淀法的原理是通过配制无机盐的水溶液，控制其水解条件，合成单分散性的球、立方体等形状的纳米微粒。例如，钛盐溶液的水解可合成球状、单分散形态的 TiO_2 纳米微粒。

$$TiOSO_4+3H_2O \longrightarrow Ti(OH)_4\downarrow +H_2SO_4$$

$$Ti(OH)_4 \longrightarrow TiO_2+2H_2O$$

$NaAlO_2$ 水解可得到 $Al(OH)_3$ 沉淀，加热分解后可制得氧化铝纳米微粒。

$$NaAlO_2+2H_2O \longrightarrow NaOH+Al(OH)_3\downarrow$$

$$2Al(OH)_3 \longrightarrow Al_2O_3+3H_2O$$

2. 金属醇盐水解法

金属醇盐是有机金属化合物的一种，是金属与醇反应生成的含有 M-O-C 键的金属有机化合物，可用通式 $M(OR)_n$ 来表示，它是醇（ROH）中羟基的 H 被金属 M 置换而形成的一种化合物，也可以把它看为金属氢氧化物 $M(OH)_n$ 中氢氧根的 H 被烷基 R 置换而形成的一种化合物。金属醇盐水解法就是利用金属有机醇盐能溶于有机溶剂并可发生水解，生成氢氧化物或氧化物沉淀的特性制备粉料的一种方法。表 6-8 是金属醇盐水解法制备的 $SrTiO_3$ 纳米微粒的组成。

表 6-8　金属醇盐水解法制备的 $SrTiO_3$ 纳米微粒的组成

醇盐浓度/(mol/L 溶剂)	水解的水量（相对理论量）	水解后回流时间/h	阳离子			
			平均值		标准偏差	
			Sr	Ti	Sr	Ti
0.117	20 倍	4	1.005	0.998	0.0302	0.0151
0.616	20 倍	2	1.009	0.996	0.0458	0.0228
3.610	6.5 倍	2	1.018	0.991	0.0629	0.0314

由表 6-8 可知，不同浓度醇盐合成的 $SrTiO_3$ 纳米微粒的 Sr/Ti 含量之比都非常接近 1。低浓度的醇盐溶液是完全透明的溶液，而高浓度下为乳浊液，两种物质混合不均匀，从而导致组分偏离化学计量比。该方法可以通过减压蒸馏或在有机溶剂中重结晶纯化，以降低杂质离子含量。同时，控制金属醇盐或混合金属盐的水解程度，可以大大降低材料的烧结温度。

3. 溶胶-凝胶法

溶胶-凝胶法制备纳米微粒的基本原理是以液态的化学试剂配制金属无机盐或金属醇盐前驱物，前驱物溶于溶剂中形成均匀的溶液，溶质与溶剂产生水解或醇解反应，反应生成物形成稳定的溶胶体系，经过长时间放置或干燥处理溶胶会转化为凝胶，再经过热处理即可得到产物。该方法工艺、设备简单，获得的产物不易引进杂质、纯度高，但是原材料价格昂贵。该法可容纳不溶性组分或不沉淀组分，但是在干燥时收缩较大。另外，其化学均匀性好，故胶粒内及胶粒间化学成分完全一致，但凝胶颗粒之间的烧结性差。其粉末活性高，合成温度低，容易控制成分。溶胶-凝胶过程中凝胶的形成如图 6-21 所示。

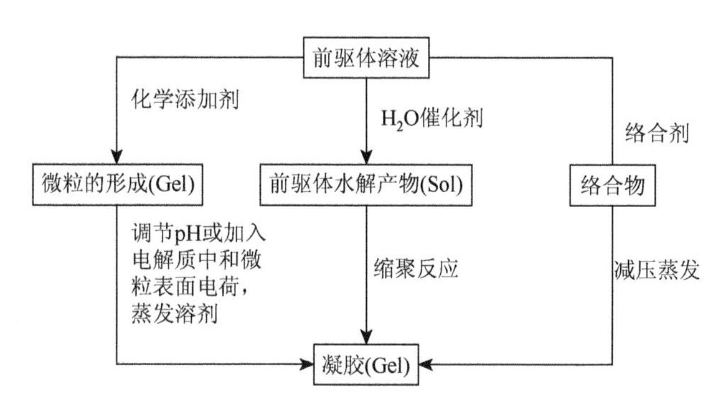

图 6-21　溶胶-凝胶过程中凝胶的形成

影响溶胶和凝胶形成的因素有很多，其中，盐浓度有很大影响。盐浓度过大或过小，都不利于溶胶与凝胶的形成，盐浓度与产生的现象如表 6-9 所示。

表 6-9　浓度对溶胶和凝胶形成的影响

浓度/(mol/L)	时间/h	现象
1.00	3	沉淀
0.70	12	沉淀
0.50	48	凝胶

续表

浓度/(mol/L)	时间/h	现象
0.30	60	凝胶
0.10	48	沉淀
0.05	24	沉淀

在其众多影响中，介质也是一个不可忽视的因素。降低介质的吸湿性，有利于溶胶与凝胶的形成。而苯的吸湿性较低，它的体积分数对凝胶形成的影响如表 6-10 所示。

表 6-10　苯的体积分数对凝胶形成的影响

苯的体积分数/%	温度/℃				
	10	20	30	40	50
1.0	沉淀	沉淀	沉淀	凝胶	凝胶
0.7	沉淀	沉淀	凝胶	凝胶	凝胶
0.5	凝胶	凝胶	凝胶	凝胶	凝胶
0.3	凝胶	凝胶	凝胶	凝胶	凝胶
0.1	沉淀	沉淀	凝胶	凝胶	凝胶
0.05	沉淀	沉淀	沉淀	凝胶	凝胶

4. 喷雾法

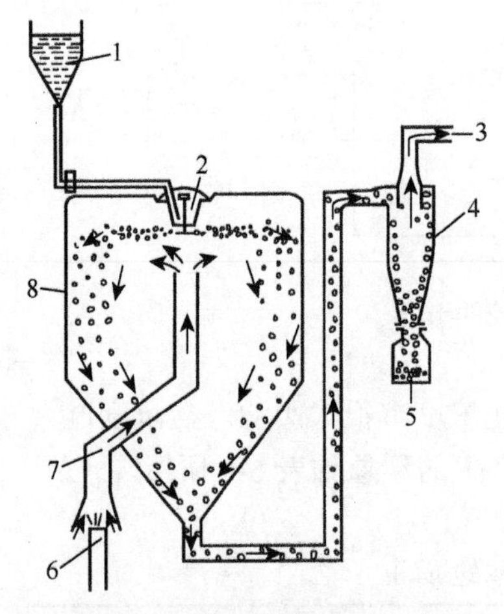

图 6-22　用喷雾热解法制备纳米微粒的装置模型

1. 混合盐水溶液；2. 雾化器；3. 排气口；4. 旋风收尘器；5. 混合盐微粒；6. 气体喷嘴；7. 热风；8. 干燥室

该方法是将溶液通过各种物理手段进行雾化获得超微粒子的一种化学与物理相结合的方法。通常，喷雾法中发生的是化学反应，有喷雾热解、喷雾水解和喷雾干燥三种方法。喷雾热解法是将金属盐溶液喷雾至高温气氛中，溶剂蒸发和金属盐热解在瞬间同时发生，从而直接合成氧化物粉末的方法。该方法比较适合连续操作，生产能力强，生产出的粒径约为 200nm。用喷雾热解法制备纳米微粒的装置模型如图 6-22 所示。

喷雾水解法是将一种盐的超微粒子由惰性气体载入含有金属醇盐的蒸气室，金属醇盐蒸气附着在超微粒的表面，与水蒸气反应分解后形成氢氧化物微粒，经焙烧后获得氧化物的超细微粒。其制备氧化铝纳米微粒的装置模型如图6-23所示。

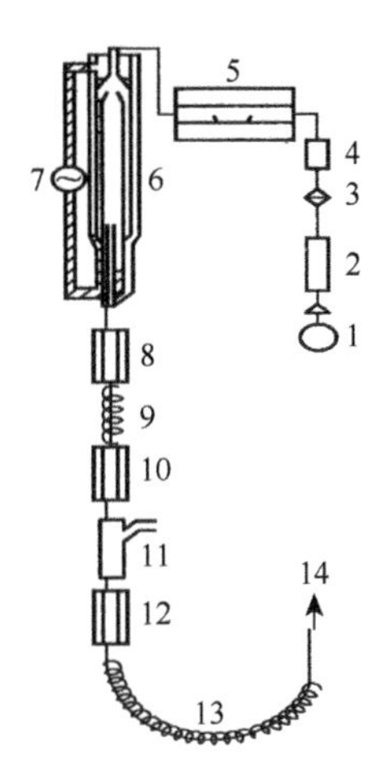

图6-23 用喷雾水解法制备氧化铝纳米微粒的装置模型

1. 载气；2. 干燥剂；3. 微孔过滤器；4. 流量计；5. 成核炉；6. 锅炉；7. 泵；8. 冷凝器；9，13. 加热元件；10. 冷凝器；11. 水解器；12. 冷凝器；14. 气溶胶出口

该方法获得的微粒纯度高、分布窄、尺寸可控，可通过控制盐微粒的大小来控制微粒的尺寸。

喷雾干燥法是另一种形式的雾化溶剂挥发法，它是将已制成溶液或泥浆的原料靠喷嘴喷成雾状物来进行微粒化的一种方法。该方法首先需要制备含有金属离子的溶液，再将制备好的溶液于雾化成为微小液滴的同时急速冷冻，使之固化，最后把这种盐在低温下煅烧即可合成纳米微粒。该方法所得的粉末是200nm左右的一次颗粒凝聚物，经处理很容易成为亚微米级的微粉，且成分均匀，可以批量生产，适用于大型工厂制造纳米粉体，而且设备简单，成本低。该方法的制作过程及其装置示意图如图6-24所示。

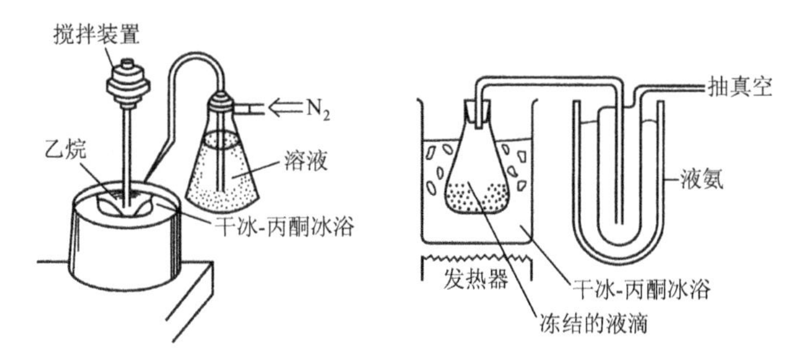

图6-24 喷雾干燥法的制作过程及其装置示意图

6.2.4 典型的固相制备方法

固相制备方法是一种比较传统的细微粉体材料的制备工艺，它是由固相到固相的变化来制造粉体材料的。它主要有机械法和固相反应法两种方式。

该方法是将金属盐或金属氧化物按一定比例充分混合，研磨后进行煅烧，通过发生固相反应直接制得纳米粉，或再次粉碎得到纳米粉的一种制备方法。图6-25为用固相反应法制备纳米微粒的一般工艺流程。

固相反应过程中，原料粉末之间的反应相当复杂。传统的固相反应通常是指高温固相反应，这种情况下不适于制备低温条件下的动力学稳定化合物和介稳态

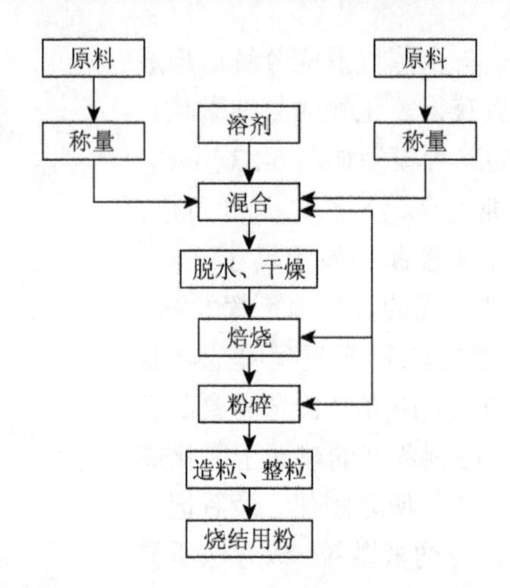

图 6-25　用固相反应法制备纳米微粒的一般工艺流程

化合物，只适于热力学稳定的化合物。而在 20 世纪 80 年代发展起来的地热固相化学反应，可以将反应温度降至室温，具有操作简单、便于控制等优点。

6.3　纳米薄膜材料

薄膜是一种物质形态，纳米薄膜的厚度为 1～100nm，它是一种新型的功能薄膜，是由尺寸在纳米量级的颗粒构成的纳米量级单层或多层薄膜，也称纳米颗粒薄膜或纳米多层薄膜。其化学成分有金属、无机非金属和有机高分子。纳米薄膜有有机纳米膜、纳米颗粒镶嵌膜、无机纳米膜和超晶格膜 4 种，它独特的电磁学、力学、光学与气敏特性使其在军事、石化、轻工业、重工业等领域有着广泛的应用前景。

纳米薄膜的分类方法众多。按其微结构可分为纳米微粒与原子团簇薄膜和纳米尺寸厚度的薄膜；按薄膜的构成与致密性可分为致密膜和颗粒膜；按用途可分为纳米结构薄膜和纳米功能薄膜；按应用可分为纳米气敏薄膜、纳米耐磨损与润滑膜、纳米滤膜、纳米光学薄膜、纳米磁性薄膜、纳米电学薄膜等；按层数可分为纳米单层膜和纳米多层膜；按组成可分为有机纳米薄膜和无机纳米薄膜等。

纳米薄膜各方面的特性均与构成纳米薄膜的颗粒尺寸相关，当薄膜的厚度或颗粒的尺寸减小至纳米量级时，其导电性与光学性能都会发生显著变化。当构成颗粒小到一定级别时，其电学特性甚至会消失。由于颗粒尺寸的减小，其膜厚度也会减小，这时大多数纳米薄膜能隙就会有所增大，继而出现吸收光谱的蓝移和宽化现象。与此同时，薄膜在光波场的作用下，当光强较弱时，其电极化强度与光波电场的一次方成正比。而且纳米薄膜的磁性在电子平均自由程、交换作用长度、磁单畴临界尺寸及超顺磁性临界尺寸等方面均大致处于 1～100nm 量级时，就会呈现出反常的磁学特性。

纳米薄膜材料的一个重要特征就是它具有纳米材料的特征，又有膜材料的特征，它在工业上有着广泛的应用，有用于气体分离的，有用于催化反应的，还有用于装饰或防腐的，特别是很多纳米薄膜用于电子信息技术。它的功能涉及医学、生物、电、磁、光等诸多领域，因此其应用十分广泛。

6.4 纳米固体材料

纳米固态块体材料简称纳米固体材料，是指用纳米晶粒紧压而成的致密块体材料。其性质与材料的结构息息相关。纳米固体材料的基本构成是纳米微粒及它们之间的界面。纳米固体材料与一般固体材料相比，主要有纳米结构单元之间的交互作用、纳米尺度效应和高浓度界面效应三个方面的特征。纳米固体材料中的结构单元是相互联系、相互作用的，由于它的结构单元为纳米量级，因此其具有量子化效应、宏观量子隧道效应和小尺度效应等。而且，由于纳米固体材料中的纳米颗粒取向不同，从而构成了不同的界面。

纳米固体材料的结构有纳米晶体与纳米非晶体之分。纳米晶体固体材料是由晶粒组元和晶界组元所构成的，而纳米非晶体是由非晶组元和界面组元构成的。此外，还有纳米准晶体，它是由准晶组元和界面组元所构成的。由于制备方法的不同，得到的纳米晶体的结构也是不同的，目前，有低密度无规网络结构、最紧密结构和紧密结构三种。低密度无规网络结构是以用溶胶-凝胶法制得的纳米氧化物固体为代表的结构；最紧密结构是用非晶化法制成的纳米晶体的结构，它的密度理论上接近理论密度；紧密结构是以用原位加压法制备的金属纳米晶体为代表的结构。纳米固体的结构是介于物质微观结构和宏观结构之间的新领域，对它的研究应考虑到颗粒尺寸的大小、形态及分布、原子组态或键组态、界面的形态、颗粒和界面的化学组成、杂质元素的分布、颗粒内和界面内的缺陷种类等方面。

纳米固体材料的性能在很多方面明显优于一般晶体和非晶体。不少纳米金属和纳米陶瓷的硬度和强度是相同成分多晶体的 4～5 倍。在韧度方面，普通陶瓷只有在 1000℃以上、应变速率小于 $10^{-4}s^{-1}$ 时才表现出塑性，而纳米二氧化钛陶瓷在 180℃时的塑性就可达 100%。纳米固体材料硬度和强度大的机理目前还尚未知晓，但主要和它的晶界结构有关。同样，对纳米块体的扩散研究还不够深入，但是其扩散性却具有普遍性，而其韧度的优越性表现在可减少陶瓷脆性开裂的产生。纳米固体材料的比热容比同类粗晶高 10%～80%，由于其独特的结构在力学方面也表现出奇异的特性，可作为耐磨、耐腐蚀、高温、高强的结构材料。

越来越多的实验证明，当金属材料的晶粒度由微米级减小到纳米级时，不但其硬度大大提高，而且其韧性及抗磨损性能也得到显著的提高。而且，由于纳米晶界上原子体积分数的增大，纳米晶体的电阻率大于同类粗晶材料。表 6-11 给出了三种纳米固体的电阻率值。由表 6-11 可知，纳米晶体快速增长时，晶格因膨胀而吸热。

表 6-11　三种纳米固体材料的电阻率值

纳米固体材料	晶粒粒度/nm	室温电阻率/(μΩ·cm)	0K 电阻率/(μΩ·cm)
Ni-P	11	360	220
	51	220	90
	102	200	62
$(Fe_{99}Cu)_{78}Si_9B_{13}$	30	126	50
	90	44	17
	非晶	102	93
$(Fe_{99}MO)_{78}$	15	198	—
	200	63	—
	非晶	195	—

此外，由于改变了晶体间距可以影响材料的铁磁性，纳米晶体的磁饱和与铁磁转变居里点将降低，纳米晶体在磁场中的电阻率却明显比粗晶降的要多。而且某些纳米晶体在降至某一特征温度时，会转变为反铁磁体。由于纳米晶体的这些特性，纳米铁氧体磁性材料可用作旋磁材料、压磁材料和巨磁材料。除此之外，纳米固体材料在光学、电学等其他方面还有优异的性能，由于这些优异的性能，纳米固体材料在现实生活中有着广泛的应用。

6.5　纳米复合材料

复合材料是由分散相和母相复合而成的材料，当材料的复合线度进入纳米量级时，就称为纳米复合材料。纳米复合材料以其优良的综合性能，被广泛地应用于交通、体育、国防及航空航天等各个领域。

复合材料是由两种或两种以上物理和化学性质不同的物质组合而成的一种均匀多相材料。当材料的复合线度为纳米量级时，它除了具有纳米结构单元之间的交互作用、高浓度界面效应和尺度效应三个主要特征外，还具有复合结构参数的纳米量级效应。纳米复合材料的中心思想就是把两种截然不同的物质的优点相结合，同时避免各自的缺点。复合材料具有可设计性，可以根据使用条件要求进行设计和制造，以满足各种特殊用途。

纳米复合材料有金属基纳米复合材料、陶瓷基纳米复合材料和聚合物基纳米复合材料三种。表6-12给出了部分纳米微粒对聚合物基纳米复合材料性能的改善与应用。

表6-12 部分纳米微粒对聚合物基纳米复合材料性能的改善与应用

纳米微粒	性能的增强	应用
CdSe、CdTe	电荷转移	光伏电池
ZnO	紫外吸收	紫外防护
石墨	导电性、阻隔性、电荷转移	电力、电子行业
纳米黏土	阻燃性、阻隔性、相容性	包装、建筑、电子行业
笼型聚倍半硅氧烷（POSS）	热稳定性、阻燃性	传感器
碳纳米管	导电性、电荷转移	LED
SiO_2	黏度控制	电子行业、电子、光电转换
Ag	抗菌	医药用品

从纳米定义上来讲，矿物质根据自然法则，早已自动形成了纳米尺度的微结构，其晶粒直径一般都小于100nm，抗弯强度是一般单体的三倍。表6-13给出了陶瓷基纳米复合材料一些力学性能的提高情况。

表6-13 陶瓷基纳米复合材料一些力学性能的提高情况

复合体系	断裂韧性/($MPa\cdot m^{1/2}$)	强度/MPa	最高使用温度/℃
SiC/Al_2O_3	3.5→4.8	350→1250	800→1200
Si_3N_4/Al_2O_3	3.5→4.7	350→850	800→1300
SiC/MgO	1.2→4.5	340→700	600→1400
SiC/Si_3N_4	4.5→7.5	850→1400	1200→1500

陶瓷基纳米复合材料强度和韧性的显著提高，在很大程度上克服了其本身的主要缺点——脆性，相较于传统工艺，这是一个很大的突破，并且也已应用到包括航空与兵器在内的各个领域。

金属基纳米复合材料通常采用热压法、原位合成法、电沉积法、粉末冶金法、熔铸法等来制备。金属基纳米复合材料的性能可以通过调整增强相的含量来控制，纳米增强体主要有金属间化合物、金属氧化物、碳化物、氮化物等。例如，碳纳米管作为增强相在铁基、铝基、铜基、镁基和镍基等复合材料中已经取得了一定的成绩。但碳纳米管很难在复合材料中均匀分散，无法进入金属中，只有采取适当的方法使碳纳米管在金属基体中均匀分散并且与金属基体形成有效的界面结合，碳纳米管作为增强相才能够显著提高金属基纳米复合材料的性能。金属基纳米复合材料以其耐高温、耐腐蚀、高比韧性、抗疲劳、高比强度及电、热等功能特性广泛应用在航天航空、汽车、机械、化工和电子等领域。

纳米材料的应用研究已在许多领域广泛开展，随着纳米材料的发展，不断地研制出纳米材料的新品种如纳米孔材料、纳米管、纳米丝等。纳米材料以其各种特殊功能而区别于同类的传统材料，其优越的性能往往比传统同类结构材料高出几倍甚至几十倍。纳米材料的性能主要取决于其尺寸、形状、表面结构和微结构等，其品种的多样化促进了纳米材料新体系的研究，其应用领域也拓展得更为广阔，包括机械、化学、环保、医学、力学、电学、兵器、电子、航空、能源、磁学、生物等。其领域的不断扩大也为未来的纳米物质场的形成提供了便利。

第 7 章　新型功能材料

近年来，人们在研究结构材料取得重大进展的同时，特别注重对新型功能材料的研究，研究出了一些机敏材料与智能材料。从网络技术的发展到新型生物技术的进步，处处都离不开新材料的进步，特别是新型功能材料的发展和进步。新型功能材料不仅对高新技术的发展起着重要的推动和支撑作用，还对我国相关传统产业的改造和升级、实现跨越式发展起着重要的促进作用。

7.1　智 能 材 料

20 世纪 80 年代中期，人们提出了智能材料（smart material，intelligent material）的概念。图 7-1 所示的智能材料，能感知环境的变化（传感器功能），能对信息进行分析处理并确定最适宜的响应值（处理功能），还能通过传感器功能部位进行反馈，做出主动的响应（执行元件功能）。

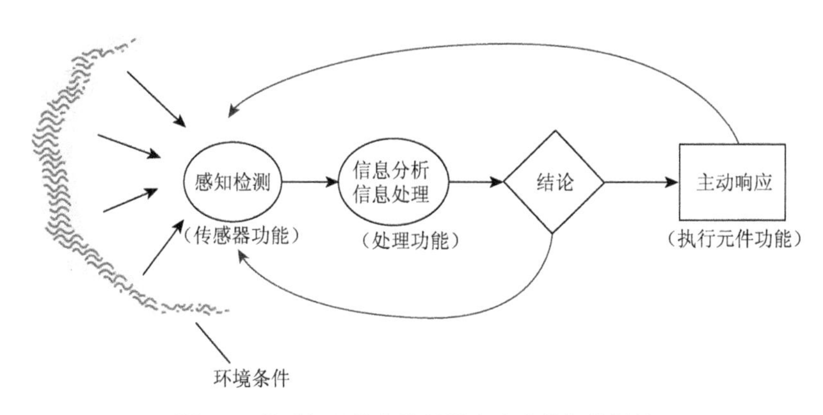

图 7-1　能感知环境条件且做出响应的智能材料

7.1.1　形状记忆合金

1932 年，瑞典的奥兰德在金镉合金中首次观察到“记忆”效应，即合金的形状被改变之后，一旦加热到一定的跃变温度时，它又可以魔术般地变回到原来的形状。人们把具有这种特殊功能的合金称为形状记忆合金（SMA）。材料在外界温度变化的条件下可以改变自身形状并具有可逆变化的现象，称为形状记忆效应（shape memory effect，SME）。

形状记忆合金的工作原理是将形状记忆合金加热至某一临界温度（晶型转变温度）以上进行形状记忆热处理，急冷后形成低温马氏体相，然后施加一定程度的形变，再被加热到临界温度以上，使晶相反转变，由低温马氏体相逆变为高温奥氏体相（母相）而回复到形变前的固有形状，或者在随后的冷却中，通过内部弹性能释放而返回到马氏体相。图 7-2 为马氏体相变示意图。

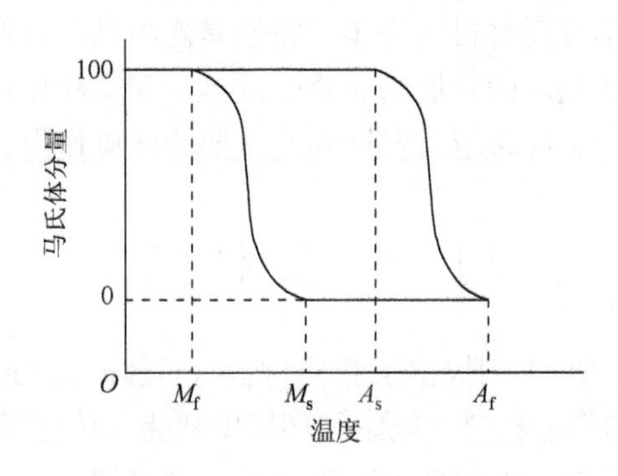

图 7-2　马氏体相变示意图

M_s 为马氏体相变开始温度；M_f 为马氏体相变结束温度；A_s 为奥氏体相变开始温度；A_f 为奥氏体相变结束温度

形状记忆合金较适合在低频信号和大变形作用范围条件下使用，它也具有一定的缺点，如 SMA 的强度不高，且制造过程中温度不能太高，否则会影响其记忆性，同时形状记忆合金的响应特性较慢（几秒），不适用于实时控制。由于形状记忆合金丝的电阻是欧姆级的，因此需要连接较大直径的导线，激励时功耗较大，不适合于航天飞行器等要求质量轻的智能结构。

7.1.2　典型的智能材料

1. 无机智能结构材料

人体骨骼的功能是支撑身体、保护器官并提供造血场所，它实际上是具有自修复功能的无机非金属结构材料，由此可构思陶瓷结构材料的智能化途径。例如，为使陶瓷结构材料具有环境响应性，能自修复，可利用二氧化锌（ZnO_2）的应力诱发相变，使它从以离子镍为主的正方晶结构（t 相）转变为稳定的单斜晶结构（m 相），引起体积膨胀，在 ZnO_2 陶瓷裂缝前端产生压缩应力，抑制裂缝的扩展，而使强度和韧性增加。

2. 电致变色材料

电致变色（electrochromism，EC）是通过电化学氧化还原反应使物质的颜色发生可逆性变化的现象。无机 EC 材料为一般过渡金属氧化物、氮化物和配位化合物。

过渡金属易变价，许多过渡金属氧化物可在氧化还原时变色。电致变色可分为还原变色和氧化变色两类。在周期表上从 3d 到 5d 的过渡金属及其氧化物有电致变色活性。如图 7-3 所示，左侧为还原变色型过镀金属；右侧为氧化变色型过渡金属。还原变色型材料为 n 型半导体，如 WO_3、MnO_3、TiO_2、V_2O_5、Nb_2O_5 等。以 WO_3 为例，其电致变色反应如下。

$$xM^+ + WO_3 + xe^- \underset{\text{氧化}}{\overset{\text{还原}}{\rightleftharpoons}} M_xWO_3$$

漂白态　　　　蓝色

即将 WO_3 置于适当的电解质中，使其保持负电位，将电子（e^-）注入 WO_3 的传导带，且同时注入碱金属离子 M^+以保持电中性，则生成蓝色的钨酸盐 M_xWO_3。向相反方向改变电位，则发生氧化反应，蓝色消失而变为透明。

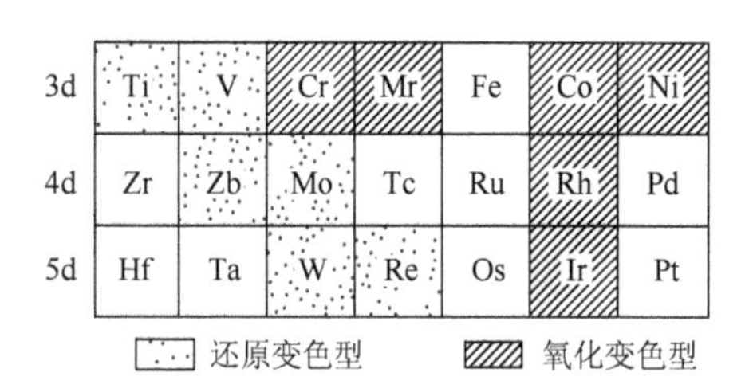

图 7-3　过渡金属及其氧化物 EC 活性

3. 灵巧陶瓷材料

某些陶瓷材料也具有形状记忆效应，特别是那些同时为铁电体又具有铁弹性的材料。此类材料在一定温度范围内在外电场作用下可自发极化，且极化可随外电场取向。而极化强度和电场之间的关系则类似于磁滞回线的滞后曲线。

利用（Pb, Nb）（Zr, Sn, Ti）O_3 陶瓷可制成多层状的记忆材料元件。例如，将这种膜叠合成 20 层的多层陶瓷电容器（MLCC）型结构，它的应变可达 3～4μm，此数值虽小于大多数形状记忆合金，但比一般压电执行元件所产生的应变要大 25 倍。此时的形状变化是由于从铁电到反铁电相变而产生的。

4. 压电材料

压电材料是具有压电效应的电介质。压电效应分为正、逆两种。若对电介质施加外力使其变形时，它就发生极化，引起表面带电，这种现象称为正压电效应。此时表面电荷密度与应力成正比，利用这种效应可制成执行元件。反之，若对电介质施加激励电场使其极化时，它就发生弹性形变，这种现象称为逆压电效应，此时应变与电场强度成正比，利用这种效应可制成传感器。

在自然界中，许多材料都呈现压电效应，目前已知的压电材料逾百种。在实际应用中，一般将其分为压电晶体、压电纤维、压电陶瓷、压电聚合物和压电复合材料等几类。常用压电材料的主要性能参数见表 7-1。

表 7-1 常用压电材料的主要性能参数

参数名称	石英	钛酸钡	PZT-4	PZT-5	PZT-6
压电系数 pc/N	$d_{11}=2.31$ $d_{14}=0.73$	$d_{15}=260$ $d_{31}=-78$ $d_{33}=190$	$d_{15}=410$ $d_{31}=-100$ $d_{33}=230$	$d_{15}=670$ $d_{31}=-185$ $d_{33}=600$	$d_{15}=3300$ $d_{31}=-90$ $d_{33}=200$
相对介电常数 ε_r	4.5	1200.0	1050.0	2100.0	1000.0
居里温度/℃	573	115	310	260	300
密度/($\times10^3$kg/m^3)	2.65	505.00	7.45	7.50	7.45
弹性模量/($\times10^3$N/m^2)	80.0	110.0	83.3	117.0	123.0
机械品质因数	$10^{5.6}$	—	≥500	80	≥800
最大安全应力/($\times10^5$N/m^2)	95～100	81	76	76	83
体积电阻率/(Ω·m)	＞1000	10（25℃）	＞10	100（25℃）	—
最高允许温度/℃	550	80	250	250	—
最高允许湿度/(g/m^3)	100	100	100	100	—

（1）*石英晶体* 石英晶体（quartz）又称水晶，其化学成分是二氧化硅，熔点为 1750℃，密度为 2.65g/m^3，莫氏硬度为 7。高质量的石英晶体是无色透明体。

将石英晶体切成薄片，薄片受压后在两个面上分别产生正电荷和负电荷，这种现象称为压电效应。石英晶体是最早被发现的压电材料之一。

石英晶体作为压电材料用途很多。石英晶体片取代钟表中的摆和游丝可以制成石英表。石英晶体还可以制作水声换能器，如石英晶体水听器、石英晶体水声发射器及石英晶体超声发生器等。

目前使用的压电石英主要是指 α-SiO_2 的单晶，它属于三角晶系 32 点群，三阶对称旋转轴是光轴，与光轴垂直的一根 x 轴可以有显著的压电效应，被称为电轴。将石英晶体按一定的取向和几何形状切割成石英晶体片，并附上铝电极之后，就成为石英振子。当交变电场作用在振子的两个电极上时，振子即产生相应的谐振。压电石英晶体主要用来制造压电谐振器。其主要优点是品质因子（Q）高，对老化稳定，以及可以通过改变切片的取向而使得谐振频率的温度系数在工作温度附近为零。稳定的石英谐振器能够获得的长期稳定性约为 20^{-8}，短期稳定性为 10^{-9}，故可用来制造石英钟。另外，石英晶体也用于制造高选择性（多属高频狭带通）的滤波器及高频超声换能器等。

（2）压电陶瓷　压电陶瓷（piezoelectric ceramic）是钛酸钡和锆钛酸铅混合物组成的材料。它的一个优点是其被放在极化电场中经过一定时间极化后，会呈现强有力的压电性能；另一个优点是与石英和其他天然晶体相比，它能大量生产和人工造型。图 7-4 为压电陶瓷极化结构示意图。

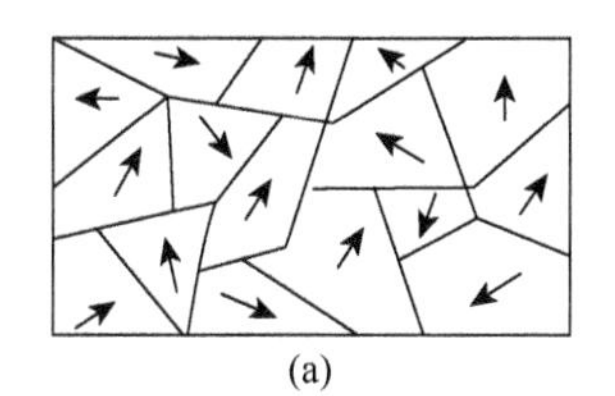
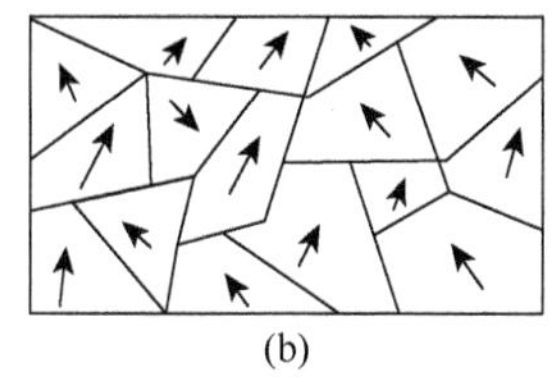

(a)　(b)

图 7-4　压电陶瓷极化结构示意图

（a）未极化；（b）已极化

压电陶瓷具有与铁磁材料磁畴结构类似的电畴结构。当压电陶瓷极化处理后，陶瓷材料内部存有很强的剩余场极化。当陶瓷材料受到外力作用时，电畴的界限发生移动，引起极化强度发生变化，产生了压电效应。经极化处理的压电陶瓷具有非常高的压电系数，为石英的几百倍，但机械强度比石英差。

图 7-5 是双层结构压电材料外接电阻，能将振动能转变成电阻的热能，使热量逸出，即可抑制振动。当压电材料和外加电阻的阻抗一致时，得到最大振动阻尼，放能内电阻的变化可以调控系统的阻尼特性。

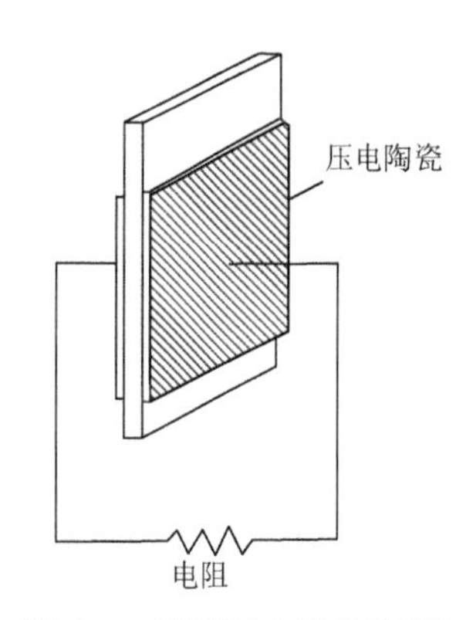

图 7-5　利用压电陶瓷的阻尼

5. 电流变液材料

电流变液（electrorheological fluid，ER 液）是由高介电常数、低电导率的电介质颗粒分散于低介电常数的绝缘液体中形成的悬浮体系，它可以快速和可逆地对电场做出反应。当电流变液受到电场作用时，它们的表观黏度急剧增大，屈服强度成倍增加，表现为类似固体的性质；而当撤除外加电场时，流体又恢复原来的流动性质，而且这种转换是无级可逆、可控的，响应时间仅为毫秒级，转换所需能耗很低。由于其良好的可控性能和力学性能，电流变液在航空航天、机械工程、车辆工程、精密加工和医疗等领域具有广泛的应用前景。

6. 温度/pH 响应性凝胶

刺激响应性聚合物中研究最多的是智能凝胶。目前响应性凝胶技术正在商品化过程中。例如，田中丰一等组建的 Gel/Med 公司正从事智能凝胶药物制剂的研究。

最近日本学者设计了可同时响应温度和 pH 的水凝胶。将温敏性异丙基丙烯酰胺与 pH 敏感的丙烯酸形成共聚物，凝胶体积随温度的变化呈显著的非连续性相转变行为，但体积的非连续性随 pH 的变化而变化，在 pH＞7.5 时，凝胶的体积随温度呈连续性变化。对复合信号响应的凝胶有望用于药物释放载体，因为人患病时，人体温度发生变化，且药物经口腔、食管和胃肠部等时 pH 会发生变化，因而温度和 pH 敏感性水凝胶的设计思路拓宽了水凝胶在药物释放载体中的应用。

7.1.3　智能材料展望

智能材料具有传感、处理、执行三重功能和对环境的判断，以及自反馈响应特性，它是材料科学与工程学科发展的新阶段，它使信息科学软件系统渗入材料，由此赋予材料新的物性和新的功能。今后的研究重点包括以下 6 个方面：①智能材料概念设计的仿生学理论研究；②材料智能内禀特性及智商评价体系的研究；③耗散结构理论应用于智能材料的研究；④机敏材料的复合-集成原理及设计理论；⑤智能结构集成的非线性理论；⑥仿人智能控制理论。

智能材料的研究才刚刚起步。现有的智能材料仅具有初级智能，距生物体功能还差之甚远。例如，生物体医治伤残的自我修复等高级功能在目前水平上还很难达到。但是任何事物的发展都有一个过程，智能材料本身也有其发展过程。目前，科学工作者正在智能材料结构的构思新制法（分子和原子控制、粒子束技术、中间相和分子聚集等）、自适应材料和结构、智能超分子和膜、智能凝胶、智能药物释放体系、神经网络、微机械、智能光电子材料等方面积极开展研究。可以预见，随着研究的深入、其他相关技术和理论的发展，智能材料必将朝着更加智能化、系统化，更加接近生物体功能的方向发展。

7.2　隐身材料

根据探测器的种类不同，隐身技术可分为雷达隐身、红外隐身、声波隐身和可见光隐身等技术。图 7-6 为隐身技术的分类。

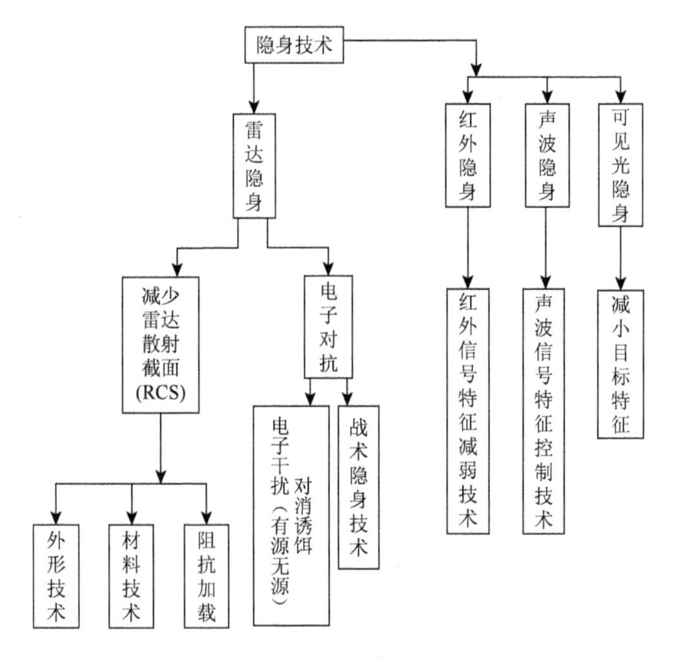

图 7-6　隐身技术的分类

7.2.1　雷达吸波隐身材料

1. 雷达吸波隐身的机理

当前雷达系统一般是在 1～18GHz 工作，但新的雷达系统在继续发展，吸收体有效工作的带宽还将扩大。

Johnson 对材料的机理做了解释。雷达波体通过阻抗 Z_0 的自由空间传输，然后投射到阻抗为 Z_1 的介电或磁性介电表面，并产生部分反射，根据 Maxwell 方程，其反射系数（R）由下式得出。

$$R=\frac{1-\dfrac{Z_1}{Z_0}}{1+\dfrac{Z_1}{Z_0}}$$

式中，$Z_0=\sqrt{\mu_0/\varepsilon_0}$；$Z_1=\sqrt{\mu_1/\varepsilon_1}$；$\varepsilon$、$\mu$ 分别为介电常数和磁导率。

从雷达吸波隐身材料的吸波机理来看，吸波材料与雷达波相互作用时可能发生以下三种现象。

1）可能会发生电导损耗、高频介电损耗、磁滞损耗或者将其转变成热能，使电磁能量衰减。

2）受吸波材料作用后，电磁波能量会由一定方向的能量转换为分散于所有可能方向上的电磁能量，从而使其强度锐减、回波量减少。

3）作用在材料表面的第一电磁反射波会与进入材料体内的第二电磁反射波发生叠加作用，致使其相互干扰，相互抵消。

2. 雷达吸波隐身的类型与原理

根据上述机理，人们设计出以下三种应用类型：①吸波型，包括介电吸波型和磁型吸波型；②谐振或干涉型；③衰减型等。

（1）吸波型隐身材料

1）介电吸波型材料：介电吸波型材料由吸波剂和基体材料组成，通过在基体树脂中添加损耗性吸波剂制成导电塑料，常用的吸波剂有碳纤维或石墨纤维、金属粒子或纤维等，依靠电阻来损耗入射能量，把入射的电磁波能量转化成热能散发掉。在吸波材料设计和制造时，可通过改变不同电性能的吸波剂分布达到其介电性能随其厚度和深度变化的目的。

2）磁性吸波材料：磁性吸波材料主要由铁氧体和稀土元素等制成；而基体聚合物材料则由合成橡胶、聚氨酯或其他树脂基体组成，通常制成磁性塑料或磁性复合材料等。在制备时，通过对磁性和材料厚度的有效控制和合理设计，使吸波材料具有较高的磁导率。

（2）谐振型吸波隐身材料　又称干涉型吸波隐身材料，是通过对电磁波的干涉相消原理来实现回波的缩减。当雷达波入射到吸波材料表面时，部分电磁波从表面直接反射，另一部分透过吸波材料从底部反射。当入射波与反射波相位相反而振幅相同时，二者便相互干涉而抵消，从而使雷达回波能量被衰减掉。

（3）衰减型吸波隐身材料　材料的结构形式为把吸波材料蜂窝结构夹在非金属材料透放板材中间，这样既有衰减电磁波，使其发生散射的作用，又可承受一定载荷作用。在聚氨酯泡沫蜂窝状结构中，通常添加像石墨、碳和羰基铁粉等之类的吸波剂，这样可使入射的电磁能量部分被吸收，部分在蜂窝芯材中再经历多次反射干涉而衰减，最后达到相互抵消的目的。

上述三种形式基本上均为导电高分子材料体系。电磁波的作用基本上由电场和磁场构成，两者在相互垂直区域内发射电磁波。电磁波在真空中以大约

3×10^8m/s 的速度发射，并以相同的速度穿过非导电材料。当遇到导电高分子材料时，就部分地被反射并部分地被吸收。电磁波在吸波材料中能量成涡流，这种涡流对电磁波可起衰减作用。导电高分子材料可对 80%电磁波进行反射，吸收 20%，而导电的金属材料则对电磁波进行全部的反射作用。这就是吸波材料要选用树脂或橡胶基体的缘故。

7.2.2　红外隐身材料

1. 红外隐身材料的设计原理

众所周知，任何物体都存在着热辐射，红外作战武器正是利用这些目标的辐射特性来探测和识别目标的。目前，红外探测主要有两种探测方法：一是点源探测；二是成像探测。利用涂料实现红外隐身，对于点源探测来说，就是降低目标涂层的红外发射系数；对于成像探测，就是调整目标涂层的红外发射系数，使其与背景辐射一致。由于高发射系数的涂料是比较容易获得的，因此不论是点源探测还是成像探测，对涂料的研究主要是寻找低红外发射系数的涂料。

对于红外隐身涂料的研究，应从两个方面进行。一是研究优良的红外透明胶黏剂，如国外的 KRA-TON 树脂，尽管其物理力学性能并不是很好，但在 8～14μm 波段具有良好的红外透明性。在研究红外透明胶黏剂时，可依据材料基团的红外谱图，从无机材料和有机材料两个方面寻找。二是研究填料，红外隐身低发射系数的获得在很大程度上取决于填料，填料主要有金属填料、着色填料和半导体填料。其中金属填料用得较多，如铝粉等。但由于金属填料在对激光、雷达隐身方面存在许多缺陷，因而在应用中受到许多限制。着色填料主要是为了调色，以便与可见光伪装兼容，对红外发射系数的降低不起作用。

2. 近红外隐身材料

近红外隐身材料目前都是涂敷型的，简称近红外隐身涂料。由于它是模拟背景的近红外辐射特征，又称为近红外伪装（背景）涂料（near infrared camouflage coating）。

近红外隐身涂料按工作原理可分为单色迷彩涂料、多色变形迷彩涂料和变色迷彩涂料。

（1）单色迷彩涂料　　按颜料类型分，主要有以下几种。

1）铬酸铅系涂料：这是早期的品种，因铅含量高，其使用已受限制。

2）三氧化铬系涂料：三氧化铬的反射率光谱曲线与叶绿素接近，但在近红外波段，它的反射率陡升不够，因此，单独使用不能满足要求（图 7-7）。在配方中加入二氧化钛和尖晶石等其他多种颜料后，可以获得较好的效果。表 7-2 列出了一种典型配方。表 7-3 列出了这种颜料和一些同类型颜料配方。

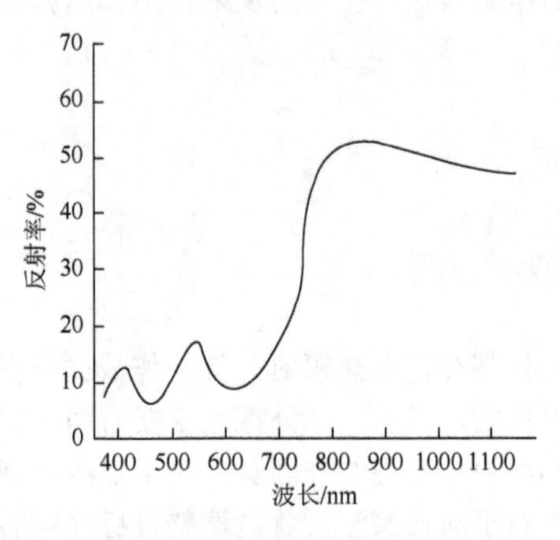

图 7-7　三氧化铬的反射率曲线

表 7-2　Cr_2O_3-FeO-TiO_2 绿色涂料配方

组分	质量分数	组分	质量分数
三氧化铬	0.2282	十烷酸钴（5%）	0.0022
氧化铁黄	0.0375	十烷酸钴（10%）	0.0018
氧化铁红	0.0132	十烷酸钙	0.0087
二氧化钛	0.1843	甲乙基酮	0.0142
硅酸镁	0.1320	石油溶剂	0.0744
硅烷醇酸树脂	0.3035		

表 7-3　一些三氧化铬复合颜料的配方

组分	不同配方中各成分的质量分数及色彩				
	1	2	3	4	5
二氧化钛	0.524			0.35	
三氧化铬	0.199	0.60～0.65			
氧化钴	0.197	0.20～0.25	0.45	0.15	0.449
氧化锌	0.080			0.15	
三氧化铝		0.15	0.55		0.550
氧化镍				0.35	
氧化镁					0.001
色彩	绿	绿	青	绿	青

3）苝四酸酐衍生物系涂料：把苝四酸二酐与胺类反应生成苝四酸二酰亚胺类黑色化合物，再与其他颜料复合，这类复合颜料在 450～1100nm 波长时有良好的散射反射性质。表 7-4 列出了这类复合颜料的配方。

表 7-4　苝四酸酐衍生物复合颜料的配方

组分	不同配方中各成分的质量分数及色彩		
	1	2	3
N, *N'*-双（2-氨基乙基）苝四酸二酰亚胺	0.0570	0.0550	0.0553
二氧化钛	0.1220	0.1376	0.0461
铬黄 500LSG	0.1830	0.1835	0.1843
氧化铬绿 SU	0.4065	0.4404	0.4608
氧化铁黄 214501	0.2235	0.1797	0.1982
氧化铁红 N135	0.0080	0.0138	0.0415
氧化铁黑 N74			0.0138
色彩	亮绿	绿棕	深绿

（2）多色变形迷彩涂料　　多色变形迷彩涂料是采用各种单色迷彩涂料制成不同图案和颜色的变形迷彩。因此，就涂料种类而言，与单色迷彩涂料基本相同。

（3）变色迷彩涂料　　变色迷彩涂料是一种尚在研究中的涂料，从目前看，研究着重于以下两个方面。

1）变色颜料系涂料：研究了多种变色材料，其中最有希望的是光致变色材料，如双硫腙的金属络合物。

2）组合变色效应涂料：一般由 A、B、C 三种组分组成有变色效应的材料，A 是在红外辐射下能完全吸收的黑色颜料，如炭黑、石墨、氧化铁黑和钛酸盐等；B 是呈淡绿色的透近红外颜料，如氧化铬绿和酞菁化合物等；C 是在紫外线作用下能发出从黄到红的光，如 9, 10-蒽二酰代苯胺（黄色）、羟基萘甲醛叠氮（浅黄色）等有机荧光物。

7.2.3　红外/激光隐身材料

1. 红外/激光隐身材料的设计原理

激光隐身要求材料具有低反射率，红外隐身的关键是寻找低发射率材料。从复合隐身角度考虑，原激光隐身涂料在具有低反射率的同时，一般具有高的发射率，可用于红外迷彩设计时的高发射率材料部分。

通常，对于不透明物体，由能量守恒定律可知，在一定温度下，物体的吸收率（α）与反射率（R）之和为 1，即

$$\alpha(\lambda,T)+R(\lambda,T)=1$$

再根据热平衡理论，在平衡热辐射状态下，物体的发射率（ε）等于它的吸收率（α），即

$$\varepsilon(\lambda,T)=\alpha(\lambda,T)$$

涂料一般均为不透明的材料，对激光隐身涂料而言，要求反射率低，则发射率必高；对红外隐身而言，如要求发射率低，则反射率必高。这表明从寻找低发射率红外隐身材料角度而言，激光隐身和红外隐身对材料提出了相互矛盾的要求。

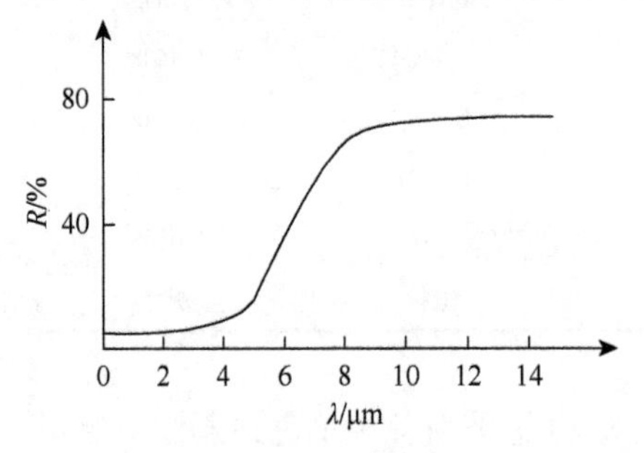

图 7-8 理想 1.06μm 激光与 8～14μm 红外复合隐身材料的 R-λ 曲线

对于同一波段的激光与红外隐身，如 10.6μm 激光和 8～14μm 红外的复合隐身，可采用光谱挖孔等方法来实现；而对于 1.06μm 左右的激光和 8～14μm 波段红外的复合隐身，由于它们并不在同一波段，因而不存在矛盾。如果材料具有如图 7-8 所示的理想 R-λ 曲线或经掺杂改性后具有如图 7-8 所示的 R-λ 曲线，则均有可能实现激光、红外隐身兼容。

2. 典型复合隐身材料

许多半导体在掺杂情况下，其等离子波长都在红外区域。对于掺杂半导体，通过对掺锡氧化铟半导体的研究取得了很好的结果。表 7-5 列出了几种复合隐身涂料的反射率和发射率，其中，1、4 号涂料可以同时满足 8～14μm 低发射率和 1.06μm 低反射率的要求，基本符合 R-λ 曲线，其主要颜料是一种掺锡氧化铟半导体。

表 7-5 几种复合隐身涂料的反射率和发射率

序号	涂层颜色		对应标准色卡	发射率 ε（8～14μm 平均值）	反射率 R(1.06μm)/%
	类名	种名			
1	绿色	深绿	DG0847	0.652	0.4
2	绿色	中绿	EG1142	0.930	0.2
3	土色	沙土	SE2034	0.870	0.3
4	土色	沙土	SE4152	0.713	0.4

7.3　梯度功能材料

梯度功能材料（functionally gradient material，FGM）是一种集各种组分（如金属、陶瓷、纤维、聚合物等）、结构、物性参数和物理、化学、生物等单一或综合性能都呈连续变化，以适应不同环境，实现某一特殊功能的新型材料。它与通常的混杂材料和复合材料有明显的区别，见表 7-6。

表 7-6　梯度功能材料与混杂材料及复合材料的比较

材料	混杂材料	复合材料	梯度功能材料
设计思想	分子、原子级水平合金化	材料优点的相互复合	以特殊功能为目标
组织结构	0.1nm～0.1μm	0.1μm～1mm	10nm～10μm
结合方式	分子间力	化学键/物理键	分子间力/化学键/物理键
微观组织	均质/非均质	非均质	均质/非均质
宏观组织	均质	均质	非均质
功能	一般	一般	梯度化

7.3.1　梯度折射率材料

与传统光学系统不同的是，梯度折射率材料（gradient-index material，GRIN）是一种非均质材料，它的组分和结构在材料内部按一定规律连续变化，从而使折射率相应呈连续变化。

1. 梯度折射率材料的折射率梯度类型和成像原理

梯度折射率材料按折射率梯度基本分为三种类型：径向梯度折射率材料、轴向梯度折射率材料和球向梯度折射率材料。

（1）径向梯度折射率材料及其成像原理　　径向梯度折射率材料是圆棒状的。它的折射率沿垂直于光轴的半径从中心到边缘连续变化，等折射率面是以光轴为对称轴的圆柱面。沿垂直于光轴方向截取一定长度的梯度折射率棒两端加工成平面，就制成一个梯度折射率棒透镜。它的成像原理如图 7-9 所示。图中 P_1、P_2、P_3、P_4 分别为实物，Q_1、Q_2、Q_3、Q_4 分别为像，z 为轴向，r 为径向，H 为主点，F 为焦点，z_0 则为棒长，h 为棒端面至主平面的距离，f 为焦距，l 和 l' 分别为物距和像距，$p = 2\pi/\sqrt{A}$，而 A 为折射率分布系数。和普通凸透镜一样，有以下关系。

$$\frac{1}{l}+\frac{1}{l'}=\frac{1}{f} \tag{7-1}$$

$$M=\frac{l'}{l} \tag{7-2}$$

式中，M 为倍率。

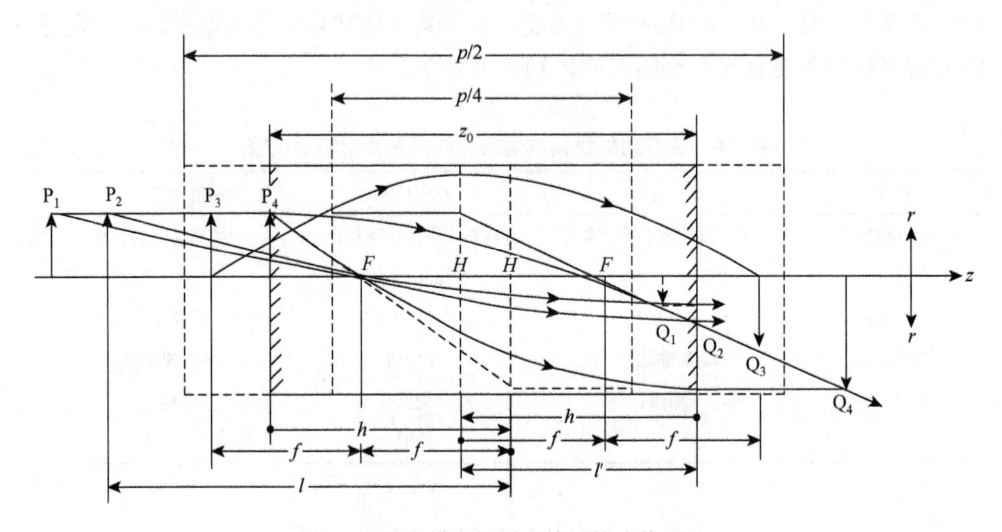

图 7-9　径向梯度折射率棒透镜成像原理

为了获得理想的成像，对梯度折射率的具体分布形式做了许多理论研究。1951 年，Mikaeligan 提出了能理想成像的径向梯度折射率分布模型。1954 年，Fletcher 等发表了对该模型的解析表达式。

$$n(r)=n_0\operatorname{sec}h(gr) \tag{7-3}$$

式中，g 为常数；n_0 为棒光轴处的折射率；r 为离开光轴的距离。

不久，又提出了更为合适的多项式表达式。

$$n^2(r)=n_0^2[1-(gr)^2+h_4(gr)^4-h_6(gr)^6+\cdots] \tag{7-4}$$

式中，h_4、h_6 分别为 4 次和 6 次系数。

经计算认为采用式（7-5）已比较接近理论分布。

$$n^2(r)=n_0^2\left[1-(gr)^2+\frac{2}{3}(gr)^4-\frac{17}{45}(gr)^6\right] \tag{7-5}$$

为了更简单起见，可近似地令 $h_4=1/4$，h_6 及以上的高次项忽略不计，此时得

$$n^2(r)=n_0^2\left[1-\frac{1}{2}(gr)^2\right]^2$$

即
$$n(r)=n_0\left(1-\frac{A}{2}r^2\right) \quad (7\text{-}6)$$

式中，$A=g^2$，为折射率分布系数。

式（7-6）是一个抛物线形的分布式，如图7-10所示。

如果径向梯度折射率棒的长径比≪1，则它就成为梯度折射率薄透镜。如果径向梯度折射率棒的长径比极大，则它就成为梯度折射率光纤或称自聚焦型光纤，往往是由梯度折射率棒拉伸制成的。

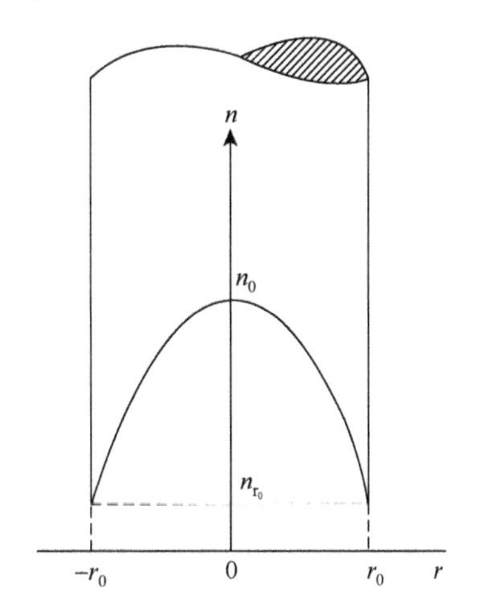

图7-10　径向梯度折射率棒的抛物线形分布

（2）*轴向梯度折射率材料及其成像原理*　轴向梯度折射率材料的折射率沿圆柱形材料的轴向呈梯度变化。折射率分布用式（7-7）表示。

$$n(z)=n(0)(1-Az^{\beta}) \quad (7\text{-}7)$$

式中，$n(z)$为沿轴向处的折射率；$n(0)$为一端面处的折射率；A为折射率分布系数；z为轴处任一点离端面的距离；β为分布指数。

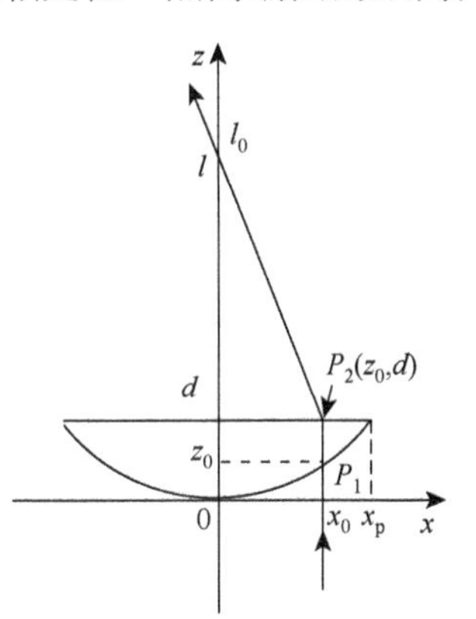

图7-11　轴向梯度折射率平凸透镜

当轴向梯度折射率材料加工成如图7-11所示的平凸透镜时，其厚度为d，则$0\leqslant z\leqslant d$。理论计算表明，$\beta=1$，即折射率沿轴向以线性分布时，成像质量最为理想。

（3）*球向梯度折射率材料*　球向梯度折射率材料的折射率对称于球内某点而分布，这个对称中心可以是球心，也可以不是。它的等折射率面是同心球面。早在1854年，Maxwell就提出了球面梯度透镜的设想，即著名的Maxwell鱼眼透镜。他提出折射率分布式为式（7-8）时，可以理想聚焦。

$$n(r)=n_0[1+(r/a)^2]^{-1} \quad (7\text{-}8)$$

式中，n_0、a为常数；r为离开球心的距离。

这种球透镜只有在它内部或表面的点能够成像，因此，难以制作和应用，但至今仍有理论意义。其后曾提出了Luneberg球透镜的折射率分布式，要求球表面的折射率与周围介质（如空气）的折射率相同，因而也无法实现。1985年，祝颂来等报道了一种直径约为 5mm 的玻璃梯度折射率球；1986 年，Koike 等报道了直径为 0.05～3mm 的高分子梯度折射率球。他们都提出折射率分布可近似于抛物线分布，这和径向梯度折射率材料的要求基本相同。

2. 梯度折射率材料的种类

按化学成分分，可将其分为无机梯度折射率材料和高分子梯度折射率材料两大类。

无机梯度折射率材料特别是无机玻璃梯度折射率材料的研究较早。从 1854 年开始，一些学者提出了许多理论模型，但是，由于当时制备工艺不能解决，这些模型都没有实用。直到 1969 年，日本用离子交换工艺制作出玻璃梯度折射率棒和光纤，才引起了一些发达国家的普遍重视，利用无机材料制作梯度折射率材料的研究也迅速发展起来。

高分子梯度折射率材料的研究较晚。1972 年，日本首次报道用高分子盐离子交换法研制出高分子径向梯度折射率材料，开辟了该类材料的新领域，立即受到了人们的广泛重视。在随后的十余年间，日本、美国和苏联等国家相继开展了高分子梯度折射率材料的研究，并取得了进展。

按元件的构造分，可将其分为径向梯度折射率棒透镜、轴向梯度折射率棒透镜、球向梯度折射率球透镜、平板透镜（图 7-12）、平板微透镜阵列（图 7-13）、梯度折射率光波导元件（图 7-14）等。

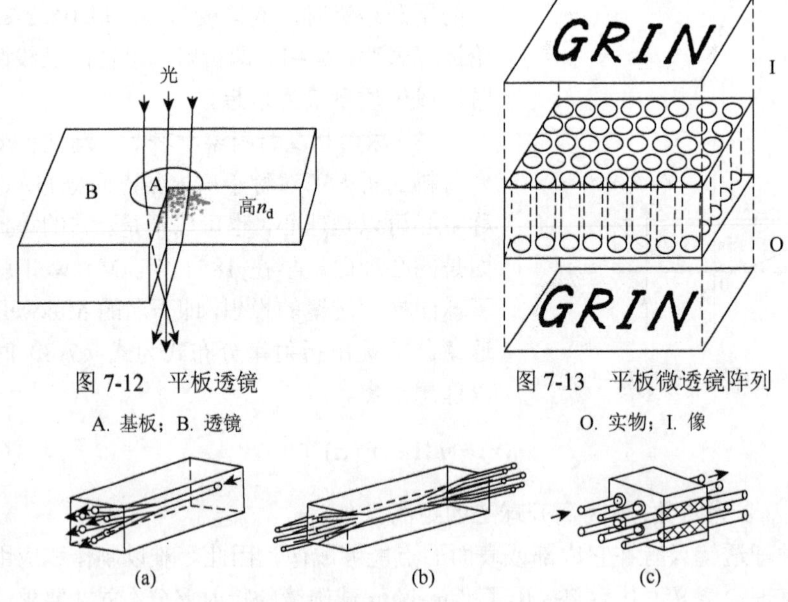

图 7-12　平板透镜

A. 基板；B. 透镜

图 7-13　平板微透镜阵列

O. 实物；I. 像

图 7-14　梯度折射率光波导元件

（a）径向梯度折射率分支光路器；（b）径向梯度折射率星形耦合器；（c）径向梯度折射率多路耦合器

3. 梯度折射率材料的制备

梯度折射率材料的制备方法较多，共有 20 多种，见表 7-7。

表 7-7　梯度折射率材料的制备方法

GRIN 类型	无机 GRIN		高分子 GRIN	
	制备方法	参数	制备方法	参数
径向梯度棒透镜	离子交换法	$\Delta n=0.01\sim0.10$，NA≈0.5	高分子盐离子交换法	$\Delta n=0.01$，$\phi=0.01\sim5.00$mm
	中子辐射法		共混高分子溶出法	$\Delta n=0.01$，$\phi=0.01\sim5.00$mm
	化学气相沉积法	$\Delta n\approx0.52$	单体挥发法	$\Delta n=0.02\sim0.03$，$\phi=10$mm
	分子填充法	$\Delta n=0.025\sim0.06$，NA≈0.6	薄膜层合法	
			扩散法	$\phi=10$mm
			扩散化学反应法	$\phi=1\sim5$mm
	溶胶-凝胶法	$\Delta n=0.016$	扩散共聚法	$\Delta n=0.01\sim0.03$，$\phi=3\sim10$mm
			离心力法	$\Delta n=0.07$，$\phi=2\sim30$mm
			光共聚法	$\Delta n=0.004\sim0.030$，$\phi=1\sim4$mm
轴向梯度透镜	晶体增长法		沉淀共聚法	$\Delta n=0.010\sim0.025$，$z=10$mm
			扩散共聚法	$\Delta n=0.03\sim0.07$，$z=15$mm
			蒸气转移-扩散法	$\Delta n=0.04$，$z=12$mm
			共聚法	
球向梯度透镜	离子交换法		悬浮共聚法	$\Delta n=0.02\sim0.04$，$\phi=0.05\sim3.00$mm
梯度板透镜	分子填充法	NA = 0.22		
梯度光波导元件和透镜阵列			界面凝胶共聚法	
梯度平板微透镜阵列	光刻-离子交换法	$\Delta n=0.27$，NA≈0.30	扩散共聚法	
	化学气相沉积法	$\Delta n\approx0.52$		
	光化学反应法	$\Delta n=0.03$		
	感光性玻璃法	NA = 0.15～0.30		

在表 7-7 中，只有制备径向梯度棒透镜的离子交换法达到了实用水平，其余方法均处于实验室阶段，相关报道较多，各具特色。

（1）无机梯度折射率

1）离子交换法：在玻璃软化温度以下的熔盐中，玻璃中的金属离子与熔盐中的金属离子进行扩散交换，逐步形成所交换离子的浓度梯度，从而形成折射率的梯度。常用的盐类有硼酸盐、硼硅酸盐、锌硅酸盐、钠硼硅盐和银盐等。玻璃也可以用不同的种类，还可以外加电场，以促进极性离子的扩散交换速率。这种方法经过 20 多年的研究，工艺已经成熟，产品已商品化。但该法也存在一些缺点，如扩散深度小、不能制出大尺寸的梯度材料等，其应用限于微型光学系统。

2）化学气相沉积法：将具有不同折射率的材料逐层地沉积于管内壁或圆棒外，得到折射率呈阶梯形分布的材料。当拉成光纤后，因为阶梯厚度小于光波长，径向折射率就形成近似的连续分布。这种方法已广泛应用于制备梯度光纤的预制棒，但化学气相沉积法难于制作大尺寸的梯度材料。

3）溶胶-凝胶法：溶胶-凝胶法是 1986 年由 Yamane 等报道的。先将基质玻璃和掺杂物质溶解成溶胶液体，使其凝胶化后做成棒体，再溶出其中的掺杂物质，使之具有梯度分布，再经干燥、烧结，固定其梯度组分。该方法的最大优点是可做大口径梯度折射率材料。据报道，美国已用这种方法制得直径为 50mm 的梯度棒，引起了人们的极大兴趣，其缺点是折射率梯度和尺寸不易控制。

（2）高分子梯度折射率材料的主要制备方法

1）扩散法：将完全聚合的高分子加工成棒材后，放入大的圆筒形模具中，注入稀释剂，加热使稀释剂向棒中扩散，形成组分和相应的折射率梯度。其缺点是：稀释剂不参与反应，故稳定性差，另外，完全聚合的高分子中扩散稀释剂的速度极慢，制作时间太长。

2）光共聚法：将两种单体混合物注入圆筒模具中，使其绕中心轴转动，同时用紫外线照射，引发光共聚反应。因各单体竞聚率不同，转化率和共聚物的组成将随时间而变化，从而形成径向的组分和折射率的梯度变化。所得的棒材是线性高分子类，可以用热拉伸法制得自聚焦型光纤。但这种方法存在设备较复杂、棒径较小（一般为 1～4mm）的缺点。

3）界面凝胶共聚法：选择三种或更多种单体，其竞聚率 γ 满足 $\gamma_{ij}>1$，$\gamma_{ij}<1$，溶度参数相近。选择一溶度参数与混合单体相近的高分子基体加工成具有圆孔阵列的板。在圆孔中注入混合单体，引发聚合。开始时，混合单体溶胀高分子壁，形成凝胶相薄层。凝胶相内的共聚反应速度大于混合液相中的共聚反应速度，因而孔壁处先形成共聚物，逐渐向中心增长。由于竞聚率不同，形成组分和折射率的梯度分布。该方法可一次制成梯度光波导元件和透镜阵列，但尺寸和折射率差都较小。

7.3.2 热防护梯度功能材料

1. 热防护梯度功能材料的设计

热防护梯度功能的开发研究涉及多学科、多产业的交叉和合作，这是一项很大的系统工程，它一般包括材料的设计、材料的合成（制备）和材料的特性评价三个部分，如图 7-15 所示。

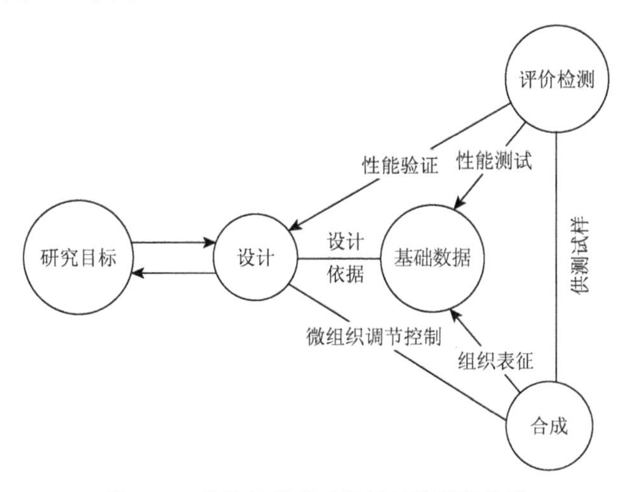

图 7-15　热防护梯度功能材料的研究体系

（1）热防护梯度功能材料的设计概念　　热防护梯度材料主要是陶瓷-金属系，其设计概念如图 7-16 所示，这种复合材料的一侧由陶瓷赋予其耐热性，另一侧由金属赋予其机械强度及热传导性，并且两侧之间的连续过渡能使温度梯度所产生的热应力得到充分缓和。

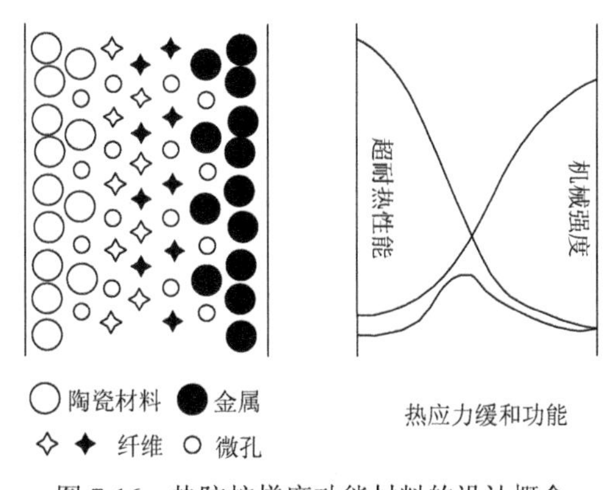

图 7-16　热防护梯度功能材料的设计概念

（2）热防护梯度功能材料的设计程序　图 7-17 为热防护梯度功能材料的逆设计框图。

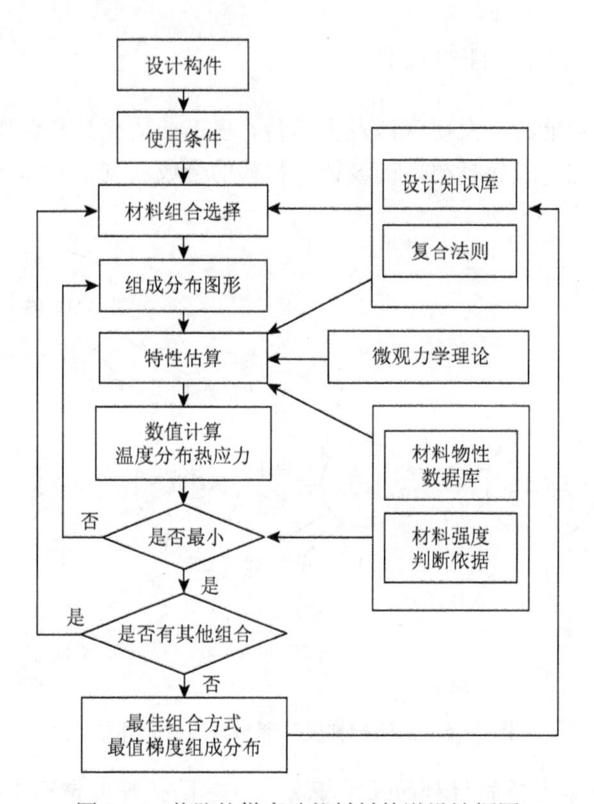

图 7-17　热防护梯度功能材料的逆设计框图

在热防护梯度功能材料的设计中，梯度功能材料所需的物性数据的推定方法和梯度功能材料的理论模型与热应力解析方法是两项主要研究内容，它们在很大程度上影响设计的正确和精确程度。同时，从目前水平看梯度功能材料的设计，往往不是一次设计就可完成的，而是要经过多次的设计→合成→性能评价的反复过程，才能得到较好的结果。

2. 热防护梯度功能材料的特性评价

热防护梯度功能材料是一种全新的材料，它是否具有耐热性能和预期的功能，必须进行材料的特性评价才能确定，并进一步优化成分设计和梯度分布，为设计知识数据库提供试验数据。

由于热防护梯度功能材料的组成和性能是呈梯度变化的，因此不能采用一般常规材料的测试评价方法。日本热防护梯度功能材料评价小组提出了三个方面 6 项材料特性的评价，简介如下。

（1）局部热应力评价　采用激光和超声波的方法来评价局部热应力的分布和大小。

（2）热屏蔽性能评价　它包括热性能评价和模拟环境下的热屏蔽性能评价。主要是后者，即通过高温落差基础试验与模拟实际环境下的隔热性能和耐久性试验来评价其隔热性能。

（3）破坏强度评价　它包括断裂强度评价、热冲击评价和热疲劳评价。采用小孔穿孔试验法、激光加热冲击法和声发射探测法来测试，具体如下。

1）采用激光加热冲击法及声发射探测法，确定梯度功能材料的耐冲击性能。

2）在 2000K 以上的环境中，测定其破坏强度，以考察其耐超高温的机械强度。

3）在 2000K 高温条件下，通过模拟真实运行环境的风洞试验，考察其热疲劳机理和热疲劳寿命。

对于热防护梯度功能材料的特性评价，目前尚无统一的标准，因此，首要的任务是建立制订统一的标准和试验方法，并且逐步建立标准的数据库。

7.3.3　梯度功能材料的展望

自 20 世纪 80 年代提出热防护梯度功能材料以来，其受到世界各国的普遍重视，发展非常迅速。

1. 进一步研究热防护梯度功能材料

热防护梯度功能材料的研究今后仍将以材料设计、材料合成和材料特征评价为中心，针对具体目标，开发各种性能优良、形状复杂和大尺寸的梯度功能材料。具体来说，研究工作将集中于以下几个方面。

（1）提高设计的可靠性和精度　研究非均质材料的组成-结构-性能的关系，建立更为精确的梯度分布曲线、复合材料物性参数计算规律、微观力学结构模型和热应力解析方法，特别是要研究界面理论。开发更为实用的计算机辅助设计专家系统。建立有关数据库，最终提高设计的可靠性和精度。

（2）研究材料组成种类　从主要是金属/陶瓷双组成，扩展到纤维、玻璃和其他非金属材料，以调节梯度功能材料的性能。

（3）研究材料制备的新工艺　开发更精确控制梯度组成的技术，如计算机控制的梯度铺垫系统。深入研究制备工艺的机理，在此基础上发展新工艺。研究制备复杂形状和大尺寸梯度材料的工艺。

（4）*建立特性评价的标准和试验方法*　　完善特性评价体系，制订特性评价的标准和相应的试验方法，研究更符合应用条件的动态特性评价方法。

（5）*热防护梯度功能材料的应用研究*　　通过材料的实际应用，发现问题和解决问题，除了反馈给设计、合成和评价部门外，还要研究热防护梯度功能材料的合理应用范围和方法。

2. 进一步研究梯度折射率功能材料

进一步研究制备大尺寸、性能优良的梯度折射率材料。研究梯度折射率光学元件的设计和实用，加速玻璃类梯度折射率材料的实用化。研究高分子梯度折射率材料工艺的实用性和在此基础上开发新工艺。研究高分子梯度折射率功能材料应用于光学系统中的可行性，以加速其商品化。

3. 扩大梯度功能材料的品种

（1）*密度梯度功能材料*　　据雍志华等报道，在铁基粉中加入不同比例的硬脂酸锌，经用粉末冶金法烧结后，硬脂酸锌分解，孔隙率连续变化，而形成密度梯度材料。该材料的抗弯强度、硬度、耐磨性、耐腐蚀性随密度连续下降而减小，而电阻率却增大。

（2）*有机梯度功能材料*　　据张晓玲等报道，用聚乙烯醇（PVA）和聚丙烯酰胺（PAM）通过液膜直接成形法和薄膜浸渗法制得了 PVA/PAM 梯度型复合膜材料。由于其中间层为互贯穿聚合物网络（interpenetrating polymer network，IPN），它比叠层型复合膜的完整性好，渗透速度、分离效率和机械强度也较好。这种梯度膜在国外也早已有研究报道。

（3）*梯度功能涂层*　　正在研究的有金属的陶瓷耐热梯度功能涂层、增强纤维的多性能（抗扩散、反应障垒、润湿媒介等）梯度功能涂层。前者如 Ni/Al-Ni/Cr-Cu/NiAl/Al_20_3-Al_20_3 系梯度涂层，后者如 C-C/SiC-Si 系梯度功能涂层，这类涂层可满足多种性能的要求，且和基体的结合力好。

4. 扩大梯度功能材料的应用领域

随着梯度功能材料的发展，其应用领域也逐步扩大到能源、电子、核能、化工、生物、医学乃至日常生活领域，表 7-4 列出了梯度功能材料可能应用的领域。

梯度功能材料作为一种新型功能材料，在航天工业、能源工业、电子工业、光学材料、化学工程和生物医学工程等领域具有重要的应用，见表 7-8。

表 7-8　梯度功能材料的应用

工业领域	应用范围	材料组合
航天工程	航天飞机的耐热材料 陶瓷引擎 耐热防护材料	陶瓷和金属 陶瓷、碳纤维和金属 陶瓷、合金和特种塑料
核工程	核反应堆内壁及周边材料 控制用窗口材料 等离子体测试 放射线遮蔽材料 电绝缘材料	高强度耐热材料 高强度耐辐照材料 金属和陶瓷 碳纤维、金属和特种塑料
光学工程	高性能激光棒 大口径 GRIN 透镜 多模光纤 多色发光元件 光盘	光学材料的梯度组成 透明材料与玻璃 折射率不同的光学材料
电子工程	永磁、电磁材料 磁头、磁盘 三维复合电子元件 陶瓷滤波器 陶瓷振荡器 超声波振子 混合集成电路 长寿命加热器	金属和铁磁体 多层磁性薄膜 压电体陶瓷 金属和陶瓷 硅与化合物半导体
传感器	固定件整体传感器 与多媒体匹配音响传感器 声呐 超声波诊断装置	传感器材料与固定件 材料间的梯度组成 压电体的梯度组成
生物医学工程	人造牙齿、人造骨 人造关节 人造器官	羟基磷灰石（HA）陶瓷和金属 HA 陶瓷、氧化铝和金属 陶瓷和特种塑料
化学工程	功能高分子膜 膜反应器、催化剂 燃料电池 太阳能电池	陶瓷和高分子材料 金属和陶瓷 导电陶瓷和固体电解质 硅、锗和碳化硅陶瓷

总之，梯度功能材料是一种设计思想新颖、性能极为优良的新材料，其应用领域非常广泛。但是，从目前来看，除宇航和光学领域已部分达到实用化程度外，其余离实用还有很大距离。由于所用材料的面很广，材料组合的自由度很大，即使针对某个具体应用目标，研究工作的量和难度也都很大。因此，研究出一种更新、更快速的梯度功能材料的设计、制备和评价方法显得非常迫切。

7.4　新能源材料

新能源又称非常规能源，是指传统能源之外正在积极研发、有待推广的各种能源形式。其种类繁多，主要包括各种储能电源体系、燃料电池、太阳能发电、风力发电、生物质能、潮汐能等。储能电源体系主要包括镍氢电池、锂离子电池、超级电容器等。相对于传统能源，新能源普遍具有污染少、储量大的特点。因此，对于新能源领域的研究和探索正受到世界各国的广泛关注，一场围绕能源的重大变革正在全面展开。

7.4.1　锂离子电池材料

锂离子电池可分为液态锂离子电池（LIB）和聚合物锂离子电池（LIP）两种。由于锂离子电池具有工作电压高、质量和体积比能量大、循环寿命长、无记忆效应及与环境友好等特点，已被广泛应用于手提电话、便携计算机、掌上计算机、摄像机、数码相机、电动自行车、卫星、导弹、鱼雷等领域。

对于锂离子二次电池的正极材料，钴酸锂（$LiCoO_2$）、镍酸锂（$LiNiO_2$）、尖晶石型锰/锂复合氧化物（$LiMn_2O_4$）等都比较适合，目前商用锂离子二次电池的正极材料大都使用 $LiCoO_2$，图 7-18 为其原理图。正极一般使用铝箔涂活性物质的材料，负极一般使用铜箔涂活性物质的材料。由于电池电压高达 4.1～4.2V，水溶液不能作为电解液使用，因而使用有机溶剂作为电解质的溶解物。

锂离子二次电池今后要取得更大的进展，必须注意如下事项：①降低材料开发成本，特别是有必要降低正极材料钴酸锂、隔膜、电解液、负极碳材料等的成本，目前正在进行用镍（$LiNiO_2$）和锰（$LiMn_2O_4$）作正极活性材料的种种尝试；②在质量能量密度方面，锂离子二次电池保持着优势，但镍氢二次电池的体积能量密度正得到改良，为了提高锂离子二次电池的容量，硬碳材料负极蕴含着很大的可能性，很有希望得到发展；③目前的锂离子二次电池，还需要通过材料开发等提高电池自身的可靠性和安全性，并简化电路；④加强原材料的研发；⑤注意新型电解质的开发。其中新型电解质的开发主要有 3 种途径：①寻找合适的溶剂，改变电解质的成分和组成，以提高电解质的电导率和改善电解质与碳负极的界面

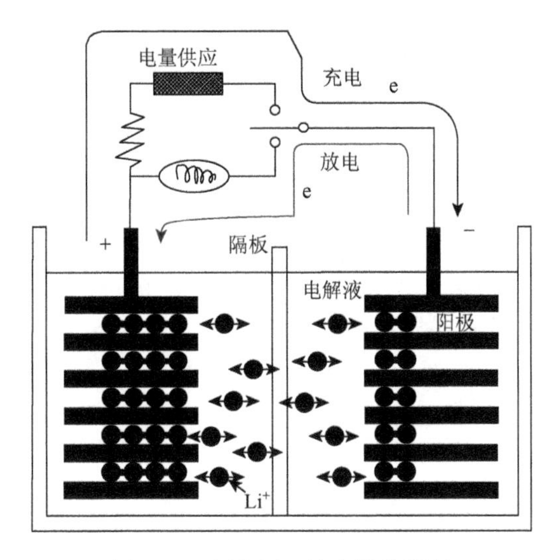

图 7-18　锂离子二次电池的原理

稳定性质；②合成新的导电锂盐；③制备添加剂以改善膜的性能或增大原有导电锂盐的电导率。

7.4.2　燃料电池材料

1839 年，英国格罗夫发表了世界上第一篇有关燃料电池的研究报告，他研制的单电池是在稀硫酸溶液中放入两个铂箔作电极，一边供给氧气，另一边供给氢气。直流电通过水进行电解水，产生氢气和氧气（图 7-19）。这个燃料电池是电解水的逆反应，消耗掉的是氢气和氧气，产生水的同时得到电能。如今燃料电池材料已经成为了材料学、化学工程等领域研究的重要热点之一。

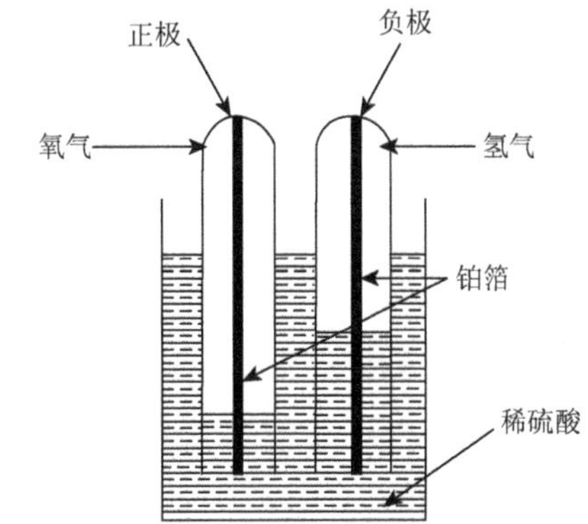

图 7-19　格罗夫燃料电池

像格罗夫燃料电池那样，让氢气和氧气反应得到电的燃料电池称为氢-氧燃料电池。燃料电池是氢能利用的最理想方式，它是电解水制氢的逆反应。

1. 碱性燃料电池

碱性燃料电池（AFC）的电池堆是由一定大小的电极面积、一定数量的单电池层压在一起，或用端板固定在一起而成。根据电解液的不同主要分为自由电解液型和担载型。燃料极催化剂除了使用铂、钯之外，还有碳载铂或雷尼镍。作为空气极的催化剂，高功率输出时需要采用金、铂、银，实际应用时一般采用表面积大、耐腐蚀性好的乙炔炭黑或碳等载铂或银。电极一般采用聚砜和聚丙烯等合成树脂。AFC 一般使用石棉作为隔膜材料。石棉具有致癌作用，为了寻求替代材料，有的科学工作者研究了聚苯硫醚（PPS）、聚四氟乙烯（PT-FE）及聚砜（PSF）等材料替代石棉的可能性质，它们都有允许液体穿透而有效阻止气体通过的特点，具有较好的抗腐蚀性和较小的电阻。另外，Zirfon（85%ZrO_2、15%PSF，质量比）在 KOH 溶液中的电阻特性试验证实该材料优于石棉。

2. 磷酸盐燃料电池材料

磷酸盐燃料电池（PAFC）是以磷酸为电解质，在 200℃左右条件下工作的燃料电池。PAFC 也是第一代燃料电池，是目前最为成熟的应用技术，已经实现了商业化应用和批量生产。磷酸盐燃料电池的特征是：①排气清洁；②发电效率高；③低噪声、低振动。PAFC 的电化学反应中，氢离子在高浓度的磷酸电解质中移动，电子在外部电路流动，电流和电压以直流形式输出。单电池的理论电压在 190℃时是 1.14V，但在输出电流时会产生欧姆极化，实际运行时电压是 0.6～0.8V 的水平。PAFC 的电解质是酸性，其重要特征是可以使用化石燃料重整得到的含有 CO_2 的气体。

3. 熔融碳酸盐燃料电池

熔融碳酸盐燃料电池（MCFC）是由多孔陶瓷阴极、多孔陶瓷电解质隔膜、多孔金属阳极、金属极板构成的燃料电池，其电解质是熔融态碳酸盐。

目前开发的该类电池关键材料中，以孔陶瓷板材料 γ-$LiAlO_2$ 作为电解质支持体，其厚度为 0.8mm，孔径分布为 0.1～0.8μm，孔隙率为 50%；阴极采用多孔板 Ni，厚度为 0.8mm，平均孔径为 12μm，孔隙率为 55%；阳极采用多孔板 Ni，厚度为 0.8mm，平均孔径为 8μm，孔隙率为 50%，电池的开路电压达到 1.10V，工作时输出电压为 0.65～0.70V，输出功率为 5～10W。

4. 固体氧化物燃料

固体氧化物燃料电池（SOFC）是一种采用氧化锆等氧化物作为固体电解质的高温燃料电池，工作温度为 800～1000℃。反应的标准理论电压值是 0.912V（1027℃），SOFC 主要分为管式和平板式两种结构。SOFC 的材料主要有电解质材料、燃料极材料、空气极材料和双极联结材料。

（1）电解质材料　SOFC 电解质材料应具备高温氧化还原气体中稳定、氧离子电导性高、价格便宜、来源丰富、容易加工成薄膜且无害的特点。氧化铬（yttria stabilized zirconia，YSZ）被广泛地用作电解质材料。在 YSZ 中，钇离子置换了氧化锆中的锆离子，使结构发生了变化，由于氧离子的迁移而产生了离子电导性。对于氧化铈（CeO_2）取代氧化锆形成的氧化物与 YSZ 相比，空气极-电解质界面的电压下降更缓慢，但存在着电导性和离子电导性较高、在还原气体中容易脱氧和产生体积膨胀等缺点。

（2）燃料极材料　燃料极材料应该满足电子导电性高、高温氧化-还原气氛中稳定、热膨胀性好、与电解质相容性好、易加工等要求。符合上述条件的首要材料是金属镍，在高温气体中镍的热膨胀系数为 $10.3\times10^{-6}K^{-1}$，和 YSZ 的 $10\times10^{-6}K^{-1}$ 非常接近。燃料极材料通常使用镍粉、YSZ 或者氧化锆粉末制成的合金，与单独使用镍粉制成的多孔质电极相比，合金可以有效地防止高温下镍粒子烧结成大颗粒的现象。

（3）空气极材料　空气极材料也应该满足燃料极材料的基本要求，镧系钙钛矿型复合氧化物是比较好的选择。实际中常用于 SOFC 空气极材料的有钴酸镧（$LaCoO_3$）和掺杂锶的锰酸镧（$La_{1-x}Sr_xMnO_3$）。前者有良好的电子传导性，1000℃时电导率为 150S/cm，约是后者的 3 倍，但是，热膨胀系数为 $23.7\times10^{-6}K^{-1}$，远远大于 YSZ。后者的电子传导性虽然不如前者，但热膨胀系数为 $10.5\times10^{-6}K^{-1}$，与 YSZ 基本一致。

（4）双极联结材料　由于双极联结材料位于空气极和燃料极之间，无论在还原气氛还是在氧化气氛中都必须具备化学稳定性和良好的电子传导性。此外，其热膨胀系数必须与空气极和燃料极材料的热膨胀系数相近。双极联结材料多使用钴酸镧或掺杂锶的锰酸镧，随着低温 SOFC 的研究和平板式 SOFC 制作技术的进步，正在研发金属来制造双极联结材料。

5. 质子交换膜燃料电池材料

质子交换膜燃料电池（PEMFC）又称固体高分子型燃料电池（polymer electrolyte fuel cell，PEFC）。其电解质是能导质子的固体高分子膜，工作温度为80℃。PEMFC 与其他的燃料电池相比，不存在电解质泄漏问题、可常温启动、启动时间短，可以使用含 CO_2 的气体作为燃料。PEMFC 的电池单元由在固体高分子膜两侧分别涂有催化层而组装成的三合一膜电极（membrane electrode assembly，MEA）、燃料侧双极板、空气侧双极板及冷却板构成。为了得到较高的输出电压，必须将电池单元串联起来组成电池堆，在电池堆两端得到所需功率。质子交换膜燃料电池的关键材料包括电催化剂、电极、质子交换膜与双极板材料等。

目前应用于质子交换膜的薄膜主要分为全氟化、部分氟化和非氟质子交换膜、酸-碱混合膜、复合膜。表 7-9 列出了部分质子交换膜的结构、物理性质及性能。从表 7-9 中可以看出，目前制备的质子交换膜存在着多种结构，其中以全氟磺酸型质子交换膜的综合性能最为优越。

表 7-9 部分质子交换膜的结构、物理性质及性能

类别	结构	物理性质	性能
全氟化薄膜	类似于聚四氟乙烯的氟化骨架；氟碳支链；支链上附带含磺酸离子的离子簇	氧化或还原环境下稳定牢固	寿命达 60 000h；燃料电池工作温度下，质子电导率达 0.2S/cm；100μm 的薄膜阻抗为 $0.05\Omega/cm^2$，当电流密度为 $1A/cm^2$ 时，电压仅损失 50mV
部分氟化薄膜	以氟-碳链为骨架；烃基获芳环支链嫁接到骨架上	比全氟化薄膜更牢固，但是降解迅速	不如全氟化薄膜耐用；性能欠佳；经过适当的改性可得到较高的质子电导率
非氟烃基聚合物薄膜	以碳-氢链为骨架，通常用极性基团对其进行改性	机械性能良好；化学和热稳定性差	质子传导性不好；极性基团的引入导致膜膨胀，耐用性不好
非氟芳环聚合物薄膜	以芳环链为骨架，通常用极性/磺酸基团对其进行改性	机械性能良好；即使在较高温度下，化学和热稳定性也良好	吸水性好；质子电导率相对较高；磺化度 65%的 SPPBP，100℃以上质子电导率保持在 $10^{-2}S/cm$
酸-碱高分子混合膜	将酸硅组分结合到碱性的聚合物基中	氧化、还原或酸性环境下稳定；热稳定性高	体积稳定性好；质子电导率与全氟磺酸隔膜（Nafion）相当；耐用性尚待证明

7.4.3 太阳能电池材料

1. 晶体硅太阳能电池

晶体硅太阳能电池可以分为单晶硅太阳能电池和多晶硅太阳能电池。

现在，对晶态硅太阳能电池的研究，一般是集中在薄膜多晶硅太阳能电池、微晶硅太阳能电池、聚光硅太阳能电池上。

（1）多晶硅太阳能电池　多晶硅被定义为内部晶粒尺寸分布在 1μm～1mm 的硅单质，并且整个材料内部的结晶率接近 100%，这意味着无序区域非常薄，并且几乎没有晶界。表 7-10 是薄膜多晶硅太阳能电池基体材料的特性，图 7-20 是典型的有衬底的多晶硅薄膜电池的结构示意图。

表 7-10 薄膜多晶硅太阳能电池基体材料的性能

项目	钠-钙玻璃	硅酸硼玻璃	高温玻璃	不锈钢	莫来石陶瓷
价格/(€/m^2)	3～7	20～40	—	4～10	30～40
软化温度/℃	约 580	约 820	约 1000	大于 1000	大于 1460
热膨胀系数/K^{-1}	80×10^{-6}	3×10^{-6}	3.8×10^{-6}	12×10^{-6}	3.5×10^{-6}
透明性	透明	透明	透明	不透明	不透明

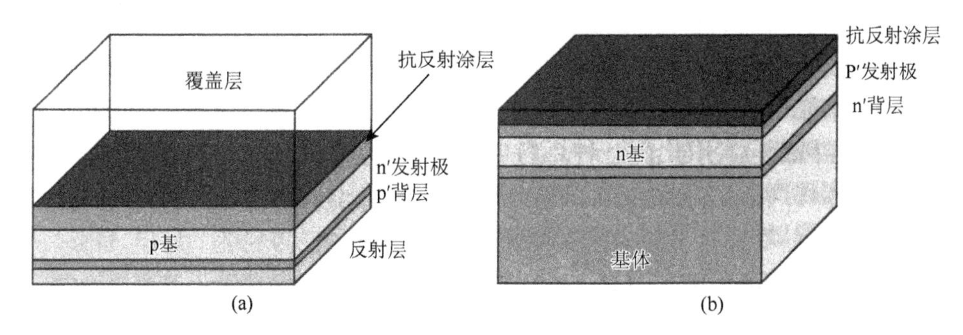

图 7-20　典型的有衬底的多晶硅薄膜电池的结构示意图

（a）上层结构；（b）衬底结构

现在，单模块多晶硅薄膜电池的最高效率已经达到了 9%，然而若是要大规模使用，其最低也应达到单结 12%的模块效率。

（2）微晶硅太阳能电池　微晶硅太阳能电池则是起源于 20 世纪 70～90 年代的氢化非晶硅电池（a-Si: H）及其锗合金（a-Si, Ge: H）或碳合金电池（a-Si, C: H）。在 20 世纪 90 年代，新型的氢化微晶硅电池（μc-Si: H）开始出现在研究领域。这种电池有着和非晶硅电池相同的制备工艺甚至相同的制备设备，但是性能上却有很大的不同。在有掺杂的情况下，材料的微观结构尤其复杂；对层间其他物质的污染更加敏感；更低的能隙只有 1.1eV，这比 a-Si: H 的 1.7～1.8eV 要小得非常多，这样，电池在太阳的近红外谱区域更容易吸收和转换光子；比 a-Si: H 更低的间接能隙，这就意味着需要更厚的吸收层和更多的光陷阱；更低的光导梯度。

现在，微晶硅仅被应用于 p-i-n 或者 n-i-p 结构薄膜光伏电池的光生层（本征 i 层），但是随着进一步的研究，微晶硅会有更广阔的应用。

（3）聚光硅太阳能电池　不同于前两种通过改变晶态硅的光伏性能来提高太阳能电池的光电转换效率，聚光硅太阳能电池是通过将单位功率低下的太阳光进行汇聚，从而提高电池效率的。众所周知，太阳能电池的成本基本都集中在电池本身的组装成本和半导体材料的制备成本上，在制备大面积模块电池时，这些成本也会相应增加。相对来说，可以起到汇聚光线作用的透镜或者镜片就要便宜得多，并且利用透镜或者镜片，可以在大面积区域内只使用小面积的太阳能电池，就可达到同面积太阳能电池所吸收光线的总和。通过汇聚光线，在提高了单位电池电量输出的同时，也提高了电池的光电转换效率。最常用的聚光电池有背接触和点接触聚光硅电池两种，商业化的点接触聚光硅电池可在 10W/cm^2、大气质量（AM）1.5D、25℃的条件下有着 26.8%的效率。根据各种不同电池模型的预测，聚光硅太阳能电池的效率最高可达 30%。

2. 非晶硅太阳能电池

首次关于非晶硅层的报道是在 1965 年，当时将硅烷沉积用于射频辉光放电（radio frequency glow discharge）。在之后 10 年左右，苏格兰邓迪大学的研究人员发现了非晶硅同样具有半导体性能。事实上，适合在电气领域使用的非晶硅是经过掺杂的硅-氢（a-Si: H）“合金”，即氢化非晶硅。

世界上第一个非晶硅太阳能电池是由 Carlson 和 Wronski 于 1976 年制备的，当时该电池的效率只有 2.4%。而如今，非晶硅电池的初始效率已经达到了 15%。为了进一步提高非晶硅模块电池的市场竞争力，待解决的技术问题如下。

1）提高 a-Si: H 太阳能电池的转换效率。

2）降低 Staebler-Wronski 效应（由于光照作用，电池的光电转换效率会减少 25%）的影响。

3）将吸收层的沉积速率提高到 1～2nm/s 以降低 a-Si: H 沉积设备的成本。

4）大批量生产技术。

5）降低原材料成本。

在制备 a-Si: H 太阳能电池的过程中，最为重要的是对非晶硅的氢化，通过氢化作用，硅的内部会变成连续无序网络（continuous random network）结构。晶体硅和非晶硅在原子结构上的差别如图 7-21 所示。

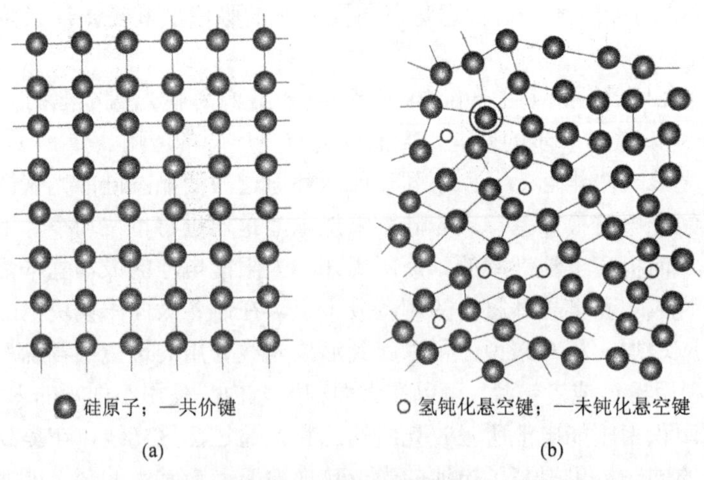

图 7-21　硅材料原子结构

（a）单晶硅；（b）氢化晶硅

在 a-Si: H 中，载流子的扩散长度要远短于晶体硅。本征非 a-Si: H 的二极管扩散长度只有 0.1～0.3μm。经过掺杂后，尽管扩散长度会有提高，但是对于典型的太阳能电池结构，这个数值还是过小。因此，a-Si: H 太阳能电池的设计结构是不同于晶体硅电池的标准 p-n 结结构的。图 7-22 是单结 a-Si: H 太阳能电池的结构示意图。在这个结构中，有 3 个最重要的层，分别是 p 型 a-SiC: H 层、本征 a-Si: H 层及 n 型 a-Si: H 层，这 3 个层组成了最基本的 p-i-n 结结构。掺杂层在该结构中非常薄，对于 p 型 a-Si: H 层只有大约 10nm 厚，而 n 型 a-Si: H 也只有约 20nm 厚。

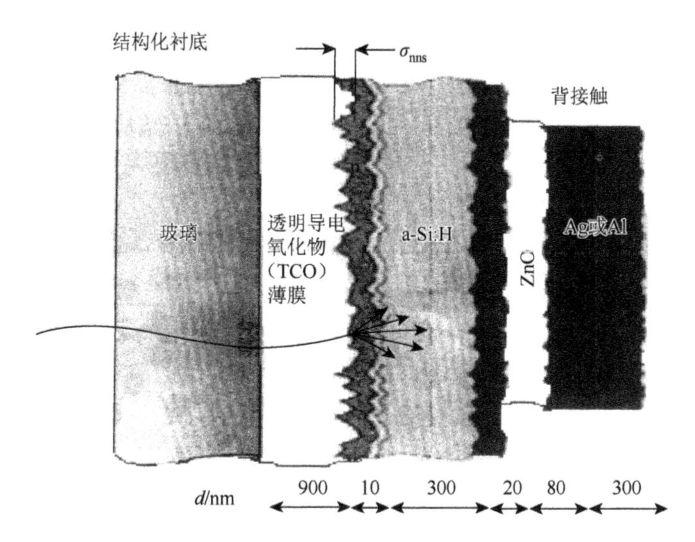

图 7-22　非晶硅单结太阳能电池结构示意图

一般来说，非晶硅太阳能电池有两个基本的结构：一种是 p-i-n 前层结构，另一种是 n-i-p 背底结构。在前层结构中，太阳能电池器件前的玻璃一般使用 TCO 镀膜玻璃。之所以使用 TCO 薄膜，是由于 TCO 具有良好的导电性能，可以作为电池的前电极，并且不影响光线的入射。另外，TCO 还具有耐高温、化学稳定性好的优点。而在背底结构中，则可以使用非透明衬底，如不锈钢。将上述的单结 a-Si: H 电池模块化，一般采用如图 7-23 所示的结构。

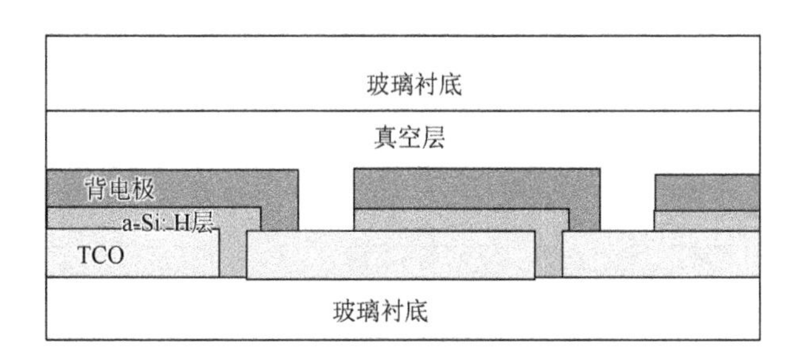

图 7-23　a-Si: H 太阳能模块电池的结构示意图

模组电池的类型为 a-Si: H/a-SiGe: H/a-SiGe: H 时，最佳衬底类型应当是完全封装（905cm^2）于不锈钢基体上，其伏安性能为：初始转换功率为 11.2%，稳定功率为 10.5%。而当采用前衬玻璃基体结构（3917cm^2）制备模块单结电池时，最佳效率的电池是日本钟渊化学工业公司生产的初始功率为 10.7%的电池。使用非晶硅可以制备可折叠弯曲的模块化电池，同时，非晶硅模块电池相比晶体硅有着更低的转换效率温度系数，这使得非晶硅太阳能电池可以使用在高温领域。

3. 碲化镉基太阳能薄膜电池

最早的碲化镉（CdTe）基电池是 1972 年由 Bonnet 和 Rabenhorst 研制成功的 CdS/CdTe 电池，该电池有着 6%的光电转换效率。而迄今为止最高光电转换效率的 CdTe 电池，是由美国国家可再生能源实验室（NREL）于 2002 年制备所得的，其效率为 16.5%。

CdTe 是一种非常适合制备薄膜光伏电池的材料，其直接带隙为 $E_g = 1.45$eV，这个值正好处于公认的最佳光伏转换效果区间（1.2～1.5eV）内。另外，由于对光线的吸收能力要远强于非晶硅和晶体硅，因此只需要非常薄的厚度，就可以使用 CdTe 吸收掉所有的入射光线。同时，CdTe 不仅可以单独使用，也可以与 Cu（In, Ga）Se_2、非晶硅等其他材料同时使用在太阳能电池元器件中。不过，由于 CdTe/CdS 的化学稳定性好，又同时具有极低的溶解度和蒸气压，该材料存在比较棘手的环保问题。

随着人类环保意识的日益加强、科学技术的不断进步，新能源将在人们的日常生活中起着越来越重要的作用。未来新能源利用（图 7-24）将为人类提供更美好的生活蓝图。

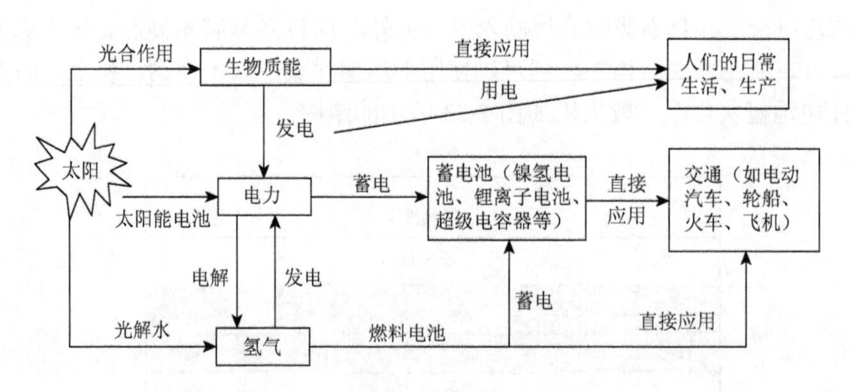

图 7-24　未来新能源利用的主要框架结构

主要参考文献

陈玉安，王必本，廖其龙. 2012. 现代功能材料[M]. 2 版. 重庆：重庆大学出版社

邓少生，纪松. 2011. 功能材料概论——性能、制备与应用[M]. 北京：化学工业出版社

何开元. 2000. 材料化学导论[M]. 北京：冶金工业出版社

姜左. 2001. 功能材料基础[M]. 北京：中国书籍出版社

焦剑，姚军燕. 2007. 功能高分子材料[M]. 北京：化学工业出版社

李长青，张宇民. 2014. 功能材料[M]. 哈尔滨：哈尔滨工业大学出版社

李弘. 2010. 先进功能材料[M]. 北京：化学工业出版社

李延希. 2011. 功能材料导论[M]. 长沙：中南大学出版社

林建华，荆西平. 2006. 无机材料化学[M]. 北京：北京大学出版社

史鸿鑫. 2009. 现代化学功能材料[M]. 北京：化学工业出版社

汪济奎，郭卫红，李秋影. 2014. 新型功能材料导论[M]. 上海：华东理工大学出版社

王国建. 2014. 功能高分析材料[M]. 2 版. 上海：同济大学出版社

王贺权，曾威，所艳华. 2014. 现代功能材料性质与制备研究[M]. 北京：水利水电出版社

殷景华. 2009. 功能材料概论[M]. 哈尔滨：哈尔滨工业大学出版社

尤俊华. 2016. 新型功能材料的制备及应用[M]. 北京：水利水电出版社

于洪全. 2014. 功能材料[M]. 北京：北京交通大学出版社

曾黎明. 2007. 功能复合材料及其应用[M]. 北京：化学工业出版社

张骥华. 2009. 功能材料及其应用[M]. 北京：机械工业出版社

赵志凤，毕建聪，宿辉. 2012. 材料化学[M]. 哈尔滨：哈尔滨工业大学出版社